機械学習

岡留 剛 著

123

入門的基礎/
パラメトリックモデル

共立出版

はじめに

　本書は，大学学部の2年生から3年生むけの機械学習の教科書である．現在も発展し，深化しつづけている機械学習の全体を網羅することは，（少なくとも筆者には）不可能であり，本書はそれを意図しない．かといって，深層学習を中心にすえ，画像や言語・音声などの処理への対処法を記述したものでもない．また，機械学習に関するプログラミングの技法を紹介するものでもない．

　むしろ，本書は古典機械学習ともよぶべき題材にまとをしぼり，考え方をできるだけ詳細に記述した．手法や技術は，その多くが時間とともに陳腐化するのに対し，考え方を学ぶことは，新たな課題に挑戦するときに役にたつと考えるからである．大量のデータが存在する対象，あるいはその近傍の対象に対しては，深層学習はきわめて高性能を発揮する．しかし，少数のデータしか得ることができない対象も多く，本書で紹介する古典的な機械学習の手法は今後も随所で活躍するであろう．とりわけ，ベイズ的な考え方は，予測の損失最小を保証するという意味で重要である．

　多くの大学理工系の学部で初年次に学ぶ，多変数の微積分と固有値問題の基本を含む線形代数は既知とした．確率と統計の基本も既習であることがのぞましいが必須ではない．確率と統計や，対称行列に関する固有値問題などの数学的事項の要点は，必要となる箇所の直前でまとめてある．また，行列の微分の公式も第II部の後ろに付録としてまとめた．

　本書は当初，第I部～第V部までを1冊として出版することを意図していたが，読者の便宜を考えて，第I部～第V部を分冊化させ，3巻構成とした（電子版では，当初の意図のとおり，分冊化させずに1冊として出版する）．これにより，自身のレベルに応じた必要な箇所が手に取りやすくなることと思う．分冊化にあたっては，各巻の位置づけを明確にしておくために，以下の

ようにそれぞれを掲載している.

- はじめに・記法：全巻共通
- 目次：全巻共通
- ページ番号：全巻通し
- 索引：全巻共通（ただし，該当巻のページ番号は下線を入れて示す）

　第1巻は，入門的基礎とパラメトリックモデルを含み，第2巻は，ノンパラメトリックモデルと潜在モデルで構成され，第3巻は，機械学習に必要な数学的基礎事項と演習の解答例からなる．この構成からわかるとおり，機械学習の考え方や理論・モデルに早めに取りくめるよう，本来ならば導入部におくべき確率と統計の入門的事項，および，行列の微分を含むアドバンストな章は，第3巻にまわしてある．適宜参照していただいてもいいし，第1章の読後に目をとおしていただいてもよい．各章には，少ないながら演習問題を配置し，第3巻に，それらに対する詳細な解答例をあげた．演習問題には，本文では省いた重要事項や数式の導出も含まれており，それらについては，本文中の該当するところに演習問題の番号をしるした．

　本書の執筆では，多くのすぐれた書物を参照させていただいた．とりわけ，『パターン認識と機械学習［上・下］』（C. M. ビショップ，丸善，2007）の影響は随所にみられると思う．数学的記法も同書に準拠した．本書は，第I部 基礎，第II部 パラメトリックモデル，第III部 ノンパラメトリックモデル，第IV部 潜在モデルの4部からなっている．この構成は，*Probabilistic Machine Learning: An Introduction*（K. P. Murphy, MIT Press, 2022）に影響をうけている．Murphyの本では，深層学習を1つの部としているが，本書では，深層学習の部はもうけず，ニューラルネットワークの基礎的事項をパラメトリックモデルの部へ，また，深層生成モデル（の1つであるVAE）を潜在モデルの部へおいた．ベイズ推論の重要性に鑑み，潜在モデルを第4部としたことは本書の特徴の1つである．

　数学的事項の復習箇所を講義にいれないのであれば，1週90分1コマが15週の講義で，若干詰めこみすぎになるが，すべての章を終えることができると考える．比較的高度な話題である「エビデンス近似」や「ガウス過程」，データマイニングなどの授業で講義する可能性のある「主成分分析」など，いくつ

かの章や節を省略すれば余裕をもたせることができると思う．また，1週90分2コマが15週，あるいは1週90分1コマが30週の講義であれば，数学的事項を含め，すべてを丁寧にカバーできるであろう．ただし，章によって長さがかなり異なるので，残念ながら，1コマの講義は，章ごとの「読み切り」になるわけでなく，章の途中で次回につづくこともある．逆に，1コマに複数の章がはいる状況も起こると思われる．

　TeXによる清書や，図表の作成では，関西学院大学工学部課程秘書の堀口恵子さんにお世話になった．また，VAEのプログラムと画像の生成は，関西学院大学理工系研究科修士1年の山岡大輝さんにお願いした．共立出版の山内千尋さんには，出版の計画時から世にでるまですべての段階で相談にのっていただいた．いくつかの図の作成には，scikit-learn[1]のAPIや例プログラムを，ガウス過程回帰の節の図は，GPy[2]を利用させていただいた．あわせてお礼申しあげる．

2022年7月

岡留　剛

---

[1] Pedregosa, F., *et al.* (2011). Scikit-learn: Machine Learning in Python, *JMLR*, **12**, pp.2825-2830.

[2] http://sheffieldml.github.io/GPy/

記法　Notation

- ≡ は左辺が右辺で定義されることを表わす．たとえば，$n! \equiv n \cdot (n-1)!$, $n > 1$, は，$n!$ が，$n > 1$ なる n に対し，$n \cdot (n-1)!$ で定義されることを表わす．

- イタリック体の小文字（たとえば x）はスカラーを表わす．

- 立体で太字の小文字（たとえば $\mathbf{x}$）は列ベクトルを表わす．ベクトル（や行列）の右肩につけた T は転置を表わし，たとえば，$\mathbf{x}^{\mathrm{T}}$ は行ベクトルとなる．

- この表記のもとで，2 つのベクトル $\mathbf{x}$ と $\mathbf{y}$ の通常の内積は $\mathbf{x}^{\mathrm{T}}\mathbf{y}$ とかける．もちろん，$\mathbf{x}^{\mathrm{T}}\mathbf{y} = \mathbf{y}^{\mathrm{T}}\mathbf{x}$ が成りたつ．

- ベクトル $\mathbf{x}$ に対し，$\|\mathbf{x}\|$ は，そのノルム（大きさ）を表わし，$\|\mathbf{x}\| \equiv \sqrt{\mathbf{x}^{\mathrm{T}}\mathbf{x}}$ で定義される．

- 立体で太字の大文字（たとえば $\mathbf{M}$）は行列を表わす．とくに，$\mathbf{I}$ は単位行列を表わす．また，$\mathbf{M}^{\mathrm{T}}$ は，$\mathbf{M}$ の転置行列を表わす．

- (a, b) は開区間を，$[a, b]$ は閉区間を表わす．ただし，x 座標が a で，y 座標は b の 2 次元平面上の点の座標表示など，実数 a, b の組も (a, b) で表わす．

- 行ベクトルの成分表示は，$(a_1 \ \cdots \ a_D)$ のように，カンマのない表現とする．

- N 個の D 次元ベクトルの観測値 $\mathbf{x}_1, \ldots, \mathbf{x}_N$ に対し，$\mathbf{X}$ は，集合 $\{\mathbf{x}_1, \ldots, \mathbf{x}_N\}$ を表わす．ただし，$\mathbf{X}$ は，第 i 行が $\mathbf{x}_i^{\mathrm{T}}$ である行列を表わすこともある．また，N 個のスカラー観測値をならべた 1 次元ベクトルは，$\mathbf{x}$（N 次元ベクトル；フォント注意）とかく．

- 観測値の集合以外の一般的な集合は，イタリック体の大文字（たとえば S）で表わす．とくに，実数全体の集合は $\boldsymbol{R}$，D 次元実ベクトル全体は $\boldsymbol{R}^D$ で表わす．ただし，データの集合は $\mathcal{D}$ で表わす．

- スカラー値をとる関数はイタリック体（たとえば $f(\mathbf{x})$）で表わす．また，ベクトル値をとる関数は太字（たとえば $\boldsymbol{\phi}(\mathbf{x})$）で表わす．

目　　次

第1巻　入門的基礎／パラメトリックモデル

第2巻　ノンパラメトリックモデル／潜在モデル

第3巻　数学事項：機械学習のいしずえ／演習問題解答

第 V 部　数学事項：機械学習のいしずえ　　351

第 12 章　確率・統計ダイジェスト　　352

第 I 部
入門的基礎

第1章 機械学習入門

1.1 はじめに

　得られたデータをもとに数学的なモデルをつくり，そのモデルにもとづいて予測をおこなうのが機械学習の主目的である．本章では，機械学習では，どのような問題に取りくみ，なにが困難であるのか，また，その困難をどのように解決するのかを，教師あり学習といわれる枠組みの例をもちいて解説し，機械学習の基本事項をのべていく．とりわけ，確率をもちいた手法の重要性に鑑みて，その概観をあたえる．

1.2 データをもとにした予測モデル

1.2.1 線形関係の決定問題

　2つの量 x, y の関係が，線形式 $y = wx$ で表現されるとしよう．ここで，w は定数（係数）である．ニュートンの運動方程式 $F = ma$ や，バネにくわえた力とバネの伸びの関係を表現するフックの法則 $F = kx$，電流と電圧の関係を表現するオームの法則 $V = RI$ など，近似的には線形関係式で表わされる2つの量はとても多い．線形関係 $y = wx$ を利用して，x の値に対応する y の値を求めるには，一般に，比例定数 w を実験により定める必要がある．

　そこで，x のいくつかの値に対して，y の値を測定し，結果をプロットしよう．測定結果が図 1.1a のようにきちんと1つの直線上にのればなんの問題もなく係数を定めることができる．ところが実際には，図 1.1b のようなプロットが得られる．

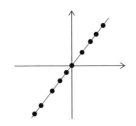 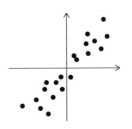

(a) 理想的（数学的）な測定結果.　　　　　(b) 現実の測定結果.

図 **1.1**　線形関係にある 2 つの量の測定結果.

1.2.2　最小 2 乗法：誤差が最も小さくなるように

真の係数があるとして，ばらついた測定結果からその係数を定めなければならない．しかし，神ではないわれわれには，実験により決めた係数が真の係数とそれほど異ならないと直感的に思える方法により係数を定めることしかできない．定めた係数をつかって予測をおこなった場合に，その予測が期待を裏切らないことが肝要である．そのような方法の 1 つとして，**最小 2 乗法**があげられる．最小 2 乗法では，観測値に対する直線上の点の誤差の 2 乗和が最小となる直線を選ぶ（図 1.2）．たとえば，線形関係にあることがわかっている x と t に関し，100 個のデータ $(x_1, t_1), \ldots, (x_{100}, t_{100})$ があたえられたとしよう．このとき，直線 $t = wx$ をひいたとして，観測値に対する直線上の点の誤差 $wx_1 - t_1, wx_2 - t_2, \ldots, wx_{100} - t_{100}$ をそれぞれ 2 乗して和をとった

$$(wx_1 - t_1)^2 + \cdots + (wx_{100} - t_{100})^2 = \sum_{i=1}^{100} (wx_i - t_i)^2$$

が最小となるように w を決めるのが最小 2 乗法である．それには，この式を w の関数とみて，w で微分したものを 0 とおき，w についてとけばよい．すなわち，w で微分すると $-2\sum_{i=1}^{100} x_i(t_i - wx_i)$ となり，これを 0 とおいて，w についてとけば

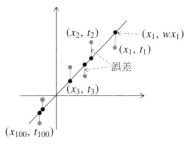

図 **1.2**　各データと直線との誤差を示す．最小 2 乗法では，誤差の 2 乗の総和を最小にする直線を求める．

$$w = \frac{\displaystyle\sum_{i=1}^{100} x_i t_i}{\displaystyle\sum_{i=1}^{100} x_i^2} = \frac{x_1 t_1 + \cdots + x_{100} t_{100}}{x_1^2 + \cdots + x_{100}^2}$$

となる（演習 1.1）．

　あたえられたデータから直線をひくという上の例のように，たとえば，身長から体重を推定する問題で，観測データとして，ある人の身長が x_n で，その人の体重は t_n であるとか，あるいは，画像中の物体を認識する問題で，画像 x_m には「犬」が描かれている，というように，正解例があたえられたもとで，任意の x に対応する t を推定する関数 $y(x)$ を決定するのが**教師あり学習**である．ここの例における体重 t_n や「犬」は，教師あるいは**正解ラベル**（簡単に**ラベル**）とよばれる[1]．

---

[1] ほかの学習の枠組みとして，あたえられたデータを情報量が減るように圧縮したり，あるいは似たものどうしをあつめるクラスタリングといった**教師なし学習**や，一部のデータにはラベルが付与されているが，多くのデータにはラベルがない状況で教師あり学習と同様の問題をとく**半教師あり学習**，エージェントとよばれる動作主体が，目的達成のために試行錯誤を繰りかえし，うまくいきそうなときには大きな報酬を得て状況におうじた行動をとるようになる**強化学習**などがある．本書では，おもに教師あり学習をあつかい，教師なし学習のデータ圧縮についても簡単に紹介する．

1.2.3 モデル選択

以上では，線形という最も簡単な関係を考えた．しかし，現実には線形で表現されない関係をあつかわなければならない場合が多い．その場合，モデル選択というやっかいな問題が生じる．その問題を例で示すため，ここでは架空の動物園にやってきたパンダがたべる笹の量をあつかおう．

ある日，井の尻公園動物園に，カトリーヌという名のおとなのパンダが寄贈された．それとともに，ふうちゃんとよばれるセキセイインコも送られてきた．ふうちゃんは，起きているときはいつでも，カトリーヌがこれまでにたべたその日1日の笹の量を繰りかえし声にだした．図1.3は，ふうちゃんの言をもとに描いた，カトリーヌが1日にたべた笹の量をプロットしたものである．ただし，4月1日にたべた笹の量を基準に描いた．送り主にきくと，ふうちゃんがかたるのは，カトリーヌがたべた量の日ごとの5年分の平均だそうで，日にちが同じなら，たべた量はほぼ同じだそうである．残念ながら，ふうちゃんがかたる記録は，1年のうちのわずか8日分だけであった．いくら頭脳ピカイチのふうちゃんといえどもしかたがない．

さて，カトリーヌがきた日は，7月3日であり，その前後の日をふくめてカトリーヌがたべた量の過去の記録がない．いったいどれだけの笹を用意すべきか，飼育員たちは困惑した．ある飼育員は，8日分の平均を用意すればいいん

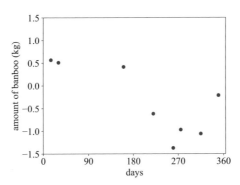

図1.3 4月1日からかぞえた日にカトリーヌがその日1日にたべた笹の量．縦軸は，4月1日にたべた量を基準とした重さを表わす．8日分の記録がある．

じゃないか，といい，また別の飼育員は，7 月 3 日の前として記録がある 5 月
3 日の笹の量と，そのあととして記録がある 9 月 24 日の笹の量の平均にすべ
きだ，と主張した．しかし，学生のとき数学が得意だった当動物園の園長は，
「どうも図の各点は，なんらかの曲線にのっているようやな．まず，その曲線
を決めればおのずと各日にたべる量も推定できるにちがいない」と，いいだし
た．さらに図をみながら，「直線ではまったくだめやな．放物線でもなさそう
や．パンダは，日照時間が長くなれば食欲が旺盛になり，短くなれば食欲が減
退する．その事実が反映されん．3 次関数ならいけるんちゃうか．みんなも知
っとるやろが，3 次関数は x を変数とすると

$$y(x) = w_3 x^3 + w_2 x^2 + w_1 x + w_0$$

で表わされる関数や．もちろん，x は 4 月 1 日からの日にちを表わし，係数
w_3, w_2, w_1, w_0 は定数や．これらの係数を図に示されているデータから最小 2
乗法で決めてやればよろし」といって，計算をはじめた．さすがに園長，すぐ
に答えをだした．「誤差は多少あるがまずまずやな．知らんけど」それを図示
したものが図 1.4 である．おどろくことによくデータにあてはまっている．

　園長の考えをもう少しきちんとのべよう．日 x_n に笹を t_n だけたべたとい
う N 日分のデータから，日ごとの誤差 $y(x_n) - t_n$ を求め，その 2 乗をすべて
たした

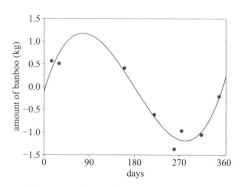

図 1.4　8 日分のデータとの誤差が最小となるように重み係数を決
めた 3 次の多項式関数.

$$E(\mathbf{w}) = \sum_{n=1}^{N} \{y(x_n) - t_n\}^2 = \sum_{n=1}^{N} (w_0 + w_1 x_n + w_2 x_n^2 + w_3 x_n^3 - t_n)^2 \quad (1.2.1)$$

を考える．ただし，簡潔のため，係数 w_3, w_2, w_1, w_0 をベクトル $\mathbf{w} = (w_0 \cdots w_3)^{\mathrm{T}}$ でまとめて表現した．この $E(\mathbf{w})$ を最小にするように $\mathbf{w}$ を定めるというのが園長の主張である．量 x_n と t_n はデータとしてあたえているので，これらは数値である．得られた $E(\mathbf{w})$ を $\mathbf{w}$ の関数とみることが肝要であり，これにより $E(\mathbf{w})$ を最小にする $\mathbf{w}$ を議論することができる．関数 (1.2.1) を，**2乗和誤差関数**という．

　ところが，園長がさらにいうには「3次関数よりも，もっと高次の多項式関数（x の整式）をつかえば，より複雑な曲線も表現できる．つまり，さまざまな『曲線形』も描ける記述力が高い関数なら，もっとデータとの誤差を減らせるにちがいない．うん，そうや．7次関数を仮定して最小2乗法で係数を決めてやろう」．電卓をたたき，またたくまに答えをだした園長はおどろきをかくせない．「どげんしたとですか，園長」とひとりの飼育員．「なんと誤差がまったくない，誤差0の7次関数が得られてしまった．完璧や」といいながら，その7次関数の曲線を図に描いてみた園長はさらにおどろいた．「なんだ，こりゃ」「だめぞなもし，これは」．飼育員たちからも声があがった．その7次関数を図1.5に示す．

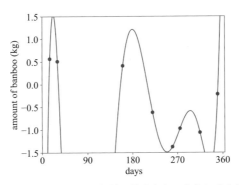

図 **1.5**　8日分のデータとの誤差が最小となるように重み係数を決めた7次の多項式関数．

「データに対する誤差は 0 なのに，7 月 3 日の今日，カトリーヌにあたえる
笹の量はこの曲線で決めるわけにはまったくいかんぞ」とさすがの園長も考え
こんでしまった．「そうか，わかったぞ．図に示されているデータ点は全部で
8 個ある．つまりデータは 8 個．それに対して 7 次関数の係数も 8 個あって，
7 次関数が 8 個のデータ点をすべてとおるように係数を決めることができる
んや．その結果，データとの誤差が 0 になるんや．それは，決めるべき係数 8
個を未知数とする 8 個の方程式がたつからや」「データとの誤差を小さくする
方略がだめやと，いったい，どないして関数の次数を選べばええんや」．頭を
かかえた園長にむかってふうちゃんがひとこと「ドンマイ」．

　あたえられた有限個のデータをもとに，新たな入力に対する関数値を決定す
る，という問題において，たとえば，仮定する多項式関数の次数を定めること
をモデル選択という．多項式の係数であるパラメータ w_i と区別するため，多
項式関数の次数 M を超パラメータとよぶ．超パラメータの値を決定すること
はモデル選択である．また，ここでは，多項式で表現される関数を仮定した
が，三角関数などほかの関数を仮定してもかまわない．広義には，どのような
関数を採用するのかを決めることもモデル選択である．なお，超パラメータと
のちがいを強調する意味で，多項式の係数 w_i をモデルパラメータとよぶこと
がある．

　学習とは，あたえられたデータをもとにモデルを選択し，さらに，選択した
モデル（の集合）のもとで，データからモデルパラメータを定めることであ
る．カトリーヌの例でいえば，真なる関数（の近似）を表現するため，多項式
関数を仮定し次数を決定するモデル選択と，モデルパラメータである多項式の
係数を定めることが学習である．

1.2.4　過学習

　カトリーヌのたべる笹の例で示したように，たとえば，多項式で表現される
関数を仮定したときに，関数の次数を，データとの誤差が最小となるように
決定すると，一般に，表現力が高いモデル（複雑なモデルといわれる）が選ば
れ，データとの誤差は小さくなるのに対し，データ点以外のところの予測性能
がわるくなる．データがしたがう真の関数があると仮定すると，データ点以外

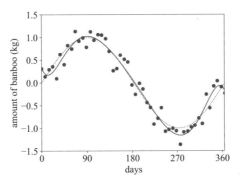

図 **1.6**　カトリーヌがたべた 50 日分の笹の量のデータと,データ
との誤差が最小となるように重み係数を決めた 7 次の多項式関数
(実線). データの生成につかった $\sin(2\pi x/365)$ も点線で示されて
いる.

の点で真の関数値と異なる値を予測するモデルが得られたとき,過学習が起き
たという. また, データ点以外の点でのモデルの予測誤差を汎化誤差という.
過学習が起きると, 汎化誤差が大きくなり, 予測性能(汎化性能)がわるくな
る.

　データとの誤差が小さくなるようにモデル選択をおこなうと, 汎化性能が
わるくなる. では, どのようにモデル選択をおこなえばよいであろうか. ここ
では, その答えをのべる前に, データ数と汎化誤差の関係について少しみてお
く. 図 1.6 は, あとから動物園に送られてきた資料に掲載されていたカトリー
ヌがたべた 50 日分の笹の量をプロットしたものである. この図には, このデ
ータとの誤差が最小となる 7 次の多項式関数を実線で示してある. 実は, こ
こでつかったカトリーヌがたべる笹の量のデータは, 図 1.6 に点線で示された
$\sin(2\pi x/365)$ に, 平均 0, 分散 0.2 のガウス分布にしたがったノイズをくわえ
て生成したものである. おわかりのように, 過学習は起きていない. データを
増やすことは過学習をふせぐことにつながる.

　しかし, この 50 個のデータに対し, もっと高次, たとえば 49 次の多項式
関数を仮定して, データとの誤差が最小となるように多項式の係数を決めて
やった場合, やはり過学習が起きる可能性がきわめて高い. すなわち, データ
を増やすことではモデル選択の問題は解決しないのである. また, この例に

おいては，べき関数の和である多項式関数ではなく，（振幅や角周波数が異な
る）三角関数の和を仮定し，もしノイズがつねに 0 であれば，データに対す
る誤差が 0 でまったく過学習を起こさないモデルを得ることができる．しか
し，データの各点にノイズがのれば，やはりその場合でも過学習が起きる．モ
デルとして，記述力の高い多くの三角関数の和を仮定すると，ノイズに追随し
てしまうからである．なお，経験的には，モデルがもつパラメータの個数の 5
倍くらいのデータがあれば過学習は起きにくいことが知られている．

1.2.5　正則化

　表 1.1 は，カトリーヌがたべる笹の量の例で，学習データ数 8 で過学習が起
きたときの 7 次の多項式関数の係数（パラメータ）の値と，学習データ数 50
で過学習が起きていないときの 7 次多項式関数の係数の値を示す．過学習が
起きたときの 7 次多項式関数の係数値は，過学習が起きていない 7 次多項式
関数の係数値よりも，どれも絶対値が 1 桁から 3 桁ほど大きいことがわかる．
一般に，過学習が起きたときのモデルパラメータの値は，過学習が起こらない
ときのモデルパラメータ値よりもかなり大きくなる．

　そこで，モデルパラメータに制約をくわえて，とる値が大きくならないよう
に 2 乗和誤差関数 (1.2.1) を修正しよう．すなわち，2 乗和誤差関数と，ベク

表 1.1　カトリーヌがたべる笹の量の例で，学習データ数 8 で，
過学習が起きたときの 7 次の多項式関数の係数値と，学習データ
数 50 で，過学習が起きていないときの 7 次多項式関数の係数値．

多項式の係数

		w_0	w_1	w_2	w_3
	8	-12.4	1.6	-5.8×10^{-2}	-8.2×10^{-4}
	50	-0.32	-2.7×10^{-2}	1.4×10^{-3}	-2.1×10^{-5}
データ数		w_4	w_5	w_6	w_7
	8	-5.7×10^{-6}	2.1×10^{-8}	-3.9×10^{-11}	2.8×10^{-14}
	50	1.5×10^{-7}	-5.6×10^{-10}	1.1×10^{-12}	-8.9×10^{-16}

トル $\mathbf{w}$ の大きさ（の2乗）$\|\mathbf{w}\|^2 = \sqrt{w_0^2 + w_1^2 + w_2^2 + w_3^2}$ の重みつき和をとった

$$E(\mathbf{w}) = \sum_{n=1}^{N} \{y(x_n) - t_n\}^2 + \lambda \cdot \|\mathbf{w}\|^2 \tag{1.2.2}$$

を考える．ただし，λ は，正則化パラメータとよばれ，2乗和誤差関数と $\mathbf{w}$ の大きさの兼ねあいを定める超パラメータである．この誤差関数を，**正則化2乗和誤差関数**，あるいは**正則化項つき2乗和誤差関数**といい[2]，$\|\mathbf{w}\|^2$ を**正則化項**という[3]．

　たとえ，少数データしかなく，複雑なモデル（いままでの例では次数が高いモデル）をもちいたときでも，適切な正則化パラメータ λ のもとで，正則化誤差関数を最小とするようにパラメータを定めれば，過学習を起こさずに，かつ予測性能もそれほど劣化しないモデルを得ることができる．図 1.7 の実線はその例である．もちいたデータは，正則化項がない2乗和誤差関数を最小としたときには過学習を起こした8個で，図の実線は，$\lambda = 0.01$ としたときの，正則化誤差関数最小で定まる7次の多項式関数を示す．

　しかし，正則化パラメータを定めるなんらかの知見があるときはよいが，残念ながら多くの場合にはそうではない．正則化パラメータ λ を適切に定めることは本質的で，その値によって得られるモデルの予測性能はまったくかわってくる．それは，正則化誤差関数 (1.2.2) が，λ を0とすれば，もとの2乗和誤差 (1.2.1) になり（図 1.7 の鎖線，$\lambda = 0.0001$ 参照），逆に，2乗和誤差の項を無視できるほど λ を大きくすれば，データには無関係になることからもわかる（図 1.7 の1点鎖線，$\lambda = 100$ 参照）．結局，正則化誤差関数の導入は，モデル選択の問題を超パラメータの決定の問題へとすげかえたことにすぎな

---

[2] あとの節で導入するが，2乗和誤差関数以外の誤差関数も考えることができる．特定の誤差関数ではなく，広く一般的な意味で誤差関数を議論の対象とするときは，正則化項をともなう誤差関数を正則化誤差関数，あるいは正則化項つき誤差関数という．また，2乗和誤差関数のように特定の誤差関数を考えているときも，誤解のおそれがないときには簡単に正則化誤差関数ということもある．

[3] ここでは，$\mathbf{w}$ のノルム（大きさ）の2乗（2乗ノルム）を正則化項としたが，たとえば，$\mathbf{w}$ のノルム $\|\mathbf{w}\|$ などを正則化項とすることも多い．

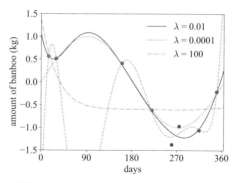

図 **1.7**　8 日分のデータと，そのデータに対して，正則化誤差関数が最小となるように重み係数を決めた 7 次の多項式関数．実線：正則化パラメータ $\lambda = 0.01$，鎖線：$\lambda = 0.0001$，1 点鎖線：$\lambda = 100$．データの生成につかった $\sin(2\pi x/365)$ は，点線で示されている．

い．そこで，モデル選択（あるいは正則化誤差関数の超パラメータの決定）の簡単で実用的な方法についてふれておこう．

1.2.6　確認用集合

　ここでは，例として，多項式関数の次数を決めるモデル選択を考える．まず，モデルとして採用する多項式関数の最大の値を決める．これを L としよう．たとえば，40 個のデータがあるとすると，そのうち 10 個をとっておき，のこりの 30 個（学習用データあるいは訓練データという）をつかって，0 次の多項式関数を仮定して学習用データに対する誤差が最小となるモデルパラメータを求める．0 次の多項式なので，それは定数関数であり，モデルパラメータは 1 つだけである．求めたモデルパラメータをもちいた式（定数関数）で，とっておいた 10 個のデータ（確認用集合あるいはホールドアウト集合という）をつかって平均 2 乗平方根誤差などの評価指標で性能を評価する．つぎに，1 次の多項式関数を仮定して同様の処理をおこなう．ただし，1 次関数なのでモデルパラメータは 2 つある．以下，同様に，L 次の多項式関数まで順次次数を増やして，確認用データで性能を評価する．こうして，0 次から L 次まで $L+1$ 個の多項式関数が求まる．そのうちで，性能が最もよい次数の多

項式関数をモデルとして採用する．なお，性能の評価指標については，本章の
最後の 1.7 節にまとめてある．

　より確実にモデル選択をおこなうために，クロスバリデーションあるいは
交差検証とよばれる方法がよくもちいられる．上の例でいえば，40 個のデー
タをたとえば 4 分割し，そのうちの 1 分割分のデータを確認用集合とし，の
こりの 3 分割分のデータを学習用データとする．ただし，4 分割中の 1 分割分
の確認用集合とのこりの学習用データのとりかたは 4 とおりあるので，その 4
とおりのとりかたすべてに対して上でのべた処理をおこない，各次数の多項式
の確認用集合に対する誤差の 4 とおりの平均をとって，それが最も小さい次
数の多項式関数を採用する．とりわけ，データが少ないときには，1 つだけを
確認用集合とし，のこりを学習用データとして，データ数回の処理をおこなう
交差検証がよくもちいられる．この交差検証は，リーブワンアウト，あるいは
1 個ぬき交差検証といわれる．

　交差検証を終えて，モデル選択とモデルパラメータが定まったとしよう．通
常，さらに，最終的に得たモデルの評価をおこなうことが必要になる．これ
は，いくつかの手法で分類器や回帰モデルを構築することも多く，それら分類
器（あるいは回帰モデル）の優劣を決定したいからである．その評価には，学
習用データと確認用集合のほかに，テストデータあるいはテスト集合とよばれ
るデータ集合が必要となる．テストデータは，学習用データと確認集合とは別
のデータとして取りわけておく必要がある．

1.2.7　モデル選択ふたたび

　次元の呪いについて簡単にふれておこう．まず，x_1, x_2 の 3 次多項式関数

$$w_0 + w_1 x_1 + w_2 x_2 + w_3 x_1^2 + w_4 x_1 x_2 + w_5 x_2^2$$
$$+ w_6 x_1^3 + w_7 x_1^2 x_2 + w_8 x_1 x_2^2 + w_9 x_2^3$$

を考えると，10 個の項があり，係数も $w_0, w_1, \ldots, w_9$ の 10 個ある．一般に，
D 個の変数 $x_1, \ldots, x_D$ の M 次多項式関数 $f(x_1, \ldots, x_D)$ では，その係数の
数は D^M のオーダーとなる．すなわち，次元 D に対し，その M 乗に比例し
てパラメータが増えていく．そのため，過学習を起こすことなく，パラメータ

を決定するためには，一般には，D^M のオーダーの学習データが必要となる．たとえば，3 次の多項式関数では，D が増えるにしたがって，必要となる学習データは D^3 のオーダーで急速に増える．

また，第 II 部の 6.2 節で紹介するヒストグラム密度推定法のように，座標軸に平行な面で空間をマスめにこまかくきり，各マスめにはいるデータ点をかぞえるタイプの学習法を考えよう．そのタイプの学習法では，次元に対し，マスめの数が指数的に増加するため，マスめ内のデータ数が 0 にならないようにするためには，次元に対して指数的な数のデータが必要となる．

以上の例では，入力の次元が高次元になるにつれ，学習に必要となるデータが手におえないほど増加する．一般に，次元が高くなるにつれ，あつかいが困難となることを次元の呪いという．画像などの高次元データを入力とし，数百万のオーダーのパラメータをもつことも珍しくない深層学習も例外ではない．深層学習では，学習のために膨大なデータを必要とし，実際に大量のデータをもちいて学習している．さらに，その一部をつかって超パラメータも決定している．

一方，多くの場合，大量のデータを得ることは困難で，少数のデータにもとづいて学習をおこなわなければならない．少数データしかない場合，確認用集合をもちいてモデル選択をすることは，貴重なデータのすべてをつかってモデルパラメータの決定ができないことを意味する．それは，学習ずみモデルの予測性能を悪化させることに直結する．

パラメータを確率的にとらえるベイズ統計の枠組みの学習では，確認用集合をもちいることなくモデル選択をおこない，モデルパラメータも決定できる．ベイズ統計の枠組みでは，たとえ少数データでも過学習をふせげる可能性が高くなる．本章では，その入門的事項を簡単に紹介するが，以降の章でも，ベイズ統計による確率密度関数の推定（第 II 部の 2.3 節）やベイズ線形回帰（第 II 部の 3.4 節），ベイズモデル選択（第 II 部の 3.5 節），ガウス過程（第 III 部の 7.3 節）など，ベイズ統計の枠組みによる学習を多く取りあげる．

また，モデルの構築に確率を導入すれば，モデルの最適性についての議論がおこなえ，求めるべきモデルが明らかとなる．これについては，本章の 1.5 節と 1.6 節でのべる．以上のように，観測にともなう不確実性をとらえるために

確率をモデルに導入すればその利点は大きい．以下では，まず，データの生成
を確率的観点から考察し，分類や回帰のモデルに確率を導入する．

1.3　不確実性への対応：確率の導入

　測定にともなう誤差や人為的なあやまりのため，一般に測定結果はばらつ
き，不確実なものとなる．すなわち，得られたデータにはノイズがつきもので
ある．確率論は，不確実さをともなう問題をあつかう数学の1つであり，不
確実性をもつ問題に対し，厳密かつ定量的に表現する枠組みを提供する．ま
た，1.6 節で紹介する決定理論は，確率論を利用して，適切な基準のもとでの
最適な予測を保証する．まずは，確率の要点の復習からはじめよう．詳しく
は，第 V 部の第 12 章をみていただきたい．

◆ 確率の要点

　サイコロをふってでる目を調べるというおこないでは，結果は，1, 2, 3, 4, 5, 6 のい
ずれかとなる．このような偶然をともなう行為を試行といい，その結果が $\omega_1, \omega_2, \ldots$
のどれかになるとしよう．試行の結果の集合

$$\Omega = \{\omega_1, \omega_2, \ldots\}$$

を標本空間とよぶ．また，標本空間 Ω の任意の部分集合 $E \subset \Omega$ のことを事象とよぶ．
標本空間 Ω の任意の事象 E に対し，つぎの (1) から (3)（確率の公理）をみたす1つ
の実数 $P(E)$ が定まるとき，$P(E)$ を E の確率という．

(1) $0 \leq P(E) \leq 1$,
(2) $P(\Omega) = 1$,
(3) 排反な事象 $E_1, E_2, \ldots$ に対し，$P(E_1 \cup E_2 \cup \cdots) = P(E_1) + P(E_2) + \cdots$.

以下では，標本空間 Ω と，事象 $E \subset \Omega$ に対する確率 $P(E)$ を定まったものとして固
定する．

　つぎに確率変数を導入する．たとえば，1つのサイコロをふり，でた目が素数ならで
た目をとり，素数でないなら1をとる変数を X とすると，X は，1, 2, 3, 5 のいずれ
かの値をとる．つまり，X は $\{1, 2, 3, 5\}$ 上の変数である．あるいは，目の偶奇におう
じて 0 または 1 を割りあてる Y を考えれば，Y は $\{0, 1\}$ 上の変数である．重要なこと
は，X や Y の値が，試行結果 ω ごとに定まることで，X や Y のとる値は，それぞれ
試行結果の1つの特性とみなすことができる．このような X や Y は，ω ごとに値が決
まるので，ω を（独立）変数とする関数とみることができ，それぞれ $X(\omega), Y(\omega)$ と表
わせる．

　特性 $X(\omega)$ が，ある値 x 以下にとどまるという事象は，標本空間 Ω の部分集合

$$\{\omega \in \Omega \mid X(\omega) \le x\}$$

として表現される．すると，この事象に対する確率

$$F(x) = P(\{\omega \in \Omega \mid X(\omega) \le x\})$$

が定まる．このとき，$X(\omega)$ を**確率変数**といい，実数上の関数[4] $F(x)$ を，確率変数 $X(\omega)$ の**分布関数**という．分布関数が定まれば確率変数の性質を議論するには十分なので，ω を落として，$X(\omega)$ を X とかくことが多い．また，実際の試行の結果として観察された値を，確率変数 X の**実現値**という．すなわち，試行の結果が ω であるとすれば，確率変数 X の実現値は $X(\omega)$ である[5]．

確率変数 X が離散値 $x_1 < x_2 < \cdots$ をとる場合には，$F(x_0) = 0$ として

$$P(X = x_i) = F(x_i) - F(x_{i-1}) \tag{1.3.1}$$

と，X が値 x_i をとる確率が定まる．すなわち，離散値をとる確率変数は，試行の結果におうじて，それぞれの値がでる確率が決まっている離散変数である．逆に，すべての x_i に対し $P(X = x_i)$ が定まっていれば，

$$F(x) = \sum_{x_i \le x} P(X = x_i)$$

と，分布関数が決まる．この $P(X = x_i)$ をもちいると，

$$f(x_i) = P(X = x_i) \tag{1.3.2}$$

となる $\{x_1, x_2, \dots\}$ 上の関数 $f(x)$ を考えることができる．この関数 $f(x)$ を，確率変数 X の**確率関数**という．

確率変数 $X(\omega)$ が連続量をとるとき，離散確率変数の確率関数に対応するのは**確率密度関数**である．本書では，確率変数 X に対し，確率密度関数 $f(x) \ge 0$ が存在して

$$F(x) = \int_{-\infty}^{x} f(u)\, du$$

とかけると仮定する．この仮定のもとでは，$a \le b$ として

$$P(a \le X(\omega) \le b) = \int_{a}^{b} f(x)\, dx$$

となる．とりわけ

---

[4] 実数上の関数 $F(x)$ とは，独立変数 x が任意の実数をとり，x におうじて値が定まる関数のことである．

[5] 関数表記としての $X(\omega)$ と，ω における関数の値としての $X(\omega)$ の表記が同じでまぎらわしいが，文脈によりどちらかはわかるであろう．

$$\int_{-\infty}^{\infty} f(x)\, dx = 1$$

である．連続量をとる確率変数は，とる値が連続で，値が任意の区間にはいる確率が決まっている変数である．とくに，点 x をふくむ微小区間 Δx に落ちる確率は近似的に $f(x)\Delta x$ である．離散のときとは異なり，連続確率変数がとる値（区間ではなく 1 点）の確率は 0 であることに注意してほしい．分布関数 $F(x)$ が微分可能な点 x では，

$$\frac{dF(x)}{dx} = f(x)$$

である．

機械学習では，離散値をとる確率変数 X の確率関数 $f(x)$ を，また，連続量をとる確率変数 X の確率密度関数 $f(x)$ を，確率変数 X の確率分布あるいは分布とよぶことが多い．本書でもこれにしたがう．ただし，ガウス分布やベルヌイ分布といった特定の分布ではなく，一般的に分布をあつかうときには，（上では $f(x)$ とかいたが，慣習にしたがって）小文字の p をもちいて分布を $p(x)$ とかく．定義により，分布 $p(x)$ は，x を独立変数とする関数を意味する．一方，式 (1.3.2) からわかるように，$p(x)$ は，離散確率変数 X が値 x をとる確率（連続確率変数のときには x における確率密度関数値）と解釈できる．そのため，多少のあいまいさはあるが，$p(x)$ という表記は，ときに分布を表わし，ときに確率を表わすことができるので便利である．

さて，多くの場合，一度に複数の確率変数をあつかう必要がある．ここでは 2 変数の場合を考えよう．一般の多変数への拡張は容易である．2 つの確率変数 X, Y に対し，それぞれが x, y 以下にとどまる確率

$$F(x, y) = P(\{\omega \in \Omega \mid X(\omega) \le x,\ Y(\omega) \le y\})$$

を 2 次元の同時分布関数という．1 変数の場合と同様に，連続量をとる確率変数については，2 変数の確率密度関数 $f(x, y)$ を考えることができる．

以下では，おもに離散確率変数を考える．確率変数 X がとる値を $x_1 \le x_2 \le \cdots$ とし，確率変数 Y がとる値を $y_1 \le y_2 \le \cdots$ とする．このとき，X が x_i をとり，Y が y_j をとる同時確率（あるいは結合確率）が，同時分布関数から

$$P(X = x_i, Y = y_j) = F(x_i, y_j) - F(x_i, y_{j-1}) - F(x_{i-1}, y_j) + F(x_{i-1}, y_{j-1})$$

と定まる．これから定まる $p(x, y) \equiv P(X = x, Y = y)$ を X, Y の同時確率関数あるいは結合確率関数という．1 変数のときと同様に，本書では，$p(x, y)$ を X, Y の同時分布とよぶ．事例がかぞえられる場合には，X と Y の両方について「同時に」N 回の試行をおこない，そのうち，X が x_i をとり，Y が y_j をとる回数を n_{ij} とすると，同時確率 $P(X = x_i, Y = y_j)$ は，比 n_{ij}/N の N を大きくしたときの極限を意味する．

確率変数 X, Y に対し，$P(Y = y_j) = \sum_{x_i \in \mathcal{X}} P(X = x_i, Y = y_j)$ が成りたつ．これを Y が y_j をとる周辺確率という．ただし，$\mathcal{X}$ は，確率変数 X がとる値の集合である．これも，やはり関数表記を導入し

$$p(y) = \sum_x p(x, y)$$

とかける．これを Y の周辺確率関数という．ただし，和 $\sum_{x \in \mathcal{X}}$ を $\sum_x$ と略記し，和は，確率変数 X がとる値すべてについてわたるとする．本書では，Y の周辺確率関数を Y の周辺分布とよぶ．

このように，ほかの変数について，とりうるすべての値について和をとり，同時分布から周辺分布を求めることを周辺化という．連続確率変数の場合には上の式の和が積分になる．そのため周辺化のことを積分消去ともいう．

2 つの確率変数 X, Y に対し，X が x_i をとるという前提で，Y が y_j をとる確率を，$X = x_i$ のもとで $Y = y_j$ となる条件つき確率といい，$P(Y = y_j \mid X = x_i)$ とかく．X が x_i をとることを前提とするので，すべての試行を $X = x_i$ である場合だけにかぎり，$Y = y_j$ となる試行数との比を考える．やはり関数表記を導入すると，$X = x$ を前提としたときの Y の条件つき確率関数 $p(y \mid x)$ が，同時分布をもちいて，

$$p(x, y) = p(y \mid x) \cdot p(x)$$

と定義される．本書では，この関数 $p(y \mid x)$ を $X = x$ を前提とした Y の条件つき分布とよぶ．

複数の確率変数に対する同時分布と周辺分布，条件つき分布の 3 つを定義し，それぞれの意味をみてきた．この中では，同時分布が，確率変数についての最も詳細な情報をもっている．同時分布がわかれば，周辺分布は同時分布の周辺化に求めることができ，また，条件つき分布も，同時分布を周辺分布でわれば求めることができる．しかし，一般に，周辺分布だけがあたえられても同時分布は定まらず，また，条件つき分布だけからは同時分布は決まらない．

確率変数 X, Y に対し，同時分布が $p(x, y) = p(x)p(y)$ をみたすとき，X と Y は独立であるという．条件つき分布の定義より，$p(x, y) = p(x \mid y) \, p(y)$ なので，X, Y が独立ならば，$p(x \mid y) = p(x)$ である．すなわち，X, Y が独立ならば，X の分布は Y の値に依存しない．もちろん，Y の分布も X の値に依存しないことがいえる．

条件つき分布の定義と，対称性 $p(x, y) = p(y, x)$ から，条件つき分布に関して

$$p(x \mid y) = \frac{p(y \mid x)p(x)}{p(y)}$$

の関係を得る．この関係式をベイズの定理という．周辺化より $p(y) = \sum_x p(x, y)$ なので，

$$p(x \mid y) = \frac{p(y \mid x)p(x)}{\sum_x p(x, y)} = \frac{p(y \mid x)p(x)}{\sum_x p(y \mid x)p(x)}$$

となる．ただし，$\sum_x$ は，確率変数 X がとる値すべてについてわたる和である．

連続量をとる確率変数の場合には，$p(x, y)$ は確率密度関数 $f(x, y)$ を，$p(x \mid y)$ は確率密度関数 $f(x \mid y)$ を表わすとし，和を積分に置きかえれば，上で示した周辺化の関係

や条件つき分布の定義，ベイズの定理が成りたつ．また，しばしば，同時分布を同時確率とよぶ．同様に，周辺分布を周辺確率と，条件つき分布を条件つき確率とよぶことも多い．

　確率変数 X, Y に対し，たとえば，$X + Y$ や X^2 も確率変数となる．一般に，確率変数 X, Y に対し，$f(x)$ を x の関数，$f(x, y)$ を x, y の関数とすれば，$f(X)$ や $f(X, Y)$ も確率変数となる．離散確率変数 X の分布を $p(x)$ とし，$f(x)$ を関数としたとき

$$\mathbb{E}[f(X)] \equiv \sum_x p(x)f(x)$$

を $f(X)$ の期待値とよぶ．ただし，和は，X がとりうるすべての値にわたる．連続量をとる確率変数の場合は，和を積分にかえる（以下も同様）．分布 $p(x)$ から得られた有限個の実現値 $x_1, \ldots, x_N$ をもちいて，大数の法則により，$f(X)$ の期待値は

$$\mathbb{E}[f(X)] \approx \frac{1}{N} \sum_{n=1}^{N} f(x_n)$$

と近似される．確率変数 X, Y の同時分布を $p(x, y)$ とし，$f(x, y)$ を関数としたとき

$$\mathbb{E}[f(X, Y)] \equiv \mathbb{E}_{X, Y}[f(X, Y)] \equiv \sum_{x, y} p(x, y)f(x, y)$$

を $f(X, Y)$ の期待値という．また，たとえば X に関する期待値は

$$\mathbb{E}_X[f(X, Y)] \equiv \sum_x p(x)f(x, y)$$

であり，これは Y の関数となる．さらに，**条件つき期待値**が

$$\mathbb{E}_X[f(X, Y) \,|\, Y] \equiv \sum_x p(x \,|\, y)f(x, y)$$

と定義される．これも Y の関数である．

　関数（確率変数）$f(X)$ の分散は

$$\mathbb{V}[f] \equiv \mathrm{var}[f] \equiv \mathbb{E}[(f(X) - \mathbb{E}[f(X)])^2]$$

で定義され，$f(X)$ が，その期待値 $\mathbb{E}[f(X)]$ のまわりでどれくらいばらつくかを表わしている．2 つの確率変数 X, Y の共分散は

$$\mathrm{cov}[X, Y] \equiv \mathbb{E}_{X, Y}[(X - \mathbb{E}_X[X])(Y - \mathbb{E}_Y[Y])]$$
$$= \mathbb{E}_{X, Y}[XY] - \mathbb{E}_X[X]\mathbb{E}_Y[Y]$$

で定義され，X と Y が同時に変動する度合いを表わしている．とりわけ，X と Y が独立なら共分散は 0 である．

　成分が確率変数であるベクトルを，**確率ベクトル**という．確率ベクトル $\mathbf{x}$ の期待値 $\mathbb{E}[\mathbf{x}]$ は，成分の期待値をならべたベクトルである．2 つの確率ベクトル $\mathbf{x}, \mathbf{y}$ に対し，

$$\mathrm{cov}[\mathbf{x}, \mathbf{y}] \equiv \mathbb{E}_{\mathbf{x}, \mathbf{y}}[(\mathbf{x} - \mathbb{E}_{\mathbf{x}}[\mathbf{x}])(\mathbf{y}^{\mathrm{T}} - \mathbb{E}_{\mathbf{y}}[\mathbf{y}^{\mathrm{T}}])]$$
$$= \mathbb{E}_{\mathbf{x}, \mathbf{y}}[\mathbf{x}\mathbf{y}] - \mathbb{E}_{\mathbf{x}}[\mathbf{x}]\mathbb{E}_{\mathbf{y}}[\mathbf{y}]$$

を共分散行列という．確率ベクトル $\mathbf{x}$ の成分間の共分散は，$\mathrm{cov}[\mathbf{x}] \equiv \mathrm{cov}[\mathbf{x}, \mathbf{x}]$ とかく．

1.3.1　確率による予測モデルの表現

以下では，確率導入の具体例として単純な1次元線形回帰を考えよう．量 x に依存して定まる量 t を考える．ただし，t は，w を定数とした1次式 wx に，そのときどきで大きさがランダムに決まるノイズをくわえた量とする．ノイズは大きさがランダムに定まるので，ノイズを確率変数で表現するのは自然であろう．そこでノイズを表現する確率変数を導入し，それを ε とする．すると，x と t の関係は $t = wx + \varepsilon$ で表わされる．ノイズの分布は，平均0のガウス分布 $\mathcal{N}(0, \sigma^2)$ を仮定することが多い．

一般に，いくつかの変量の間の関係を表現した式をそれら変量のモデルという．とくに，量 x を入力としたとき，x におうじた量 t を定めるモデルを回帰モデルといい，x を説明変数，t を目標変数という[6]．さらに，x について1次式である回帰モデル

$$t = wx + \varepsilon, \quad \varepsilon \sim \mathcal{N}(0, \sigma^2) \tag{1.3.3}$$

を線形回帰モデルといい（図1.8），w をモデルパラメータ（あるいはパラメータ），また，ε を誤差項という．ここで，$\varepsilon \sim \mathcal{N}(0, \sigma^2)$ は，確率変数 ε の分布が平均0，分散 σ^2 のガウス分布であることを示している．線形回帰モデルは，パラメータ w についても線形であることに注意してほしい．

なお，より一般的には，定数 c をくわえた

$$t = wx + c + \varepsilon, \quad \varepsilon \sim \mathcal{N}(0, \sigma^2)$$

を線形回帰モデルとして考えることが多い．このモデルの説明変数は x と c の2つである．これらを区別したい場合には，本書では，x を入力変数とよび，c を定数項あるいはバイアス項とよぶ．

式 (1.3.3) にもどろう．線形回帰モデル $t = wx + \varepsilon$ は確率変数 ε をふくむ

---

[6] 説明変数は独立変数ともいう．また，目標変数は，目的変数あるいは被説明変数ともいう．

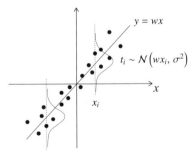

図 **1.8**　線形回帰モデルのイメージ図.

ので，t は確率変数である．ノイズの分布が $\mathcal{N}(0, \sigma^2)$ であれば，あたえられた x に対して，t の分布は，平均が wx で分散が σ^2 のガウス分布となる．すなわち，

$$t \sim \mathcal{N}(wx, \sigma^2).$$

また，$\varepsilon = t - wx$ であるから，確率変数としての $t - wx$ の分布も $\mathcal{N}(0, \sigma^2)$ である．線形回帰モデルでは，x があたえられると，x に w をかけ，それに，確率変数 ε の実現値 e をたしたものが確率変数 t の実現値となる．

　線形回帰モデルは，確率変数 ε と t をふくむ数式で表現されている．一般に，確率変数をふくむ数式で表現される数学的モデルを，**確率モデル**，あるいは**確率的モデル**という．

1.3.2　独立同分布とデータ

　複数の確率変数 $X_1, X_2, \ldots, X_m$ が，独立でかつ同じ分布をもつとき，$X_1, X_2, \ldots, X_m$ は**独立同分布**（iid あるいは i.i.d. と略記される）であるという．独立同分布である確率変数 $X_1, X_2, \ldots, X_m$ を考え，それらの分布を $q(x)$ としよう．また，x_1 は確率変数 X_1 の実現値，x_2 は確率変数 X_2 の実現値，$\cdots$，x_m は確率変数 X_m の実現値とすると，$x_1, x_2, \ldots, x_m$ の同時分布は

$$p(x_1, \ldots, x_m) = q(x_1) \cdots q(x_m) = \prod_{i=1}^{m} q(x_i) \tag{1.3.4}$$

である．このとき，本書では，$x_1, x_2, \ldots, x_m$ は，分布 $q(x)$ の独立同分布に
したがう，あるいは，$x_1, x_2, \ldots, x_m$ は，分布 $q(x)$ の独立同分布から生成さ
れるという．

　さて，これまでのところ，データという用語を常識的な意味でつかってき
た．ここで，確率的観点からデータを特徴づけてみよう．いま実験者が実験
をおこない，観測の結果，量 x_1 には量 t_1 が対応し，x_2 には t_2 が対応し，...，
x_N には t_N が対応したとする．得られた $\mathcal{D} = \{(x_1, t_1), \ldots, (x_N, t_N)\}$ を大
きさ N のデータ集合（データセット）という．ただし，データセットを構成
する1つのデータ，上の $\mathcal{D}$ であれば (x_1, t_1) など，との混同のおそれがない
ときには，データ集合をデータということが多い．

　機械学習では，観測結果に不確実性があると考える場合には，データは，な
んらかの確率変数の実現値とみなす．ただし，いまあつかっている回帰では，
目標変数 t は確率変数であるのに対し，説明変数 x は確率変数ではない通常の
変数で，その値は，たとえば実験者が定めるとする（説明変数も確率変数と考
えて回帰に対するモデルを定式化することもできる）．以下で，この考えを精
緻化しよう．

　実験で得られたデータ集合（データセット）を $\mathcal{D} = \{(x_1, t_1), \ldots, (x_N, t_N)\}$ とする．いま，線形回帰モデル

$$t = wx + \varepsilon, \quad \varepsilon \sim \mathcal{N}(0, \sigma^2)$$

を考え，ε と同じ分布をもつ独立同分布の確率変数

$$\varepsilon_i \sim \mathcal{N}(0, \sigma^2), \quad i = 1, \ldots, N$$

の（ノイズの）実現値を $e_1, e_2, \ldots, e_N$ とする．データ $\mathcal{D} = \{(x_1, t_1), \ldots, (x_N, t_N)\}$ に対し，x の値を x_i として，$t_i = wx_i + e_i, i = 1, \ldots, N$，と考え
るとき，本書では，データ $\mathcal{D}$ は，モデル $t = wx + \varepsilon, \varepsilon \sim \mathcal{N}(0, \sigma^2)$ から独立
に生成されるという．

　本書をとおして，あたえられるデータは独立同分布にしたがうと仮定する．
現実には，厳密な意味で独立同分布にしたがうデータなどは存在しない．しか
し，現実の近似としてデータの独立同分布性を仮定すれば，一貫性があり，単

純で見とおしのよい理論を構築することができる．より現実を反映させたモデルや理論は，単純な仮定の上に成りたつ理論を拡張して得られることが多い．

ここでは，線形回帰モデルを仮定したので，パラメータ w と σ^2 が未知の場合，データ $\mathcal{D}$ から，w と σ^2 を定めることが学習である．どのようなパラメータ値を選べば，最適な線形回帰モデルになるかという問題は 1.6 節で議論する．そこで示されるように，データを生成する分布がわかっていれば，最適なモデルをつくることができる．しかし，一般には，データを生成する分布はわからないので，その分布を近似する確率モデルをデータから構築することになる．実際には，モデルパラメータを推定するだけではなく，モデル選択もおこなって，データの生成分布を近似する確率モデルを構築しなければならない．これが機械学習の本質である．

以下では，モデル選択はひとまず置いておき[7]，線形回帰モデルを例として，確率モデルの近似推定法を 2 つ紹介しよう．まず，その 2 つの推定法のそれぞれがしたがう確率の解釈について簡単にふれる．

1.3.3　確率の解釈：頻度主義とベイズ主義

頻度主義では，繰りかえし可能な事象を対象とする．それにのっとり，学習に対して頻度主義は，一連の実験を何度もおこなって，そのたびにデータ $\mathcal{D}_1$, $\mathcal{D}_2, \ldots, \mathcal{D}_m$ を得ることができると考える．モデルパラメータは決まった値をもつとし，その値を，たとえば，あとでのべる最尤推定で 1 つのデータセット $\mathcal{D}$ から決め，推定値の誤差はデータ $\mathcal{D}_1$, $\mathcal{D}_2$, $\ldots$, $\mathcal{D}_m$ のばらつきに起因すると考える．

それに対し，ベイズ主義は 1 回だけの不確実な事象も対象とする．ベイズ主義では，データは 1 セットだけ得られ，そこには不確実なものはなく，定めるべきモデルパラメータに不確実性があるとみて，モデルパラメータを確率変数であると考える．ベイズの定理を運用し，データがあたえられたもとでのパラメータの事後確率（事後分布）を

---

[7] モデル選択については，1.1〜1.3 節でのべた交差確認をつかう手法のほかに，第 II 部の 3.5 節でベイズモデル比較を紹介する．

$$p(w \mid \mathcal{D}) = \frac{p(\mathcal{D} \mid w)p(w)}{p(\mathcal{D})} = \frac{p(\mathcal{D} \mid w)p(w)}{\displaystyle\int_{-\infty}^{\infty} p(\mathcal{D} \mid w)p(w)\,dw}$$

として求める．さらに，求めた事後分布をもちいて回帰や分類などの予測分布を定める．

　以下では，まず，頻度主義の立場から，モデルパラメータの最尤推定について解説し，そのあとで，ベイズ推論を紹介する．

1.4　パラメータの推定

1.4.1　最尤推定：頻度主義の立場から

■ 尤度関数

　確率変数をもつモデルのもとで，データが生成される確率を考えよう．ここでは，回帰モデル $t = wx + \varepsilon$, $\varepsilon \sim \mathcal{N}(0, \sigma^2)$ を仮定し，データを $\mathcal{D} = \{(x_1, t_1), \ldots, (x_N, t_N)\}$ とする．この回帰モデルのもとでデータ $\mathcal{D}$ が生成される確率は，ε と同じ分布をもつ独立同分布の $\varepsilon_1, \varepsilon_2, \ldots, \varepsilon_N$ のそれぞれの実現値 $e_1, e_2, \ldots, e_N$ の同時確率であり，それは各 e_i の確率の積に等しい．これを，観測された量とモデルのパラメータをつかって表現すると，$e_i = t_i - wx_i$ の確率の積

$$\frac{1}{\sqrt{2\pi}\sigma} e^{-\frac{(t_1 - wx_1)^2}{2\sigma^2}} \times \cdots \times \frac{1}{\sqrt{2\pi}\sigma} e^{-\frac{(t_N - wx_N)^2}{2\sigma^2}}$$

となる．この式において，w と σ^2 はパラメータで，x_i は定数であるから，この確率は，確率変数の実現値 t_i の同時確率とみることができる．そこで，データ $\mathcal{D}$ のうち，x_i をあつめたものを $\mathbf{X} = \{x_1, \ldots, x_N\}$，$t_i$ をあつめたベクトルを $\mathbf{t} = (t_1 \ \cdots \ t_N)^{\mathrm{T}}$ とし，t_i の同時確率が，パラメータ w と σ^2，さらに，x_i に依存することに注意すると，この t_i の確率は $p(\mathbf{t} \mid \mathbf{X}, w, \sigma^2)$ と表記されるべきものである．よって，上式を

$$p(\mathbf{t} \mid \mathbf{X}, w, \sigma^2) = \frac{1}{\sqrt{2\pi}\sigma} e^{-\frac{(t_1 - wx_1)^2}{2\sigma^2}} \times \cdots \times \frac{1}{\sqrt{2\pi}\sigma} e^{-\frac{(t_N - wx_N)^2}{2\sigma^2}}$$

とかき，データの生成確率の意味をもたせながら，パラメータ w と σ^2 を独

立変数とする関数としてみたものを**尤度関数**（あるいは**尤度**）という[8]．尤度は，モデルパラメータの関数であり，同じデータでも，パラメータ値が異なれば尤度の値も異なることを強調しておく．尤度は，つぎにのべる頻度主義の立場における最尤推定だけでなく，ベイズ主義においても，パラメータの事後分布を求めるときに必要となる．

以下では，$p(\mathbf{t} \mid \mathbf{X}, w, \sigma^2)$ から $\mathbf{X}$ を落として $p(\mathbf{t} \mid w, \sigma^2)$ と略記する．このように表記すると，尤度が w と σ^2 の関数であることが見てとりやすい．また，「w と σ^2 を独立変数とする関数」を，「w と σ^2 の関数」と簡潔にいうことも多い．

■ 最尤推定

仮定したモデルのもとで，データが生成される確率（尤度）が最大となるようにパラメータを決めることをパラメータの**最尤推定**という．また，最尤推定により定めたパラメータを**最尤推定解**，あるいは**最尤解**という．これまでの例でいえば，データを $\mathcal{D} = \{(x_1, t_1), \ldots, (x_N, t_N)\}$ とし，$\mathbf{X} = \{x_1, \ldots, x_N\}$，$\mathbf{t} = (t_1 \; \cdots \; t_N)^{\mathrm{T}}$ とし，モデルを $t = wx + \varepsilon, \quad \varepsilon \sim \mathcal{N}(0, \sigma^2)$ とすれば，尤度関数は

$$p(\mathbf{t} \mid w, \sigma^2) = \frac{1}{\sqrt{2\pi}\sigma} e^{-\frac{(t_1 - wx_1)^2}{2\sigma^2}} \times \cdots \times \frac{1}{\sqrt{2\pi}\sigma} e^{-\frac{(t_N - wx_N)^2}{2\sigma^2}}$$

であり，これを最大にする w と σ^2 を求めることがパラメータの最尤推定である．

最尤推定の具体的計算例をあげよう．対数は単調増加関数だから，最大をとる w の値は対数をとる前と同じである．ここでは簡単のため，σ^2 は既知の定数とする．尤度の対数（自然対数 ln）をとって，

---

[8] 離散値をとる目標変数の場合には，尤度関数はデータの生成確率を表わす．それに対し，本節であつかっている目標変数は連続量なので，ここでの尤度は正確には確率密度関数値である．しかし，連続量をとる目標変数をあつかう場合にも，尤度関数を確率と表現することが多い．

$$\ln p(\mathbf{t} \,|\, w) = -\frac{(t_1 - wx_1)^2}{2\sigma^2} - \cdots - \frac{(t_N - wx_N)^2}{2\sigma^2} + \text{const.}$$
$$= -\frac{1}{2\sigma^2}\left\{(t_1 - wx_1)^2 + \cdots + (t_N - wx_N)^2\right\} + \text{const.} \quad (1.4.1)$$

ただし，const. は w に無関係な定数である．最右辺の $(t_1 - wx_1)^2 + \cdots + (t_N - wx_N)^2$ は 2 乗和誤差であることに注意してほしい．対数尤度 (1.4.1) を最大にする w を求めるため，w で微分して 0 とおき，w についてとくと

$$w_{\mathrm{ML}} = \frac{t_1 x_1 + t_2 x_2 + \cdots + t_N x_N}{x_1^2 + x_2^2 + \cdots + x_N^2}$$

となる（演習 1.2）．

　対数尤度の式 (1.4.1) から，ノイズとしてガウス分布を仮定したときの尤度最大化と，2 乗和誤差関数に対する最小 2 乗法は等価であることがわかる．

　本項の最後に，最尤推定の問題点をあげよう．まず，データが少ないと，最尤推定は過学習を起こす．すなわち，データが少ないもとで最尤推定で定めたパラメータをもつモデルは，データにあわせられすぎていて，予測性能がわるくなる．たとえば，表がでる確率が θ のコインを 3 回投げたとき 3 回とも表がでた場合，最尤推定で θ を定めると $\theta = 1$ となってしまう．

　また，最尤推定はモデル選択につかえない．それは，複雑なモデルほど尤度が大きくなるからである．たとえば，次数が高い多項式モデルほど，最尤推定値をつかった尤度関数値が大きくなるので，次数の決定に最尤推定はつかうことができない．

1.4.2　パラメータの事後分布：ベイズ推論

　つぎに，ベイズ主義の立場からモデルパラメータをあつかおう．ベイズ主義では，パラメータの不確実性を確率でとらえる．そこで，パラメータを確率変数とし，その事前分布を導入することによって，データがあたえられたもとでのパラメータの事後分布を求める．これによって，最尤推定のときに起きた少数データのもとでの過学習を回避することができる（ベイズ推論で過学習が回避できる理由については，第 II 部の 3.5 節でのべる）．

■ パラメータの事後分布

これまでと同じく，モデルを

$$t = wx + \varepsilon, \quad \varepsilon \sim \mathcal{N}(0, \sigma^2)$$

とし，あたえられたデータを $\mathcal{D} = \{(x_1, t_1), \ldots, (x_N, t_N)\}$ とし，$\mathbf{X} = \{x_1, \ldots, x_N\}$，$\mathbf{t} = (t_1 \cdots t_N)^{\mathrm{T}}$ とする．以下では，簡単のため，σ^2 は確率変数ではなく，すでにわかっている定数とし，未知なるパラメータは w だけとする．ベイズ統計では，パラメータの事後分布 $p(w \,|\, \mathbf{t}, \mathbf{X}, \sigma^2)$ を求めることが肝要となる．以下簡単のため，条件部から $\mathbf{X}$ と σ^2 は落として $p(w \,|\, \mathbf{t})$ とかく．

パラメータの事後分布を求めるために，ベイズの定理

$$p(w \,|\, \mathbf{t}) = \frac{p(\mathbf{t} \,|\, w) \cdot p(w)}{p(\mathbf{t})}$$

を利用する．ここで，$p(w)$ はパラメータの**事前分布**であり，$p(\mathbf{t} \,|\, w)$ は**尤度**である．また，分母の $p(\mathbf{t})$ は正規化定数である．事前分布の「事前」とは「データがあたえられる前」を意味しており，データがあたえられていない状況でのパラメータの分布である．尤度は，すでに最尤推定のときにでてきた．

■ 事前分布：パラメータに関する事前知識

ベイズの定理をもちいてパラメータの事後分布を求める場合，パラメータに関する知識を事前分布に反映することができる．しかし，パラメータに関する事前の知識はないに等しいことが多い．事前知識がとぼしいときには，事後分布への影響をおさえる事前分布（無情報事前分布）を選択したり，あるいは，可能な場合には，しばしば事後分布の計算が容易になる事前分布（共役事前分布）を選択したりする．

ここでは，線形回帰モデル

$$t = wx + \varepsilon, \quad \varepsilon \sim \mathcal{N}(0, \sigma^2)$$

のパラメータの事後分布の計算が簡単となる共役事前分布 $p(w) = \mathcal{N}(0, \alpha^2)$ をあげておく．ただし，α は，パラメータ w の（事前）分布のパラメータで

あり，**超パラメータ**とよばれる．あとで示すように，w の事前分布としてこの分布を仮定すると，w の事後分布がガウス分布になり，その平均と分散も簡単に求めることができる．

■ **事後分布の計算**

ベイズの定理をつかって，パラメータの事前分布と尤度からパラメータの事後分布を計算しよう．尤度は

$$p(\mathbf{t}\,|\,w) = \frac{1}{\sqrt{2\pi}\sigma}e^{-\frac{(t_1 - wx_1)^2}{2\sigma^2}} \times \cdots \times \frac{1}{\sqrt{2\pi}\sigma}e^{-\frac{(t_N - wx_N)^2}{2\sigma^2}}$$

であるから，

$$p(w\,|\,\mathbf{t}) \propto p(\mathbf{t}\,|\,w)\,p(w)$$
$$= \left(\frac{1}{\sqrt{2\pi}\sigma}e^{-\frac{(t_1 - wx_1)^2}{2\sigma^2}} \times \cdots \times \frac{1}{\sqrt{2\pi}\sigma}e^{-\frac{(t_N - wx_N)^2}{2\sigma^2}} \right) \times \frac{1}{\sqrt{2\pi}\alpha}e^{-\frac{w^2}{2\alpha^2}}$$
$$= C \cdot e^{-\frac{(w-m)^2}{2s^2}}.$$

ここで，C, s^2, m は w によらない定数である．最右辺が示すように，これはガウス分布である．すなわち，パラメータ w の事前分布としてガウス分布を仮定したため，指数の肩の部分が，尤度関数のそれと同様に w の 2 次式となり，尤度 × 事前分布の肩も w の 2 次式となる．それゆえ，正規化定数を計算せずともパラメータの事後分布はガウス分布であることがわかる．なお，上式最初のところ，$p(w\,|\,\mathbf{t}) \propto p(\mathbf{t}\,|\,w)\,p(w)$ は，= ではなく $\propto$（左辺は右辺に比例する）とかいてあることに注意してほしい．いまの場合，尤度と事前分布だけで事後分布が求まるからこの記述で十分なのである．そのため，ベイズ統計の計算では $\propto$ をつかった記述が頻出する．

■ **ベイズ統計の利点と欠点**

ベイズ統計の利点として，まず，過学習を起こしにくいことがあげられる．たとえば，表がでる確率が θ のコインを 3 回投げたとき，3 回とも表がでたとしよう．その場合でも，θ の事前分布として，たとえば，表裏半々でそれぞれがでる確率1/2を仮定すれば，θ の事後分布は θ^3 に比例する分布となり，θ

= 1 という極端な分布ではなく，1 よりも小さな値，たとえば 0.5，をとる確率も 0 ではない．

欠点としては，あやまった事前分布を設定すると，事後分布もあやまったものになることがあげられる．また，正規化定数を求める計算量が膨大で，実質的に不可能であることが多い．それを具体的にみてみよう．まず，ベイズの定理を，1 変数線形回帰モデルから離れて，一般の形でかくと，

$$p(\mathbf{w} \mid \mathcal{D}) = \frac{p(\mathcal{D} \mid \mathbf{w})p(\mathbf{w})}{p(\mathcal{D})} = \frac{p(\mathcal{D} \mid \mathbf{w})p(\mathbf{w})}{\int_{-\infty}^{\infty} p(\mathcal{D} \mid \mathbf{w})p(\mathbf{w}) \, d\mathbf{w}}. \tag{1.4.2}$$

ここで，$\mathcal{D}$ は多変数の確率変数で，$p(\mathcal{D} \mid \mathbf{w})$ は尤度関数，$p(\mathbf{w})$ は多次元ベクトル $\mathbf{w}$ の事前分布である．最右辺の分母（正規化定数）の積分

$$\int_{-\infty}^{\infty} p(\mathcal{D} \mid \mathbf{w})p(\mathbf{w}) \, d\mathbf{w}$$

は $\mathbf{w}$ の次元分の多重積分であり，多くの場合，この計算は実質上不可能である．そのため，正規化定数を求めることを回避する手法や，正規化定数の近似計算法が提案されている．

■ ベイズ統計の近似計算

ベイズの定理をつかった事後分布の計算において，分母計算を回避する，あるいは近似する手法は，おもに以下の 4 つである．

- 最大事後確率 (MAP) 推定．
- 共役事前分布の採用．
- 変分ベイズ法．近似分布を求める．
- 事後分布からサンプリング．

ここでは，最大事後確率 (MAP) 推定と，共役事前分布をつかった事後分布の計算を簡単に紹介する．共役事前分布についての詳細は第 II 部の 2.3 節にある．

● 最大事後確率 (MAP) 推定：半ベイズ

一般に，正規化定数を定めることは困難なことが多い．そのため，事後分布

を求めるのはあきらめ，その代わりに，事後分布を最大にする $\mathbf{w}$ を求めることを最大事後確率推定（**MAP 推定**）という（MAP とは，maximum a posteriori の略である）．すなわち，MAP 推定による解（**最大事後確率推定解**あるいは **MAP 推定解**）は

$$\mathbf{w}_{\mathrm{MAP}} = \arg \max_{\mathbf{w}} p(\mathbf{w} \,|\, \mathcal{D}) = \arg \max_{\mathbf{w}} p(\mathcal{D} \,|\, \mathbf{w}) p(w)$$

である[9]．式 (1.4.2) の分母（正規化定数）は定数で最大化には無関係なので，上式で最後の等式が成りたつことに注意してほしい．MAP 推定解は，分布ではなく，1 つの値で事後分布を代表させることになり，MAP 推定では，事後分布の分散などの特性はわからない．

これまでのように

$$t = wx + \varepsilon, \quad \varepsilon \sim \mathcal{N}(0, \sigma^2)$$

をモデルとした，最大事後確率推定の単純な例をあげよう．ただし，σ^2 は決まった定数とする．このとき尤度は，

$$p(\mathbf{t} \,|\, w) = \frac{1}{\sqrt{2\pi}\sigma} e^{-\frac{(t_1 - wx_1)^2}{2\sigma^2}} \times \cdots \times \frac{1}{\sqrt{2\pi}\sigma} e^{-\frac{(t_N - wx_N)^2}{2\sigma^2}}$$

となる．また，w の事前分布を $p(w) = \dfrac{1}{\sqrt{2\pi}\alpha} e^{-\frac{w^2}{2\alpha^2}}$，ただし，$\alpha$ は決まった超パラメータとする．このとき，事後分布は，

$$\begin{aligned} p(w \,|\, \mathbf{t}) \propto p(\mathbf{t} \,|\, w) \times p(w) = &\left(\frac{1}{\sqrt{2\pi}\sigma} e^{-\frac{(t_1 - wx_1)^2}{2\sigma^2}} \times \cdots \times \frac{1}{\sqrt{2\pi}\sigma} e^{-\frac{(t_N - wx_N)^2}{2\sigma^2}} \right) \\ &\times \frac{1}{\sqrt{2\pi}\alpha} e^{-\frac{w^2}{2\alpha^2}} \end{aligned}$$

となる．w の MAP 推定解は，事後分布を最大にする w であり，

$$\frac{dp(w \,|\, \mathbf{t})}{dw} = 0$$

をみたす w として求めることができる（演習 1.3）．

---

[9] 表記 $\arg \max_{\mathbf{x}} f(\mathbf{x})$ は，$f(\mathbf{x})$ を最大にする $\mathbf{x}$ である．なお，似た表記の $\max_{\mathbf{x}} f(\mathbf{x})$ は，$f(\mathbf{x})$ が最大となる $f(\mathbf{x})$ の値である．

　具体的な数値例として，データを $\mathcal{D}_1 = \{(1, 1)\}$ とし，$\alpha = \sigma = 1$ としよう．このとき，$\mathbf{t} = (t_1) = (1)$（1 を成分とする 1 次元のベクトル）だから，これを $t_1 = 1$ とかくと，パラメータの事後分布は

$$p(w \,|\, t_1 = 1) \propto p(t_1 = 1 \,|\, w) \times p(w) = \frac{1}{\sqrt{2\pi}} e^{-\frac{(1-w)^2}{2}} \times \frac{1}{\sqrt{2\pi}} e^{-\frac{w^2}{2}}$$
$$= \frac{e^{-1/2}}{2\pi} \cdot e^{-(w-1/2)^2}$$

となる．対数をとって w で微分したものを 0 とおき

$$\frac{d \ln p(w \,|\, t_1 = 1)}{dw} = 0 \iff w - \frac{1}{2} = 0.$$

よって $w_{\mathrm{MAP}} = \dfrac{1}{2}$ となる．

● **MAP 推定と正則化最小 2 乗法の関係**

　これまでの線形回帰モデルをつづけ，パラメータの事後分布を

$$p(w \,|\, \mathbf{t}) \propto p(\mathbf{t} \,|\, w) \times p(w)$$
$$= \frac{1}{\sqrt{2\pi}\sigma} e^{-\frac{(t_1 - wx_1)^2}{2\sigma^2}} \times \cdots \times \frac{1}{\sqrt{2\pi}\sigma} e^{-\frac{(t_N - wx_N)^2}{2\sigma^2}} \times \frac{1}{\sqrt{2\pi}\alpha} e^{-\frac{w^2}{2\alpha^2}}$$

とする．その対数をとると

$$\ln p(w \,|\, \mathbf{t}) = -\sum_{i=1}^{N} \frac{(t_i - wx_i)^2}{2\sigma^2} - \frac{w^2}{2\alpha^2} + \mathrm{const.} \tag{1.4.3}$$

となる．この右辺の符号をかえてみると，第 1 項 $\displaystyle\sum_{i=1}^{N} \frac{(t_i - wx_i)^2}{2\sigma^2}$ は 2 乗和誤差関数（を $2\sigma^2$ でわったもの）であり，第 2 項 $\dfrac{w^2}{2\alpha^2}$ は $\dfrac{1}{2\alpha^2}$ をパラメータとする正則化項とみることができる．すなわち，式 (1.4.3) の右辺の符号をかえたものを最小とする w を求めることは，正則化 2 乗誤差関数に対する最小 2 乗法そのものである．ノイズとしてガウス分布を仮定し，事前分布として平均 0 で分散 α^2 を仮定したときの MAP 推定と，正則化 2 乗和誤差関数に対する最小 2 乗法は等価であることがわかる．

● 共役事前分布

　確率変数 X の分布はベルヌイ分布 $\mathrm{Bern}(x\,|\,\theta) = \theta^x (1-\theta)^{1-x}$, $x \in \{0, 1\}$ としよう．このとき，データがあたえられたもとでの平均パラメータ θ の事後分布を求めたいとする．簡単のため，データは 1 つの b（b は 0 か 1）だけからなる $\mathcal{D} = \{b\}$ とすると，尤度関数は，$\theta^b(1-\theta)^{1-b}$ である．いま，この尤度関数の形にあわせて，θ の事前分布としてベータ分布

$$p(\theta\,|\,\alpha,\,\beta) = \frac{\Gamma(\alpha+\beta)}{\Gamma(\alpha)\Gamma(\beta)} \theta^{\alpha-1}(1-\theta)^{\beta-1}$$

を仮定する．ただし，α と β はパラメータで，$\Gamma(\cdot)$ はガンマ関数（第 II 部末付録 A 参照）である．右辺の $\dfrac{\Gamma(\alpha+\beta)}{\Gamma(\alpha)\Gamma(\beta)}$ に目がうばわれがちであるが，これは単なる定数で，変数 θ の式である $\theta^{\alpha-1}(1-\theta)^{\beta-1}$ に着目してほしい．すると，この事前分布と尤度関数をかけることにより，θ の事後分布は，

$$p(\theta\,|\,\alpha+b,\,\beta-b+1) = \frac{\Gamma(\alpha+\beta+1)}{\Gamma(b+\alpha)\Gamma(\beta-b+1)} \theta^{(b+\alpha)-1}(1-\theta)^{(\beta-b+1)-1}$$

となる．これはやはりベータ分布である．

　この例のように，尤度関数の形に着目して，事後分布が事前分布と同じ形になるとき，事前分布を**共役事前分布**という．事前分布として共役事前分布を仮定すれば，事後分布のベイズの定理における正規化定数を簡単に求められることが重要である．上の例だと，パラメータを α と β とするベータ分布の正規化係数は $\dfrac{\Gamma(\alpha+\beta)}{\Gamma(\alpha)\Gamma(\beta)}$ であり，これは α と β で定まる．パラメータの事後分布もベータ分布であり，そのパラメータは，事前分布のパラメータ α と β と，尤度関数の指数部にでてくるデータで $\alpha+b$ と $\beta-b+1$ とで表わされ，これにより正規化係数も，計算するまでもなく $\dfrac{\Gamma(\alpha+\beta+1)}{\Gamma(b+\alpha)\Gamma(\beta-b+1)}$ と定まる．

　共役事前分布のほかの例をあげよう．1 つの成分だけが 1 で，ほかの成分は 0 の one-hot 表現ベクトルを値とする確率変数を考え，その分布をカテゴリカル分布

$$\mathrm{Cat}(\mathbf{x}\,|\,\boldsymbol{\theta}) = \theta_1^{x_1} \cdots \theta_M^{x_M}, \quad \mathbf{x} = (x_1 \; \cdots \; x_M)^{\mathrm{T}}, \quad x_i \in \{0,\,1\}, \quad \sum_{i=1}^{M} x_i = 1$$

とする．ここで，$\boldsymbol{\theta} = (\theta_1 \; \cdots \; \theta_M)^{\mathrm{T}}$ はパラメータで，$\theta_i \geq 0, \sum_{i=1}^{M} \theta_i = 1$ をみたす．データを，1 つの one-hot 表現ベクトル $\mathbf{b} = (b_1 \; \cdots \; b_M)^{\mathrm{T}}, b_i \in \{0,\,1\}$, $\sum_{i=1}^{M} b_i = 1$, だけからなる $\mathcal{D} = \{\mathbf{b}\}$ としよう．この場合，$\boldsymbol{\theta}$ の共役事前分布はディリクレ分布

$$\mathrm{Dir}(\boldsymbol{\theta}\,|\,\boldsymbol{\alpha}) = C(\boldsymbol{\alpha}) \cdot \theta_1^{\alpha_1} \cdots \theta_M^{\alpha_M}, \quad \boldsymbol{\alpha} = (\alpha_1 \; \cdots \; \alpha_M)^{\mathrm{T}}$$

である．ただし，$C(\boldsymbol{\alpha})$ は，正規化係数で

$$\frac{\Gamma(\alpha_1 + \cdots + \alpha_M)}{\Gamma(\alpha_1) \cdots \Gamma(\alpha_M)}$$

である．この共役事前分布を仮定すれば，パラメータ $\boldsymbol{\theta}$ の事後分布もディリクレ分布

$$\mathrm{Dir}(\boldsymbol{\theta}\,|\,\boldsymbol{\alpha} + \mathbf{b}) = C(\boldsymbol{\alpha} + \mathbf{b}) \cdot \theta_1^{\alpha_1 + b_1} \cdots \theta_M^{\alpha_M + b_M}$$

となる（演習 1.4）．

もう 1 つ例をあげよう．実数を値とする確率変数を考え，その分布はガウス分布

$$\mathcal{N}(x\,|\,\mu,\,1) = \frac{1}{(2\pi)^{\frac{1}{2}}} \exp\left\{-\frac{(x-\mu)^2}{2}\right\}$$

とする．分散は既知の定数 1 で，パラメータは平均 μ だけである．1 つの実数 r だけからなるデータを $\mathcal{D} = \{r\}$ としたとき，パラメータ μ の共役事前分布はガウス分布

$$p(\mu) = \mathcal{N}(\mu\,|\,\mu_0,\,\sigma_0^2) = \frac{1}{\sqrt{2\pi}\sigma_0} \exp\left(-\frac{(\mu-\mu_0)^2}{2\sigma_0^2}\right)$$

であり，この共役事前分布を仮定すると，μ の事後分布もガウス分布

$$p(\mu\,|\,\{r\}) = \mathcal{N}\left(\mu \,\middle|\, \frac{1}{\sigma_0^2 + 1}\mu_0 + \frac{\sigma_0^2}{\sigma_0^2 + 1}r,\, \frac{\sigma_0^2}{\sigma_0^2 + 1}\right)$$

となる（演習 1.4）．

このほかの共役事前分布の例については，第II部の第2章であつかう．

1.5 損失と誤差関数

本節では，機械学習でもちいられる基本的概念をまとめつつ，学習の根本を理論的に考察する．とりわけ，データがしたがう分布がわかっているという前提で，誤差関数の最小化により得られる予測モデルが最適なモデルの近似であることを示す．具体的には，①データがしたがう分布で定義される期待損失を導入し，それを最小とする予測モデルが最適なモデルであると考え，②データに依存する誤差関数が期待損失の近似であり，③誤差関数を最小化して得られる予測モデルが，その意味で最適なモデルの近似であることを解説する．

入力 $\mathbf{x}$ に対応する量を t とし，t の予測モデルを $y(\mathbf{x})$ とする[10]．以下，2乗誤差を損失関数とする例によって，期待損失と経験損失，誤差関数を定義していく．まず，モデルの誤差は $|y(\mathbf{x}) - t|$ であり，この誤差の2乗，すなわち，

$$l_s(t, y(\mathbf{x})) \equiv \{y(\mathbf{x}) - t\}^2 \tag{1.5.1}$$

を損失関数，あるいは簡単に損失という．とくにここでは2乗誤差を考えているので，$l_s(t, y(\mathbf{x}))$ は**2乗誤差損失**といわれる[11]．損失は，モデルを固定したもとで，$\mathbf{x}$ に対する量 t と，その予測 $y(\mathbf{x})$ との2変数の関数として定義されることに注意してほしい．

さらに，データ $(\mathbf{x}, t)$ がしたがう同時分布 $p(\mathbf{x}, t)$ が存在すると仮定しよう．このとき，損失をつかって，

$$L_s \equiv \mathbb{E}[l_s(t, y(\mathbf{x}))] = \iint p(\mathbf{x}, t)\{y(\mathbf{x}) - t\}^2 d\mathbf{x}dt \tag{1.5.2}$$

と定義される L_s を，モデルの**期待損失**，とりわけここでは，2乗誤差損失に

---

[10] これまでは，スカラー量の入力をあつかってきた．実際にあつかうのは，たとえば，身長と体重の組から性別を推定するというような問題で，入力は多次元の量になることが多い．そこで以降では，入力 $\mathbf{x}$ を D 次元ベクトルとする．

[11] 回帰の場合には，普通，2乗誤差損失を考える．しかし，2乗誤差損失だけが機械学習であつかう損失というのではない．目的によって適切な損失を考える必要があり，あとでそのいくつかを紹介する．

対する期待値なので期待 2 乗誤差損失という．ただし，$\mathbf{x}$ に関する積分は D 重積分で，積分区間は，$\mathbf{x}$ と t のとりうる値全域である．モデルのパラメータを $\mathbf{w}$ としたとき，モデルが決まれば期待損失は定まるので，期待損失は $\mathbf{w}$ の関数とみなせる．

同時分布 $p(\mathbf{x}, t)$ にしたがうデータ $(\mathbf{x}, t)$ に対し，期待損失が小さな回帰や分類のモデルほど，性能がよいモデルと考えることができる．とくに，期待損失が最小となるモデルが最適なモデルといえる[12]．ただし，一般には，同時分布 $p(\mathbf{x}, t)$ はわからないので，最適なモデルも同定することはできない．期待損失を最小とするモデルについては，あとの 1.6 節でまた取りあげる．

つぎに，N 個のデータ $(\mathbf{x}_1, t_1)$，$(\mathbf{x}_2, t_2)$，$\dots$，$(\mathbf{x}_N, t_N)$ が得られたとしよう．これをつかって定義される

$$\frac{1}{N}\sum_{n=1}^{N} l_s(t_n, y(\mathbf{x}_n)) = \frac{1}{N}\sum_{n=1}^{N}\{y(\mathbf{x}_n) - t_n\}^2 \tag{1.5.3}$$

を経験損失という．正確には，2 乗誤差損失を考えているので，**経験 2 乗誤差損失**という．これは，一つひとつのデータに対するモデルの予測の損失を，すべてのデータについて平均したものである．大数の法則によって，経験損失は，一般にはわからない期待損失 (1.5.2) の近似とみることができる．

さて，モデルがパラメータ $\mathbf{w}$ をもつことを強調してモデルの出力を $y(\mathbf{x}, \mathbf{w})$ とかこう．経験損失 (1.5.3) の N 倍

$$E(\mathbf{w}) = \sum_{n=1}^{N} l_s(t_n, y(\mathbf{x}_n, \mathbf{w})) = \sum_{n=1}^{N}\{y(\mathbf{x}_n, \mathbf{w}) - t_n\}^2 \tag{1.5.4}$$

を**誤差関数**という[13]．正確には **2 乗和誤差関数**である．すでに紹介した式 (1.2.1) はこの特定の例となっている．誤差関数は，陽にパラメータ $\mathbf{w}$ を明示して，$\mathbf{w}$ の関数としてあつかわれる．その理由は，あたえられたデータに対して，誤差関数の最小化によりパラメータ $\mathbf{w}$ を決定するからである．

---

[12] 最適なモデルは，考える損失ごとに異なる．

[13] 誤差関数を損失関数とよぶことも多い．式 (1.5.1) で定義される関数も損失関数とよばれるが，文脈により，どちらかはわかるであろう．

以上では，回帰を想定して，2乗損失から出発し2乗和誤差まで導いた．しかし，たとえば，2クラス分類に対しては，1.6節で導入する「正しく分類できていれば0，あやまっていれば1とする」損失（0-1損失）が2乗損失よりも理にかなっている．本書をさきにすすめば，分類に対しては，0-1損失のほかに，交差エントロピー損失とヒンジ損失などが登場する．それぞれの損失に対応した期待損失と経験損失，誤差関数も，ここでのべた2乗損失の場合と同様に定義できる[14]．

一般に，同時分布 $p(\mathbf{x}, t)$ は未知で，最適な確率モデルはわからない．機械学習の本質は，得られた有限個のデータをもとに $p(\mathbf{x}, t)$ を推定し，それをもちいて期待損失の近似を求めることにより，あるいは，経験損失を期待損失の近似とすることによって，最適な確率モデルの近似を求めることにある．1.4節で紹介した最尤推定法やベイズ推論も，最適な確率モデルの近似をおこなっているのである．なお，学習データから $p(\mathbf{x}, t)$ の近似を求めることを，汎化もしくは推論という．すでにでてきた汎化誤差は，推論の結果であるモデル（$p(t \mid \mathbf{x})$）をもちいた予測値と実測値との誤差であった（同時分布 $p(\mathbf{x}, t)$ から，条件つき分布 $p(t \mid \mathbf{x})$ を求めることができる）．

1.6 決定理論

学習により，データから同時分布 $p(\mathbf{x}, t)$ が（近似的に）求まったとしよう．現実には，定めた分布をもとに具体的な行動をとることになる．身近な例でいえば，新たに得られた血液データ $\mathbf{x}$ から，ある種の生活習慣病にかかっている確率 $p(t = 1 \mid \mathbf{x})$ が求まり，その確率によって，今後の食事をかえるべきか否かを決めることなどである．同時分布 $p(\mathbf{x}, t)$ をもとに，決定理論は最適な行動を教示してくれる．

本節では，分類と回帰のそれぞれに対して決定理論を展開し，1.5節でのべた期待損失を最小にするという意味で最適な予測モデルの具体的な形を求める．

---

[14] 期待 0-1 損失の近似である誤差関数（誤分類率）は，パラメータに関して不連続関数であり，最適化することが困難である．交差エントロピー誤差関数とヒンジ誤差関数は，ともに誤分類率の近似とみることができ，連続であり最適化がおこなえる．

1.6.1 回帰への適用

これまでの議論の流れを踏襲して，まず，回帰に焦点をあてる．入力 $\mathbf{x} \in R^D$ に対応するスカラー量を t としたとき，さきにのべた回帰モデルでは t は確率変数であったが，$\mathbf{x}$ は通常の変数としてあつかった．ここでは，回帰に対し決定理論を展開するため，一般化して $\mathbf{x}$ も確率変数とする．さらに，$\mathbf{x}$ と t の同時分布が $p(\mathbf{x}, t)$ であるとわかっているとする．この状況のもとで，最適な回帰関数を定めよう．そのために，損失として，1.5 節で定義した 2 乗誤差損失を仮定し，その期待損失（期待 2 乗誤差損失）を考える．すなわち，任意の回帰関数を $y(\mathbf{x})$ としたとき，損失 $l_s = \{y(\mathbf{x}) - t\}^2$ の期待値

$$\mathbb{E}[l_s] = \iint \{y(\mathbf{x}) - t\}^2 p(\mathbf{x}, t) \, d\mathbf{x}dt$$

をあつかう．ここで，$\mathbf{x}$ に関する積分は D 重積分で，積分区間は，$\mathbf{x}$ と t のとりうる値全域である．以下でも同様とする．

このとき，期待 2 乗誤差損失を最小にする関数を最適な回帰関数とみなせば，それは，t の事後分布 $p(t \,|\, \mathbf{x})$ に関する期待値

$$\hat{y}(\mathbf{x}) = \int t\, p(t \,|\, \mathbf{x}) \, dt = \mathbb{E}_t[t \,|\, \mathbf{x}]$$

であたえられる．以下でこれを証明しよう．

まず，2 乗誤差損失をつぎのように変形する．

$$\begin{aligned}
\{y(\mathbf{x}) - t\}^2 &= \{y(\mathbf{x}) - \mathbb{E}_t[t \,|\, \mathbf{x}] + \mathbb{E}_t[t \,|\, \mathbf{x}] - t\}^2 \\
&= \{y(\mathbf{x}) - \mathbb{E}_t[t \,|\, \mathbf{x}]\}^2 + 2\{y(\mathbf{x}) - \mathbb{E}_t[t \,|\, \mathbf{x}]\}\{\mathbb{E}_t[t \,|\, \mathbf{x}] - t\} \\
&\quad + \{\mathbb{E}_t[t \,|\, \mathbf{x}] - t\}^2.
\end{aligned} \tag{1.6.1}$$

ついで，$p(\mathbf{x}, t) = p(t \,|\, \mathbf{x})p(\mathbf{x})$ で両辺の期待値をとり，t で積分しよう．式 (1.6.1) の最右辺第 2 項をみてみると，その第 1 因子は t に無関係であり，第 2 因子は $\int t\, p(t \,|\, \mathbf{x}) \, dt = \mathbb{E}_t[t \,|\, \mathbf{x}]$ なので，第 2 項は 0 になる．よって，

$$\begin{aligned}
\mathbb{E}[l_s] &= \iint \{y(\mathbf{x}) - \mathbb{E}_t[t \,|\, \mathbf{x}]\}^2 p(t \,|\, \mathbf{x})p(\mathbf{x}) \, d\mathbf{x}dt \\
&\quad + \iint \{\mathbb{E}_t[t \,|\, \mathbf{x}] - t\}^2 p(t \,|\, \mathbf{x})p(\mathbf{x}) \, d\mathbf{x}dt
\end{aligned} \tag{1.6.2}$$

となる. 式 (1.6.2) の右辺第 2 項は $y(\mathbf{x})$ に無関係で, 求めるべき関数 $y(\mathbf{x})$ は第 1 項にだけはいっているので, $y(\mathbf{x})$ が $\mathbb{E}_t[t\,|\,\mathbf{x}]$ に等しいとき $\mathbb{E}[l_s]$ は最小となる.

1.6.2　分類への適用

　議論を分類にうつそう. ここでは, 簡単のため 2 クラス分類をあつかう. たとえば, 身長と体重から日本の成人 1 名の性別を推定するといったように, 観測されるベクトル量 $\mathbf{x} \in \boldsymbol{R}^D$ から, そのベクトル量に関連づいている 2 つのクラス $\mathcal{C}_1$ と $\mathcal{C}_2$ のどちらかを決定する問題である. この決定は, 任意の $\mathbf{x}$ に対し,「クラス $\mathcal{C}_1$ に $\mathbf{x}$ は属する」と判定する領域 $\mathcal{R}_1$ と,「クラス $\mathcal{C}_2$ に属する」と判定する領域 $\mathcal{R}_2$ とを定めることにほかならない.

　期待損失最小の議論を適用し, 最適な領域 $\mathcal{R}_1$ と $\mathcal{R}_2$ を決めるため, まず, 観測されるベクトル量 $\mathbf{x}$ を確率変数とみなし, また, 確率変数 $t \in \{\mathcal{C}_1, \mathcal{C}_2\}$ を導入する ($\mathcal{C}_1, \mathcal{C}_2$ は, それぞれのクラスにつけられたラベルと考える). これは, 日本の成人 1 名の性別推定を例にとると, 日本人の身長と体重の組はある分布をなしており, また, 日本の成人 1 名といったとき, 男女の別は不確実性をもつことから正当化される. ここでは, $\mathbf{x}$ と t の同時分布を $p(\mathbf{x}, t)$ とし, それがわかっていると仮定する.

　つぎに, $\mathbf{x}$ に対して, 分類器とよばれる, それが属するであろうクラスを出力する関数 $y(\mathbf{x})$ を考える. 分類器 $y(\mathbf{x})$ は, $\mathbf{x}$ が領域 $\mathcal{R}_1$ にあれば $\mathcal{C}_1$ を出力し, $\mathbf{x}$ が領域 $\mathcal{R}_2$ にあれば $\mathcal{C}_2$ を出力する (分類器 $y(\mathbf{x})$ は, 必ずしも正しい結果をかえすとはかぎらない). すると, 領域 $\mathcal{R}_1$ (と $\mathcal{R}_2$) を決定することは, 結局, 分類器を決めることと同じである.

　そこで, 最適な分類器を定めるため, 1.5 節で導入した損失関数を最小にする枠組みをもちいる. ここでは, 2 クラス分類問題に対する損失関数として自然な **0-1 損失**を導入し, 期待損失が最小となるように領域 $\mathcal{R}_1$ と $\mathcal{R}_2$ を決める. すぐあとで示すように, **期待 0-1 損失**は, 分類あやまりを起こす確率 (誤分類率[15]) と等価であり, 結果として, 期待損失を最小とする領域 $\mathcal{R}_1$ と

---

[15] あとでのべるように, 正確には, 誤分類率は, 分類あやまりを起こす確率のデータからの推定値である. 簡単のため, ここでは, 分類あやまりを起こす確率そのものを誤分類率とよ

$\mathcal{R}_2$ は，誤分類率を最小にする.

0-1 損失は，分類器 $y(\mathbf{x})$ が $\mathbf{x}$ を正しく分類したら 0 をとり，あやまって分類したら 1 をとる．すなわち，

$$l_{01}(\mathcal{C}_1, y(\mathbf{x})) = \begin{cases} 0, & \mathcal{C}_1 = y(\mathbf{x}), \\ 1, & \mathcal{C}_2 = y(\mathbf{x}), \end{cases}$$

$$l_{01}(\mathcal{C}_2, y(\mathbf{x})) = \begin{cases} 0, & \mathcal{C}_2 = y(\mathbf{x}), \\ 1, & \mathcal{C}_1 = y(\mathbf{x}). \end{cases} \tag{1.6.3}$$

たとえば，$\mathcal{C}_1 = y(\mathbf{x})$ は，$\mathbf{x} \in \mathcal{R}_1$ を意味するので，上式 (1.6.3) はつぎのように書きかえることができる.

$$l_{01}(\mathcal{C}_1, y(\mathbf{x})) = \begin{cases} 0, & \mathbf{x} \in \mathcal{R}_1, \\ 1, & \mathbf{x} \in \mathcal{R}_2, \end{cases}$$

$$l_{01}(\mathcal{C}_2, y(\mathbf{x})) = \begin{cases} 0, & \mathbf{x} \in \mathcal{R}_2, \\ 1, & \mathbf{x} \in \mathcal{R}_1. \end{cases} \tag{1.6.4}$$

この 0-1 損失に対し，期待損失（期待 0-1 損失）は定義より

$$\int l_{01}(\mathcal{C}_1, y(\mathbf{x}))p(\mathbf{x}, \mathcal{C}_1)\,d\mathbf{x} + \int l_{01}(\mathcal{C}_2, y(\mathbf{x}))p(\mathbf{x}, \mathcal{C}_2)\,d\mathbf{x} \tag{1.6.5}$$

となり，上の式 (1.6.4) から，これは

$$\int_{\mathcal{R}_2} p(\mathbf{x}, \mathcal{C}_1)\,d\mathbf{x} + \int_{\mathcal{R}_1} p(\mathbf{x}, \mathcal{C}_2)\,d\mathbf{x} \tag{1.6.6}$$

となる．この式の第 1 項と第 2 項とも分類あやまりを起こす確率であり，それぞれ，第 1 項は，$\mathbf{x}$ の所属クラスが $\mathcal{C}_1$ であり，かつ $\mathbf{x}$ が $\mathcal{R}_2$ にある確率で，第 2 項は，$\mathbf{x}$ の所属クラスが $\mathcal{C}_2$ であり，かつ $\mathbf{x}$ が $\mathcal{R}_1$ にある確率である．それ以外は，$\mathbf{x}$ は正しく分類されているので，式 (1.6.6) は誤分類率である．よって，期待 0-1 損失は誤分類率に等しく，それは

_____

んでおく.

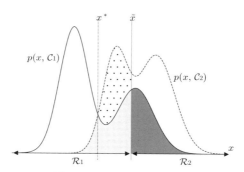

図 **1.9**　2 クラス分類における決定境界と誤分類率．誤分類率は，
ドット領域と明るい灰色領域・暗い灰色領域の面積の合計である．
明るい灰色の領域と暗い領域の面積をたしたものは分類境界に関係
なく一定であるから，$p(x^*, \mathcal{C}_1) = p(x^*, \mathcal{C}_2)$ となる点 x^* を決定
境界とすれば，誤分類率は最小となる．

$$p(\text{error}) = p(\mathbf{x} \in \mathcal{R}_1, \mathcal{C}_2) + p(\mathbf{x} \in \mathcal{R}_2, \mathcal{C}_1) \tag{1.6.7}$$

である．式 (1.6.6) の積分範囲である $\mathcal{R}_1$（あるいは $\mathcal{R}_2$）におうじて $p(\text{error})$
はかわることに注意してほしい．

　さて，誤分類率 $p(\text{error})$ を最小にするためには，式 (1.6.6) の積分値が小さ
くなるクラスに各点 $\mathbf{x}$ を割りあてればよい．そのためには，各 $\mathbf{x}$ に対し，
$p(\mathbf{x}, \mathcal{C}_1) > p(\mathbf{x}, \mathcal{C}_2)$ なら，より積分値が小さくなるクラス $\mathcal{C}_1$ に $\mathbf{x}$ を割りあ
てればよい．すなわち，$p(\mathbf{x}, \mathcal{C}_1) > p(\mathbf{x}, \mathcal{C}_2)$ となる $\mathbf{x}$ で構成される領域を $\mathcal{R}_1$
とし，それ以外の $\mathbf{x}$ の領域を $\mathcal{R}_2$ とする．

　分類対象が 1 次元のときには，これは図でも示すことができる．図 1.9 で $\tilde{x}$
は決定境界である．決定境界 $\tilde{x}$ とは，領域 $\mathcal{R}_1$ と $\mathcal{R}_2$ とをわける点で，$\tilde{x}$ より
x が小さければ x はクラス $\mathcal{C}_1$ に属し，大きければクラス $\mathcal{C}_2$ に属する，と判
断する．図 1.9 において，誤分類率は，ドットで示された領域と明るい灰色領
域・暗い灰色の領域の面積の合計である．明るい灰色領域と暗い領域の面積を
たしたものは分類境界に関係なく一定であるから，$p(x^*, \mathcal{C}_1) = p(x^*, \mathcal{C}_2)$ とな
る点 x^* を決定境界とすれば誤分類率は最小となる．このとき，ドット領域の
面積が 0 となるからである．

　ここで，$p(\mathbf{x}, \mathcal{C}_1) = p(\mathcal{C}_1 \mid \mathbf{x})p(\mathbf{x})$，$p(\mathbf{x}, \mathcal{C}_2) = p(\mathcal{C}_2 \mid \mathbf{x})p(\mathbf{x})$ であるから

$p(\mathbf{x}, \mathcal{C}_1) > p(\mathbf{x}, \mathcal{C}_2)$ は，$p(\mathcal{C}_1 | \mathbf{x}) > p(\mathcal{C}_2 | \mathbf{x})$ と同値である．よって，クラスの事後確率が大きいほうに $\mathbf{x}$ を割りあてれば誤分類率は最小となる．0-1 損失を仮定した場合，クラスの事後確率が大きいほうに $\mathbf{x}$ を割りあてる方略をベイズ決定則という．

以上，2 クラス分類でベイズ決定則を導いたが，3 クラス以上の多クラス分類でも，やはり，クラスの事後確率が最大となるクラスに $\mathbf{x}$ を割りあてれば誤分類率が最小となる．なお，$\mathbf{x}$ は D 次元ベクトルなので，式 (1.6.6) の積分は D 重積分であることを注意しておこう．

1.6.3 一般の損失に対する決定理論

上記では，回帰については 2 乗誤差損失を，分類については 0-1 損失を仮定した．あつかう問題によっては，ほかの損失をもちいるほうがよいこともある．

回帰において，たとえば，絶対誤差 $l_a = |y(\mathbf{x}) - t|$ を選べば，その期待損失は

$$\mathbb{E}[l_a] = \iint |y(\mathbf{x}) - t| \, p(\mathbf{x}, t) \, d\mathbf{x} dt$$

で表わされる．この期待損失を最小とする $y(\mathbf{x})$ は，条件つき期待値ではなく，条件つき中央値，すなわち分布 $p(t | \mathbf{x})$ の中央値となることを示すことができる．

また，2 クラス分類に対しては，$\mathbf{x}$ の真のクラスが $\mathcal{C}_1$ のとき，あやまって $\mathcal{C}_2$ に割りあてるときの損失を l_1 とし，真のクラスが $\mathcal{C}_2$ のとき，あやまって $\mathcal{C}_1$ に割りあてるときの損失を l_2 とする一般的な損失 l_g を考えることができる．その期待損失は

$$\mathbb{E}[l_g] = \int_{\mathcal{R}_2} l_1 \, p(\mathbf{x}, \mathcal{C}_1) d\mathbf{x} + \int_{\mathcal{R}_1} l_2 \, p(\mathbf{x}, \mathcal{C}_2) d\mathbf{x}$$

であり，これを最小とする領域 $\mathcal{R}_1$ と $\mathcal{R}_2$ は，各 $\mathbf{x}$ に対し，

$$l_1 \, p(\mathbf{x}, \mathcal{C}_1) + l_2 \, p(\mathbf{x}, \mathcal{C}_2)$$

を小さくするクラスに $\mathbf{x}$ を割りあてることで定まる．条件つき確率の定義 $p(\mathbf{x}, \mathcal{C}_k) = p(\mathcal{C}_k | \mathbf{x}) p(\mathbf{x})$ をつかい，共通の $p(\mathbf{x})$ を落とせば，一般の損失の場

合のベイズ決定則は,

$$l_1\, p(\mathcal{C}_1\,|\,\mathbf{x}) + l_2\, p(\mathcal{C}_2\,|\,\mathbf{x})$$

が最小となるクラスに $\mathbf{x}$ を割りあてることとなる. 0-1 損失の場合は, 単純に, 事後確率 $p(\mathcal{C}_k\,|\,\mathbf{x})$ が小さくなるクラスに割りあてたが, 一般の損失の場合も, $p(\mathcal{C}_k\,|\,\mathbf{x})$ が求まれば, 上の式を最小にするクラスを定めるのは簡単である.

注意

以上にのべた決定理論によると, 分類では, 誤分類率が最小となるクラスは, 入力 $\mathbf{x}$ で条件づけたクラスの事後確率 $p(\mathcal{C}_k\,|\,\mathbf{x})$ が最大となるクラスを選択することによって得られる. この結論は, クラスと入力の同時分布がわかっているという前提で導かれる. また, 回帰では, 期待損失を最小にする予測関数は, 回帰予測と真値の差の 2 乗の事後分布 $p(t\,|\,\mathbf{x})$ に関する期待値 $\hat{y}(\mathbf{x}) = \int t\, p(t\,|\,\mathbf{x})\, dt = \mathbb{E}_t[t\,|\,\mathbf{x}]$ である. この結論も, 入力と出力の同時分布 $p(\mathbf{x}, t)$ がわかっているという前提で導かれる. しかし, 一般に, これらの事後分布は神のみぞ知るものである. 機械学習では, データからこれらの同時分布を推測し, 推論結果をもちいて事後分布の近似, あるいは事後分布に関する期待値の近似を求めている.

1.7　評価指標

本章の最後に, 学習により得られた回帰モデルや分類器の性能指標についてまとめる. ここで取りあげる指標は, 最終的に得られたモデルの評価だけでなく, 確認用集合をもちいた超パラメータの決定時にももちいられる.

テストデータあるいは確認用集合 $\{(\mathbf{x}_1, t_1), \ldots, (\mathbf{x}_M, t_M)\}$ で回帰 $y(\mathbf{x}_n)$ を評価するときは, 平均 2 乗平方根誤差

$$E_{RMS} = \sqrt{\frac{1}{M}\sum_{n=1}^{M}\{y(\mathbf{x}_n) - t_n\}^2}$$

をもちいればよい. あるいは, 平均絶対値誤差

$$E_{AM} = \frac{1}{M}\sum_{n=1}^{M}|y(\mathbf{x}_n) - t_n|$$

をもちいる場合もある．もちろん，これらの値が小さい回帰モデルほど性能が
よいとする．

分類の評価はそれほど単純ではない．本節では，2クラス分類にしぼって評
価方法について解説しよう．2クラス分類では，入力 x に対する真値（ラベ
ル）は1か0のどちらかであり，x に対する分類器の出力（予測）も1また
は0のどちらかである．真のラベルが2種類あり，分類器の予測も2種類あ
るので，以下に示すように合計4種類の組みあわせがある[16]．

真陽性 (true positive, TP) 真のラベルが1で，予測が1と正しく分類
したデータ数．

偽陰性 (false negative, FN) 真のラベルが1で，予測が0とあやまっ
て分類したデータ数．

偽陽性 (false positive, FP) 真のラベルが0で，予測が1とあやまって
分類したデータ数．

真陰性 (true negative, TN) 真のラベルが0で，予測が0と正しく分類
したデータ数．

表1.2に，上記の4つの場合を分割表として示す．

上記の4とおりの場合それぞれに，以下のように正しく予測された数 (TP,
TN) に着目してそれを正規化した比率を計算することができる．

表 1.2　分類器の予測と真のラベルの組みあわせを表わす分割表．

		真のラベル	
		1 (positive)	0 (negative)
分類予測	1(positive)	真陽性 (true positive) TP	偽陽性 (false positive) FP
	0(negative)	偽陰性 (false negative) FN	真陰性 (true negative) TN

---

[16] これらのうちで，偽陽性と偽陰性がまぎらわしい．「偽」を分類器がまちがうこと，「陽」
を 1，「陰」を 0 と解釈して，偽陽性は，分類器が，（0 というべきところを）あやまって 1
と判断したとき，偽陰性は，（1 というべきところを）あやまって 0 と判断したとき，と記
憶するとよいかもしれない．

適合率 (**precision**)
$$\frac{TP}{TP+FP} \tag{1.7.1}$$

再現率 (**recall**)
$$\frac{TP}{TP+FN} \tag{1.7.2}$$

F 値 (F-measure)
$$\frac{2 \times \text{precision} \times \text{recall}}{\text{precision} + \text{recall}} \tag{1.7.3}$$

正解率 (**accuracy**)
$$\frac{TP+TN}{TP+FP+FN+TN} \tag{1.7.4}$$

　確率での解釈のもとでは，**正解率**は，分類器が正解をだす確率の推定値である．同様に，**適合率**は，分類器が正しく1をだす確率の推定値で，**再現率**は，分類器が1と判断したものが1である確率の推定値である．また，いずれもほかの名称でよばれることも多く，注意が必要である[17]．

　データから推定される正解率は，1と0の両方をふくめてデータを正しく分類できた割合である．正解率さえあればことたりると思われるかもしれないが，そう簡単ではない．たとえば，癌診断のように，大半が陰性（クラス0）の場合に，入力のいかんにかかわらずつねにクラス0を予測する分類器を考えよう．診断の結果，データ数1000のテストデータを得たとし，そのうち，990がラベル0で，10がラベル1であったとする．するとその分類器の正解率は0.99，すなわち99%となる．しかし，癌である場合の1%を見のがさずに発見することが重要であるので，この場合，正解率が99%というのは意味をなさない．

　そのため，正解率よりも，適合率と再現率の2つを，あるいはそれらの調和平均であるF値を評価指標とすることが多い．適合率は，分類器が1と予測したデータのうち，それが本当に1であった割合で，再現率は，ラベル1のデータのうち，分類器が正しく1と予測できた割合である．上の例で，再

---

[17] 正解率 (accuracy) は正答率ともいう．再現率 (recall) は，真陽性率 (true positive rate, **TPR**)，あるいは検出率，さらには，感度 (sensitivity) ともよばれる．適合率 (precision) は精度ともよばれる．ややこしいことに，正解率 (accuracy) を精度とよぶ文献もある．なお，$\frac{FP+FN}{TP+FP+FN+TN}$ は誤分類率とよばれ，分類あやまりを起こす確率の推定値である．

現率を求めると，$TP = 0$, $FN = 10$ であるから $\frac{0}{0+10} = 0$ となる（ただし，この例では，適合率は分母が 0 となるので計算できない）．同じテストデータに対し，上の例の分類器とは逆に，つねにラベル 1 を予測する分類器を考えれば，適合率は，$TP = 10$, $FP = 990$ であるから $\frac{10}{10+990} = 0.01$ と性能を正しく反映した評価値となる．それに対し，再現率は $FN = 0$ であるから $\frac{10}{10+0}$ $= 1$ となってしまう．一般に，適合率と再現率はトレードオフの関係にある．

　また，ほとんどの人が BCG 接種をした日本の成人を対象とする，結核菌感染の有無を調べるツベルクリン反応検査では，癌の診断とは逆に，陽性（ラベル 1）が陰性（ラベル 0）よりも圧倒的に多くなる．そのような場合には，ラベル 1 をつねに出力する分類器の適合率と再現率の両方が（さらに正解率も）高い値となってしまい，BCG 接種をすべき人の検出など出現頻度の低い陰性を見つけだすことが重要なときは，それらは評価指標として不適切である．この場合には，あやまって予測された数の FP を正規化した**偽陽性率** (false positive rate, **FPR**)

$$\frac{FP}{FP+TN}$$

を評価指標とするとよい．たとえば，つねにラベル 1 を予測する分類器に対し，990 がラベル 1 で，10 がラベル 0 のテストデータでは，$FP = 10$ で TN $= 0$ だから，$FPR = \frac{10}{0+10} = 1$ と正しく評価する（高い偽陽性率ほど分類性能がわるいことを示す）．

　これらの例が示すように，どの評価指標をもちいるべきかは，対象とするデータの生成分布や，構築する分類器の分類目的，ラベルのふりかたに依存する．分類目的がはっきりしているときには，その目的におうじた評価指標をもちいればよい．しかし，一般には，データの生成分布はわからず，分類目的も明確にはなっていないことも多い．そのような場合には，たとえば，モデル選択に F 値（あるいは正解率）をもちい，最終的な分類器の評価では，適合率と再現率の両方を併用するとともに，以下で紹介する ROC-AUC を総合評価値とすることなどが考えられる．

　ROC-AUC は，適合率や再現率，正解率の相補的指標と位置づけられ，それらとは異なる考え方の性能評価指標である．まず，横軸に偽陽性率 (FPR)

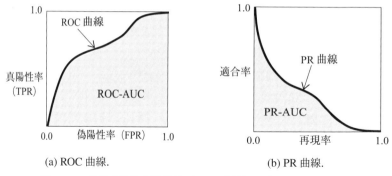

(a) ROC 曲線.　　　　　　　　(b) PR 曲線.

図 **1.10**　受信者動作特性曲線（ROC 曲線）と適合率–再現率曲線
（PR 曲線），およびそれらの AUC.

を，縦軸に真陽性率（TPR，再現率）をプロットしたグラフを考える．この
グラフを**受信者動作特性曲線**（receiver operating characteristic curve，**ROC
曲線**）という（図 1.10a）.

　この曲線は以下のようにして描かれる．一般に，2 クラス分類器は，入力に
対し，それがクラス 1 に属する確率を算出し[18]，あらかじめ設定したいき値
（多くの場合 1/2）に対するその確率の大小におうじてラベル 1 か 0 かを予測
（出力）する．つまり，入力に対して算出した確率が，いき値をこえていたら
1 を，いき値以下であれば 0 を出力する．このとき，いき値を 1 から 0 まで減
少させたときの FPR と TPR を求める．まず，いき値が 1 のときには，予測
はすべてラベル 0 となるので FPR も TPR も 0 となり，グラフ上の点は左下
角 $(0, 0)$ となる．いき値を下げるにしたがってラベル 1 の予測が増えるので，
グラフは右肩あがりとなる．いき値が 0 になれば，すべての予測がラベル 1
となるので FPR も TPR も 1 となり，グラフ上の点は右上角 $(1, 1)$ である．

　いき値を 1 から 0 まで変化させたとき，偽陽性率 (FPR) を小さくたもった
まま，真陽性率 (TPR) をできるだけ上げることができれば，0-1 判定のいき
値に対する依存性が小さい分類器といえる．すなわち，ROC が，$(0, 0)$ から

---

[18] 分類器によっては，確率以外の実数値を算出したり，また，クラス 2 に属する確率を算出
　するものもあるが，算出した値のいき値に対する大小でクラス 1 か 2 かを判断する．いず
　れの場合も，以下の議論は，少しの修正で同様にすすめることができる．

急激に立ちあがり，できるだけすぐに 1 に近づく分類器は 0-1 判定のいき値に対して頑健な分類器といえよう．ROC 曲線が，$(0, 0)$ から急激に立ちあがり，できるだけすぐに 1 に近づくことの度合いは，ROC 曲線と横軸（と右端の直線）でかこまれた領域の面積で評価できる．この面積を **AUC**(area under the curve)，あるいは，ROC 曲線の AUC であることを明示して **ROC-AUC** という．分類器の AUC は，特定のいき値に依存しない指標であり，1 を最大値として，値が大きいほどよい分類器といえる．

　なお，横軸に再現率を，縦軸に適合率をプロットしたグラフを**適合率–再現率曲線**（precision-recall curve，**PR 曲線**）という（図 1.10b）．PR 曲線の下の領域の面積を **PR-AUC**(area under the PR-curve) といい，やはり，PR-AUC が 1 に近いほど性能のよい分類器である．

演習問題

演習 1.1（**最小 2 乗法**）　N 個の観測データ $\{(x_1, t_1), (x_2, t_2), \ldots, (x_N, t_N)\}$ が得られたとして，誤差 $E(w) = \sum_{i=1}^{N} (wx_i - t_i)^2$ を最小にする w を求めよ．

演習 1.2（**最尤推定**）　あたえられたデータを $\mathcal{D} = \{(x_1, t_1), \ldots, (x_N, t_N)\}$ とする．このデータを生成するモデルとして線形モデル

$$t = wx + \varepsilon, \quad \varepsilon \sim \mathcal{N}(0, \sigma^2)$$

を仮定する．ただし，σ^2 は定まった定数とする．このとき，対数尤度を書きくだし，対数尤度を最大にする w を求めよ．

演習 1.3（**最大事後確率推定**）　$\mathcal{D} = \{(x_1, t_1), \ldots, (x_N, t_N)\}$ をデータとする．データの独立同分布からの生成と，モデル $t = wx + \varepsilon, \varepsilon \sim \mathcal{N}(0, \sigma^2)$ を仮定し，w の事前分布を $p(w) = \dfrac{1}{\sqrt{2\pi}\alpha} e^{-\frac{w^2}{2\alpha^2}}$，ただし，$\alpha$ は決まった超パラメータ，とする．このとき，w の最大事後確率推定解を求めよ．方程式をとくときの途中の計算をはぶかないこと．

演習 1.4（**共役事前分布**）

(1) One-hot 表現ベクトルを値とする確率変数を考え，その分布をカテゴリカル分布

$$\mathrm{Cat}(\mathbf{x} \mid \boldsymbol{\theta}) = \theta_1^{x_1} \cdots \theta_M^{x_M}, \quad \mathbf{x} = (x_1 \; \cdots \; x_M)^{\mathrm{T}}, \quad x_i \in \{0, 1\}, \quad \sum_{i=1}^{M} x_i = 1,$$

ただし，

$$\boldsymbol{\theta} = (\theta_1 \cdots \theta_M)^{\mathrm{T}}, \quad \theta_i \geq 0, \quad \sum_{i=1}^{M} \theta_i = 1$$

とする．1 つの one-hot 表現ベクトル $\mathbf{b} = (b_1 \cdots b_M)^{\mathrm{T}}, b_i \in \{0, 1\}, \sum_{i=1}^{M} b_i = 1,$ だけからなるデータを $\mathcal{D} = \{\mathbf{b}\}$ としたとき，$\boldsymbol{\theta}$ の事前分布として，ディリクレ分布

$$\mathrm{Dir}(\boldsymbol{\theta} \mid \boldsymbol{\alpha}) = C(\boldsymbol{\alpha}) \cdot \theta_1^{\alpha_1} \cdots \theta_M^{\alpha_M},$$

$$\boldsymbol{\alpha} = (\alpha_1 \cdots \alpha_M)^{\mathrm{T}}, \quad C(\boldsymbol{\alpha}) = \frac{\Gamma(\alpha_1 + \cdots + \alpha_M)}{\Gamma(\alpha_1) \cdots \Gamma(\alpha_M)}$$

を仮定すると，$\boldsymbol{\theta}$ の事後分布はディリクレ分布

$$\mathrm{Dir}(\boldsymbol{\theta} \mid \boldsymbol{\alpha} + \mathbf{b}) = C(\boldsymbol{\alpha} + \mathbf{b}) \cdot \theta_1^{\alpha_1 + b_1} \cdots \theta_M^{\alpha_M + b_M}$$

となることを示せ．

(2) 実数を値とする確率変数を考え，その分布は平均が μ で，分散が 1 のガウス分布であるとする．1 つの実数 r からなるデータを $\mathcal{D} = \{r\}$ としたとき，平均パラメータ μ の事前分布として，平均が μ_0 で，分散が σ_0^2 であるガウス分布を仮定すると，μ の事後分布はガウス分布

$$p(\mu \mid \{r\}) = \mathcal{N}\left(\mu \mid \frac{1}{\sigma_0^2 + 1}\mu_0 + \frac{\sigma_0^2}{\sigma_0^2 + 1}r, \frac{\sigma_0^2}{\sigma_0^2 + 1}\right)$$

となることを示せ．

第 II 部
パラメトリックモデル

第2章　確率密度関数の推定：
パラメトリック

2.1　はじめに

あたえられたデータはある確率変数の独立同分布にしたがう観測値とする．その確率変数の分布（確率密度関数）をデータから推定することを，確率密度推定という（図 2.1）．

確率密度推定の手法は，パラメトリックなものとノンパラメトリックなものに大別できる．パラメトリックな手法とは，ガウス分布やガンマ分布などといった分布の族を仮定し，分布のパラメータをデータから推定して，あたえられたデータを生成する分布を定める手法である．それに対し，ノンパラメトリックな手法では，特定の分布族は仮定せずに，あたえられたデータの生成分布として適切な分布をつくっていく．なお，以下では，確率密度推定を簡単に密度推定ともいう．

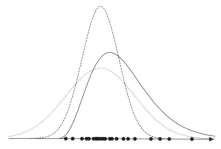

図 2.1　確率密度推定．黒丸で示されたデータをもとに，そのデータを生成した確率密度関数を推定する．

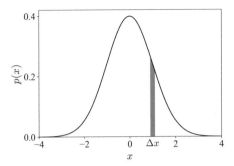

図 2.2　平均が 0 で分散が 1 の 1 次元ガウス分布.

本章では，パラメトリックな手法について紹介し，ノンパラメトリックな手法については第 III 部の 6.2 節であつかう．パラメトリックな密度推定は，最尤推定とベイズ推定に大別される．1 次元ガウス分布と多次元ガウス分布をそれぞれ例としてあげながら説明する．まずは，ガウス分布の復習からはじめよう．詳しくは，第 V 部の第 13 章を参照してほしい.

◆ ガウス分布（正規分布）
● 1 次元ガウス分布
　1 次元のガウス分布は，

$$\mathcal{N}(x \,|\, \mu, \sigma^2) = \frac{1}{\sqrt{2\pi}\sigma} e^{-\frac{(x-\mu)^2}{2\sigma^2}} = \frac{1}{\sqrt{2\pi}\,(\sigma^2)^{\frac{1}{2}}} e^{-\frac{(x-\mu)^2}{2\sigma^2}} \tag{2.1.1}$$

と定義され，μ は平均パラメータ（あるいは平均），σ^2 は分散パラメータ（あるいは分散）とよばれる（図 2.2）．また，σ は標準偏差とよばれる．σ よりも σ^2 を 1 つのパラメータとしてあつかうと簡便なことが多い．以下では，σ とかいてあるところは $(\sigma^2)^{\frac{1}{2}}$ と読みかえるとよい．なお，分散 σ^2 の逆数 $\beta = 1/\sigma^2$ を精度パラメータ（あるいは精度）という．
　確率変数 X の分布が，平均 μ で分散 σ^2 のガウス分布であるとき，X の値が区間 $[x, x + \Delta x]$ に落ちる確率は $\mathcal{N}(x \,|\, \mu, \sigma^2) \times \Delta x$ である．ガウス分布は，平均 μ と分散 σ^2 で完全に決まる（図 2.3）.
　式 (2.1.1) で定義される関数が確率密度関数であることと，確率変数 X の分布が 1 次元ガウス分布 $\mathcal{N}(x \,|\, \mu, \sigma^2)$ であるとき，X の期待値が平均パラメータ μ であり，確率変数 X の分散が σ^2 に等しいことを示すことができる（第 V 部の第 13 章参照）.

● 2 次元ガウス分布
　2 次元ガウス分布は，

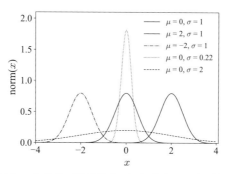

図 2.3 平均 μ と分散（標準偏差 σ）が異なるさまざまなガウス分布.

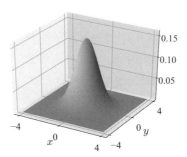

図 2.4 2次元ガウス分布. 平均が $(0\ 0)^{\mathrm{T}}$, 共分散行列の対角成分は 1 で, 非対角成分は 0.

$$\mathcal{N}\left(\begin{pmatrix} x \\ y \end{pmatrix}\middle|\begin{pmatrix} \mu_x \\ \mu_y \end{pmatrix},\begin{pmatrix} \sigma_x & \sigma_{xy} \\ \sigma_{xy} & \sigma_y \end{pmatrix}\right) = \frac{1}{2\pi\sigma_x\sigma_y\sqrt{1-\sigma_{xy}^2}}e^{-\frac{1}{2}\left\{\frac{(x-\mu_x)^2}{\sigma_x^2} + \frac{(y-\mu_y)^2}{\sigma_y^2} - \frac{2\sigma_{xy}(x-\mu_x)(y-\mu_y)}{\sigma_x\sigma_y}\right\}}$$

で定義される. $\begin{pmatrix} \mu_x \\ \mu_y \end{pmatrix}$ は平均パラメータ（あるいは平均）とよばれ, $\begin{pmatrix} \sigma_x & \sigma_{xy} \\ \sigma_{xy} & \sigma_y \end{pmatrix}$ は共分散行列（あるいは共分散）とよばれる（図 2.4）. 共分散行列は対称行列であることに注意してほしい. ベクトルと行列をつかって表現しなおすと, 2次元ガウス分布は,

$$\mathcal{N}(\mathbf{x}\,|\,\boldsymbol{\mu},\,\boldsymbol{\Sigma}) = \frac{1}{2\pi|\boldsymbol{\Sigma}|^{\frac{1}{2}}}\exp\left\{-\frac{1}{2}(\mathbf{x}-\boldsymbol{\mu})^{\mathrm{T}}\boldsymbol{\Sigma}^{-1}(\mathbf{x}-\boldsymbol{\mu})\right\}$$

とかくことができる. ただし,

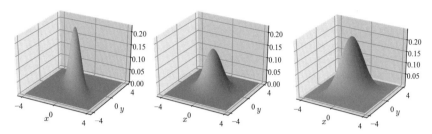

図 **2.5**　共分散行列のちがいによる 2 次元ガウス分布の形状のちがい．いずれも平均は $(0\ 0)^{\mathrm{T}}$ で，共分散行列の対角成分は 1，非対角成分は，左図が -0.75 で，中央図は 0，右図は 0.75．

$$\mathbf{x} = \begin{pmatrix} x \\ y \end{pmatrix}, \quad \mathbf{\mu} = \begin{pmatrix} \mu_x \\ \mu_y \end{pmatrix}, \quad \mathbf{\Sigma} = \begin{pmatrix} \sigma_x & \sigma_{xy} \\ \sigma_{xy} & \sigma_y \end{pmatrix}$$

である．σ_x は x 軸方向の分散を，σ_y は y 軸方向の分散を，σ_{xy} は x, y の「相関」をそれぞれ表わす．2 次元ガウス分布は，2 次元ベクトルである平均 $\mathbf{\mu}$ と，2×2 の共分散行列 $\mathbf{\Sigma}$ で完全に決まる（図 2.5）．

● 多次元ガウス分布

$\mathbf{x}$ を D 次元ベクトルの確率変数の D 個の組とし，$\mathbf{\mu}$ を D 次元平均ベクトル（平均パラメータあるいは平均），$\mathbf{\Sigma}$ を $D \times D$ の分散共分散行列（あるいは共分散行列）とすると，多次元ガウス分布（D 次元）は

$$\mathcal{N}(\mathbf{x} \,|\, \mathbf{\mu},\, \mathbf{\Sigma}) = \frac{1}{(2\pi)^{\frac{D}{2}} |\mathbf{\Sigma}|^{\frac{1}{2}}} \exp\left\{ -\frac{1}{2}(\mathbf{x} - \mathbf{\mu})^{\mathrm{T}} \mathbf{\Sigma}^{-1} (\mathbf{x} - \mathbf{\mu}) \right\} \tag{2.1.2}$$

で定義される．ここで，$\mathbf{x} = (x_1\ x_2\ \cdots\ x_D)^{\mathrm{T}}$ であり，分布は，D 個の確率変数の同時分布である．また，分散共分散行列は対称行列（$\mathbf{\Sigma} = \mathbf{\Sigma}^{\mathrm{T}}$）である．$D$ 次元ガウス分布は，D 次元平均ベクトル $\mathbf{\mu}$ と，$D \times D$ 分散共分散行列 $\mathbf{\Sigma}$ とで完全に決まる．上式 (2.1.2) の右辺は確率密度関数であることや，また，確率変数 $\mathbf{x}$ の分布が $\mathcal{N}(\mathbf{x} \,|\, \mathbf{\mu},\, \mathbf{\Sigma})$ ならば，$\mathbf{\mu}$ は確率変数 $\mathbf{x}$ の期待値で，$\mathbf{\Sigma}$ は $\mathbf{x}$ の共分散 $\mathrm{cov}[\mathbf{x}]$ であることも示せる（第 V 部の第 13 章参照）．なお，共分散行列の逆行列 $\mathbf{\Lambda} = \mathbf{\Sigma}^{-1}$ を精度行列という．精度行列も対称行列である．

ここで，多次元ガウス分布に関する重要な性質を 3 つあげておこう．以下では，これらを頻繁にもちいることになる．

分割多次元ガウス分布：条件つき分布

確率変数 $\mathbf{x} = (x_1\ \cdots\ x_D)^{\mathrm{T}}$ の分布がガウス分布のとき，一部の変数，たとえば，$x_{m+1}, \ldots, x_D$ で条件づけた分布もガウス分布となる．これを正確にのべ

よう．証明は第 V 部の第 13 章にゆずるが，その証明には，多変数の 2 次式の平方
完成というテクニックがふくまれており，そのテクニックは，多次元ガウス分布を
あつかうときの基本となる（あとの 2.3.6 項でも，多変数の 2 次式の平方完成を紹
介する）．確率変数 $\mathbf{x}$ の分布を D 次元ガウス分布 $\mathcal{N}(\mathbf{x} \,|\, \boldsymbol{\mu}, \boldsymbol{\Sigma})$ とする．確率変数 $\mathbf{x}$
と，$\boldsymbol{\mu}$，$\boldsymbol{\Sigma}$，$\boldsymbol{\Lambda} = \boldsymbol{\Sigma}^{-1}$ を以下のように分割する．すなわち，

$$\mathbf{x} = \begin{pmatrix} \mathbf{x}_a \\ \mathbf{x}_b \end{pmatrix}, \quad \boldsymbol{\mu} = \begin{pmatrix} \boldsymbol{\mu}_a \\ \boldsymbol{\mu}_b \end{pmatrix}, \quad \boldsymbol{\Sigma} = \begin{pmatrix} \boldsymbol{\Sigma}_{aa} & \boldsymbol{\Sigma}_{ab} \\ \boldsymbol{\Sigma}_{ba} & \boldsymbol{\Sigma}_{bb} \end{pmatrix}, \quad \boldsymbol{\Lambda} = \begin{pmatrix} \boldsymbol{\Lambda}_{aa} & \boldsymbol{\Lambda}_{ab} \\ \boldsymbol{\Lambda}_{ba} & \boldsymbol{\Lambda}_{bb} \end{pmatrix}.$$

ただし，$\mathbf{x}_a$ が M 次元であれば，$\boldsymbol{\mu}_a$ も M 次元であり，$\boldsymbol{\Sigma}_{aa}$ と $\boldsymbol{\Lambda}_{aa}$ は $M \times M$ 行
列，$\boldsymbol{\Sigma}_{bb}$ と $\boldsymbol{\Lambda}_{bb}$ は $(D - M) \times (D - M)$ 行列，$\boldsymbol{\Sigma}_{ab}$ と $\boldsymbol{\Lambda}_{ab}$ は $M \times (D - M)$ 行
列，$\boldsymbol{\Sigma}_{ab} = \boldsymbol{\Sigma}_{ba}^{\mathrm{T}}$，$\boldsymbol{\Lambda}_{ab} = \boldsymbol{\Lambda}_{ba}^{\mathrm{T}}$ である．
　このとき，$\mathbf{x}_b$ で条件づけた $\mathbf{x}_a$ の条件つきガウス分布は

$$p(\mathbf{x}_a \,|\, \mathbf{x}_b) = \mathcal{N}(\mathbf{x}_a \,|\, \boldsymbol{\mu}_{a|b}, \boldsymbol{\Lambda}_{aa}^{-1})$$

となる．ここで，$\boldsymbol{\mu}_{a|b} = \boldsymbol{\mu}_a - \boldsymbol{\Lambda}_{aa}^{-1} \boldsymbol{\Lambda}_{ab} \, (\mathbf{x}_b - \boldsymbol{\mu}_b)$ である．

分割多次元ガウス分布：周辺分布

　確率変数 $\mathbf{x}$ の分布を多次元ガウス分布 $\mathcal{N}(\mathbf{x} \,|\, \boldsymbol{\mu}, \boldsymbol{\Sigma})$ としたとき，一部の変数を積
分消去した周辺分布もガウス分布になる．これを正確に表現すると以下のようにな
る．すなわち，まず，確率変数 $\mathbf{x}$ と，$\boldsymbol{\mu}$，$\boldsymbol{\Sigma}$，$\boldsymbol{\Lambda} \equiv \boldsymbol{\Sigma}^{-1}$ を以下のように分割する．

$$\mathbf{x} = \begin{pmatrix} \mathbf{x}_a \\ \mathbf{x}_b \end{pmatrix}, \quad \boldsymbol{\mu} = \begin{pmatrix} \boldsymbol{\mu}_a \\ \boldsymbol{\mu}_b \end{pmatrix}, \quad \boldsymbol{\Sigma} = \begin{pmatrix} \boldsymbol{\Sigma}_{aa} & \boldsymbol{\Sigma}_{ab} \\ \boldsymbol{\Sigma}_{ba} & \boldsymbol{\Sigma}_{bb} \end{pmatrix}, \quad \boldsymbol{\Lambda} = \begin{pmatrix} \boldsymbol{\Lambda}_{aa} & \boldsymbol{\Lambda}_{ab} \\ \boldsymbol{\Lambda}_{ba} & \boldsymbol{\Lambda}_{bb} \end{pmatrix}.$$

このとき，$\mathbf{x}_a$ と $\mathbf{x}_b$ の周辺ガウス分布は，

$$p(\mathbf{x}_a) = \mathcal{N}(\mathbf{x}_a \,|\, \boldsymbol{\mu}_a, \boldsymbol{\Sigma}_{aa}),$$
$$p(\mathbf{x}_b) = \mathcal{N}(\mathbf{x}_b \,|\, \boldsymbol{\mu}_b, \boldsymbol{\Sigma}_{bb})$$

となる．証明は第 V 部の第 13 章を参照されたい．

分割多次元ガウス分布：ベイズの定理

　確率変数 $\mathbf{x}$ の分布 $p(\mathbf{x})$ と，$\mathbf{y}$ の条件つき分布 $p(\mathbf{y} \,|\, \mathbf{x})$ が多次元ガウス分布のと
き，ベイズの定理が成りたつ．すなわち，
　(1) $\mathbf{x}$ の周辺ガウス分布

$$p(\mathbf{x}) = \mathcal{N}(\mathbf{x} \,|\, \boldsymbol{\mu}, \boldsymbol{\Lambda}^{-1}), \tag{2.1.3}$$

　(2) $\mathbf{x}$ を前提とする $\mathbf{y}$ の条件つき分布

$$p(\mathbf{y} \,|\, \mathbf{x}) = \mathcal{N}(\mathbf{y} \,|\, \mathbf{A}\mathbf{x} + \mathbf{b}, \mathbf{L}^{-1}) \tag{2.1.4}$$

があたえられたとする．このとき，$\mathbf{y}$ の周辺分布は

$$p(\mathbf{y}) = \mathcal{N}(\mathbf{y} \,|\, \mathbf{A}\boldsymbol{\mu} + \mathbf{b}, \mathbf{L}^{-1} + \mathbf{A}\boldsymbol{\Lambda}^{-1}\mathbf{A}^{\mathrm{T}}) \tag{2.1.5}$$

となる. これは, (2.1.3) と (2.1.4) のもとで

$$p(\mathbf{y}) = \int p(\mathbf{x}, \mathbf{y})\, d\mathbf{x} = \int p(\mathbf{y} \mid \mathbf{x})p(\mathbf{x})\, d\mathbf{x}$$

を求めたことに相当する. ただし, 右辺の積分は, ベクトル $\mathbf{x}$ の次元を D とすれば D 重積分である.

また, $\mathbf{y}$ を前提とする $\mathbf{x}$ の条件つき分布は

$$p(\mathbf{x} \mid \mathbf{y}) = \mathcal{N}(\mathbf{x} \mid \boldsymbol{\Sigma}_{\mathbf{x}|\mathbf{y}}\{\mathbf{A}^{\mathrm{T}}\mathbf{L}(\mathbf{y} - \mathbf{b}) + \boldsymbol{\Lambda}\boldsymbol{\mu}\},\, \boldsymbol{\Sigma}_{\mathbf{x}|\mathbf{y}}) \tag{2.1.6}$$

となる. ただし, $\boldsymbol{\Sigma}_{\mathbf{x}|\mathbf{y}} = (\boldsymbol{\Lambda} + \mathbf{A}^{\mathrm{T}}\mathbf{L}\mathbf{A})^{-1}$. 証明は第 V 部の第 13 章を参照されたい.

注意：確率変数の分布表記

確率変数 X の分布が, 平均が μ で分散が σ^2 のガウス分布のとき, $X \sim \mathcal{N}(x \mid \mu, \sigma^2)$, あるいは, $X \sim \mathcal{N}(\mu, \sigma^2)$ とかく. 一般に, 確率変数 X の分布が $p(x \mid \boldsymbol{\theta})$ のとき, $X \sim p(x \mid \boldsymbol{\theta})$ とかく. ただし, $\boldsymbol{\theta}$ はパラメータをまとめたベクトルである.

2.2　最尤推定による密度推定

2.2.1　1 次元ガウス分布の最尤推定

まず, 1 次元ガウス分布を考える. 推定する分布を

$$\mathcal{N}(x \mid \mu, \sigma^2) = \frac{1}{\sqrt{2\pi}\sigma}e^{-\frac{(x-\mu)^2}{2\sigma^2}}$$

としよう. このガウス分布から生成されたデータ（データ数 N）を $\mathbf{x} = (x_1 \cdots x_N)^{\mathrm{T}}$ とすると, 対数尤度関数は

$$\ln \mathcal{N}(\mathbf{x} \mid \mu, \sigma^2) = -\frac{N}{2}\ln(2\pi) - \frac{N}{2}\ln \sigma^2 - \frac{1}{2\sigma^2}\sum_{n=1}^{N}(x_n - \mu)^2$$

である. 対数尤度を表わすこの式では, データ $x_1, x_2, \ldots, x_N$ は定数（もちろんデータ数 N も定数）で, μ と σ^2 が変数であることを強調しておく. では, 最尤推定により, この対数尤度を最大にする μ と σ^2 を求めよう.

■ 平均 μ についての最大化

平均 μ で対数尤度関数を微分し 0 とおく. すなわち,

$$\frac{\partial}{\partial \mu} \ln \mathcal{N}(\mathbf{x} \,|\, \mu, \sigma^2) = -\frac{1}{\sigma^2} \sum_{n=1}^{N} (x_n - \mu) = 0.$$

これを μ についてとくと，平均の最尤推定解は

$$\mu_{\mathrm{ML}} = \frac{1}{N} \sum_{n=1}^{N} x_n$$

となる（演習 2.1）．これはデータの算術平均である．分散 σ^2 に無関係に平均の最尤推定解が定まることに注意してほしい．なお，μ_{ML} の添字 ML は maximum likelihood（最尤）の頭文字である．

■ **分散 σ^2 についての最大化**

分散 σ^2 を1つの変数と考えて，σ^2 で対数尤度関数を微分して0とおくと

$$\frac{\partial}{\partial \sigma^2} \ln \mathcal{N}(\mathbf{x} \,|\, \mu, \sigma^2) = -\frac{N}{2} \frac{\partial}{\partial \sigma^2} \ln \sigma^2 - \frac{\partial}{\partial \sigma^2} \left(\frac{1}{2\sigma^2} \sum_{n=1}^{N} (x_n - \mu)^2 \right)$$

$$= -\frac{N}{2\sigma^2} + \frac{1}{2\sigma^4} \sum_{n=1}^{N} (x_n - \mu)^2 = 0.$$

平均の最尤推定解 μ_{ML} を μ に代入し，σ^2 についてとくと，分散の最尤推定解は

$$\sigma_{\mathrm{ML}}^2 = \frac{1}{N} \sum_{n=1}^{N} (x_n - \mu_{\mathrm{ML}})^2$$

となる（演習 2.1）．これはデータの分散である．

2.2.2　多次元ガウス分布の最尤推定

つぎに多次元ガウス分布を考える．推定する D 次元ガウス分布を

$$\mathcal{N}(\mathbf{x} \,|\, \boldsymbol{\mu}, \boldsymbol{\Sigma}) = \frac{1}{(2\pi)^{\frac{D}{2}} |\boldsymbol{\Sigma}|^{\frac{1}{2}}} \exp \left(-\frac{1}{2} (\mathbf{x} - \boldsymbol{\mu})^{\mathrm{T}} \boldsymbol{\Sigma}^{-1} (\mathbf{x} - \boldsymbol{\mu}) \right)$$

とする．この分布にしたがって生成されたデータ（データ数 N）を

$$\mathbf{X} = (\mathbf{x}_1 \cdots \mathbf{x}_N)^\mathrm{T}, \quad \mathbf{x}_i = (x_{i1} \cdots x_{iD})^\mathrm{T}, \quad i = 1, \ldots, N$$

としたとき，対数尤度関数は

$$\ln \mathcal{N}(\mathbf{X} \,|\, \boldsymbol{\mu}, \boldsymbol{\Sigma}) = -\frac{ND}{2} \ln(2\pi) - \frac{N}{2} \ln |\boldsymbol{\Sigma}| - \frac{1}{2} \sum_{n=1}^{N} (\mathbf{x}_n - \boldsymbol{\mu})^\mathrm{T} \boldsymbol{\Sigma}^{-1} (\mathbf{x}_n - \boldsymbol{\mu})$$

$$(2.2.1)$$

となる．最尤推定解は，これを最大とする $\boldsymbol{\mu}$ と $\boldsymbol{\Sigma}$ であり，以下では，この対数尤度の最尤推定解を求める．

　その前に，式 (2.2.1) の右辺を吟味し，また，行列やベクトルを独立変数とする関数の微分の計算についてふれておく．まず，たびたびの強調になるが，データ数 N と $\mathbf{x}_n$ の次元 D は定数で，またデータ $\mathbf{x}_n$ も定数であり，パラメータ $\boldsymbol{\mu}$ と $\boldsymbol{\Sigma}$ は変数である．さて，第1項は，パラメータ $\boldsymbol{\mu}$ と $\boldsymbol{\Sigma}$ に無関係な定数項であるから，最大化には無関係である．第2項は，共分散行列 $\boldsymbol{\Sigma}$ の行列式の対数で，$\boldsymbol{\Sigma}$ の各成分の複雑な関数となっており，単純な形に書きくだすことはできない．第3項は，ベクトル $\boldsymbol{\mu}$ の2次形式[1]で，その係数行列が $\boldsymbol{\Sigma}$ の逆行列になっている．2次形式であるから，$\boldsymbol{\mu}$（の各成分）については単純な式といえるが，$\boldsymbol{\Sigma}$ に関しては，その逆行列であるから，成分に関して複雑な式である．

◆ 行列を独立変数とする関数のあつかい

　以上をふまえて，$\boldsymbol{\mu}$ に関する式 (2.2.1) の最大化を考えると，$\boldsymbol{\mu}$ の各成分 $\mu_1, \mu_2, \ldots, \mu_D$ ごとに，式 (2.2.1) の右辺を偏微分し，その結果を0とおいた D 個の連立方程式をとくことになる．しかし，次元 D が大きい場合には，これを書きくだすことはかなりわずらわしい．また，$\boldsymbol{\Sigma}$ に関する最大化では，成分ごとに計算をおこなう方針をとると，$\boldsymbol{\Sigma}$ の $D \times D$ 個の各成分による偏微分を計算しなければならず，さらに，式 (2.2.1) が $\boldsymbol{\Sigma}$ の各成分の複雑な関数なので，偏微分の結果もやはり複雑となり，これらを0と

---

[1] $D \times D$ の任意の対称行列 $\mathbf{A}$ に対し，

$$\mathbf{x}^\mathrm{T} \mathbf{A} \mathbf{x} = \sum_{i,j=1}^{D} a_{ij} x_i x_j$$

を $\mathbf{x}$ の2次形式といい，$\mathbf{A}$ をその係数行列という．ただし，$\mathbf{x} = (x_1 \cdots x_D)^\mathrm{T}$ で，a_{ij} は行列 $\mathbf{A}$ の (i, j) 成分である．

おいた連立方程式をとくことは困難である.

　そこで, 行列やベクトルを成分にわけずに, まとめてあつかうことを考える. そのため, ベクトルや行列を独立変数とする関数に対し, ベクトルによる微分, あるいは, 行列による微分を定義する. まず, ベクトル $\mathbf{x}$ を独立変数とするスカラー関数 $f(\mathbf{x})$ の微分を

$$\frac{df(\mathbf{x})}{d\mathbf{x}} \equiv \left(\frac{\partial f(\mathbf{x})}{\partial x_1} \quad \cdots \quad \frac{\partial f(\mathbf{x})}{\partial x_D} \right)^{\mathrm{T}} \tag{2.2.2}$$

と定義しよう[2]. すなわち, $\mathbf{x}$ の各成分 x_i で $f(\mathbf{x})$ を偏微分した $\frac{\partial f(\mathbf{x})}{\partial x_i}$ を第 i 成分とするベクトルが, $f(\mathbf{x})$ の $\mathbf{x}$ による微分である. 分布の平均パラメータはベクトルで表現されることが多く, その関数の平均パラメータによる微分も頻出する.

　この定義のもとで, たとえば, 定数ベクトル $\mathbf{a}$ と, 変数ベクトル $\mathbf{x}$ の内積で定義される関数 $f(\mathbf{x}) = \mathbf{a}^{\mathrm{T}}\mathbf{x}$ の微分は

$$\frac{d}{d\mathbf{x}}\mathbf{a}^{\mathrm{T}}\mathbf{x} = \mathbf{a} \tag{2.2.3}$$

となる. これは 1 変数関数 $f(x) = ax$ の微分の単純な拡張とみることができる. ただし, ベクトル表記 $\mathbf{a}$ は縦ベクトルとしているので, 上の微分の結果は, $\mathbf{a}^{\mathrm{T}}$ ではなく, $\mathbf{a}$ となることに注意してほしい. この関係式は, $\mathbf{a} = (a_1 \cdots a_D)^{\mathrm{T}}, \mathbf{x} = (x_1 \cdots x_D)^{\mathrm{T}}$ として, 成分ごとに考え, $\frac{\partial}{\partial \mathbf{x}}\mathbf{a}^{\mathrm{T}}\mathbf{x}$ の第 i 成分を計算すると

$$\frac{\partial}{\partial x_i}\mathbf{a}^{\mathrm{T}}\mathbf{x} = \frac{\partial}{\partial x_i}(a_1 x_1 + \cdots + a_D x_D) = a_i$$

であることからわかる.

　また, $\mathbf{A}$ を対称行列とし, $\mathbf{x}$ をベクトルとする 2 次形式 $\mathbf{x}^{\mathrm{T}}\mathbf{A}\mathbf{x}$ を, $\mathbf{x}$ を独立変数とする関数 $g(\mathbf{x})$ とみたとき, $\mathbf{x}$ による $g(\mathbf{x})$ の微分は

$$\frac{d}{d\mathbf{x}}\mathbf{x}^{\mathrm{T}}\mathbf{A}\mathbf{x} = 2\mathbf{A}\mathbf{x} \tag{2.2.4}$$

となる. これも, 1 変数の 2 次関数 $g(x) = ax^2$ の微分が $2ax$ となることの拡張になっている. この微分の関係式も, 成分ごとに考えれば以下のように証明できる. まず,

$$\mathbf{x}^{\mathrm{T}}\mathbf{A}\mathbf{x} = \sum_{i,\,j=1}^{D} a_{ij}x_i x_j = a_{11}x_1^2 + a_{22}x_2^2 + \cdots + a_{DD}x_D^2$$

$$+ 2a_{12}x_1 x_2 + 2a_{13}x_1 x_3 + \cdots + 2a_{D-1,\,D}x_{D-1}x_D$$

のうち, x_i をふくむ項は

$$a_{ii}x_i^2 + 2a_{i1}x_i x_1 + 2a_{i2}x_i x_2 + \cdots + 2a_{iD}x_i x_D$$

である. よって, $\frac{\partial}{\partial \mathbf{x}}\mathbf{x}^{\mathrm{T}}\mathbf{A}\mathbf{x}$ の第 i 成分を計算すると

---

[2] スカラー関数 $f(\mathbf{x})$ の $\mathbf{x}$ による微分 $df(\mathbf{x})/d\mathbf{x} \equiv (\partial f(\mathbf{x})/\partial x_1 \ \cdots \ \partial f(\mathbf{x})/\partial x_D)^{\mathrm{T}}$ は $f(\mathbf{x})$ の勾配ベクトル（あるいは勾配）とよばれ, $\nabla f(\mathbf{x})$ とかかれる. とりわけ, パラメータ $\mathbf{w}$ の誤差関数 $E(\mathbf{w})$ の勾配 $E(\mathbf{w})$ は, $E(\mathbf{w})$ の最小化計算で必要となることが多く, 本書でも随所に現われる.

$$\frac{\partial}{\partial x_i}\mathbf{x}^{\mathrm{T}}\mathbf{A}\mathbf{x} = \frac{\partial}{\partial x_i}(a_{ii}x_i^2 + 2a_{i1}x_ix_1 + 2a_{i2}x_ix_2 + \cdots + 2a_{iD}x_ix_D) = 2\sum_{j=1}^{D}a_{ij}x_j$$

となる. これはベクトル $2\mathbf{A}\mathbf{x}$ の第 i 成分である.

いま導入した 2 次形式の微分と内積の微分は, 多次元ガウス分布において, $\boldsymbol{\Sigma}$ を固定したときの平均パラメータ $\boldsymbol{\mu}$ の最大化に直接適用される. すなわち, 簡単のため, 対数尤度の項で, $\boldsymbol{\mu}$ が関係している項を 1 つだけ取りだして $f(\boldsymbol{\mu}) = (\mathbf{x}_n - \boldsymbol{\mu})^{\mathrm{T}}\boldsymbol{\Sigma}^{-1}(\mathbf{x}_n - \boldsymbol{\mu})$ とおく. 右辺を展開し, $\boldsymbol{\Sigma}^{-1}$ が対称行列なので $\mathbf{x}_n^{\mathrm{T}}\boldsymbol{\Sigma}^{-1}\boldsymbol{\mu} = \boldsymbol{\mu}^{\mathrm{T}}\boldsymbol{\Sigma}^{-1}\mathbf{x}_n$ となることを利用すれば

$$f(\boldsymbol{\mu}) = \mathbf{x}_n^{\mathrm{T}}\boldsymbol{\Sigma}^{-1}\mathbf{x}_n - 2\mathbf{x}_n^{\mathrm{T}}\boldsymbol{\Sigma}^{-1}\boldsymbol{\mu} + \boldsymbol{\mu}^{\mathrm{T}}\boldsymbol{\Sigma}^{-1}\boldsymbol{\mu}$$

を得る. これを $\boldsymbol{\mu}$ で微分すると, 右辺第 1 項は $\boldsymbol{\mu}$ に無関係であることと, $\mathbf{x}_n^{\mathrm{T}}\boldsymbol{\Sigma}^{-1}$ が横ベクトルであること, $\boldsymbol{\Sigma}^{-1}$ が対称行列であることに注意して

$$-2(\mathbf{x}_n^{\mathrm{T}}\boldsymbol{\Sigma}^{-1})^{\mathrm{T}} + 2\boldsymbol{\Sigma}^{-1}\boldsymbol{\mu} = -2\boldsymbol{\Sigma}^{-1}\mathbf{x}_n + 2\boldsymbol{\Sigma}^{-1}\boldsymbol{\mu} = -2\boldsymbol{\Sigma}^{-1}(\mathbf{x}_n - \boldsymbol{\mu})$$

となる. なお, 行列 $\boldsymbol{\Sigma}^{-1}$ が対称であるとき, 上の式展開でつかった関係

$$\mathbf{x}_n^{\mathrm{T}}\boldsymbol{\Sigma}^{-1}\boldsymbol{\mu} = \boldsymbol{\mu}^{\mathrm{T}}\boldsymbol{\Sigma}^{-1}\mathbf{x}_n$$

は頻繁にもちいられる[3].

つぎに, 行列 $\mathbf{A}$ を独立変数とするスカラー関数 $f(\mathbf{A})$ の微分を定義しよう. これは, $\mathbf{A}$ の各成分 a_{ij} で $f(\mathbf{A})$ を偏微分した $\frac{\partial f(\mathbf{A})}{\partial a_{ij}}$ を (i,j) 成分とする行列として定義される. たとえば, 2 次形式

$$\mathbf{x}^{\mathrm{T}}\mathbf{A}\mathbf{x} = a_{11}x_1^2 + \cdots + a_{DD}x_D^2 + 2a_{12}x_1x_2 + 2a_{13}x_1x_3 + \cdots + 2a_{D-1,D}x_{D-1}x_D$$

を, $\mathbf{x}$ は定数とした独立変数を $\mathbf{A}$ とする関数とみなすと, $\frac{df(\mathbf{A})}{d\mathbf{A}}$ の (i,j) 成分は

$$\frac{d}{da_{ij}}\mathbf{x}^{\mathrm{T}}\mathbf{A}\mathbf{x} = 2x_ix_j$$

となり, これは行列 $\mathbf{x}\mathbf{x}^{\mathrm{T}}$ の (i,j) 成分である. すなわち,

$$\frac{d}{d\mathbf{A}}\mathbf{x}^{\mathrm{T}}\mathbf{A}\mathbf{x} = \mathbf{x}\mathbf{x}^{\mathrm{T}}. \tag{2.2.5}$$

そのほかにも, 行列の積のトレースの微分

$$\frac{\partial}{\partial \mathbf{A}}\mathrm{Tr}(\mathbf{A}\mathbf{B}) = \mathbf{B}^{\mathrm{T}}$$

(証明は, 第 V 部の 14.2 節) などがあげられる. 分布の共分散パラメータは行列で表現されることが多く, その関数の共分散行列による微分もよくでてくる.

---

[3] この関係は, スカラーどうしの関係式で, スカラーは転置をとっても値はかわらないことと, $(\mathbf{A}\mathbf{B})^{\mathrm{T}} = \mathbf{B}^{\mathrm{T}}\mathbf{A}^{\mathrm{T}}$, $(\boldsymbol{\Sigma}^{-1})^{\mathrm{T}} = \boldsymbol{\Sigma}^{-1}$, さらに, $(\mathbf{A}^{\mathrm{T}})^{\mathrm{T}} = \mathbf{A}$ を利用して, $\mathbf{x}_n^{\mathrm{T}}\boldsymbol{\Sigma}^{-1}\boldsymbol{\mu}$ $= (\mathbf{x}_n^{\mathrm{T}}\boldsymbol{\Sigma}^{-1}\boldsymbol{\mu})^{\mathrm{T}} = (\boldsymbol{\Sigma}^{-1}\boldsymbol{\mu})^{\mathrm{T}}(\mathbf{x}_n^{\mathrm{T}})^{\mathrm{T}} = \boldsymbol{\mu}^{\mathrm{T}}(\boldsymbol{\Sigma}^{-1})^{\mathrm{T}}(\mathbf{x}_n^{\mathrm{T}})^{\mathrm{T}} = \boldsymbol{\mu}^{\mathrm{T}}\boldsymbol{\Sigma}^{-1}\mathbf{x}_n$ と示すことができる.

上で紹介した微分は，行列あるいはベクトルを独立変数とするスカラー関数の微分であった．そのほかに，ベクトル値関数 $\mathbf{f}(\mathbf{x})$ のベクトル $\mathbf{x}$ による微分もあつかうことが多い．その微分は，(i, j) 成分が，$\frac{\partial f_i(\mathbf{x})}{\partial x_j}$ である行列として定義される．ここで，$f_i(\mathbf{x})$ は $\mathbf{f}(\mathbf{x})$ の第 i 成分で，x_j は $\mathbf{x}$ の第 j 成分である．たとえば，$\mathbf{A}$ を行列とし，ベクトル $\mathbf{x}$ を独立変数とする線形関数 $\mathbf{h}(\mathbf{x}) = \mathbf{A}\mathbf{x}$ は，ベクトル値関数であり，この定義のもとで，$\mathbf{x}$ による微分は

$$\frac{d}{d\mathbf{x}}\mathbf{A}\mathbf{x} = \mathbf{A} \tag{2.2.6}$$

となる．これも，1 変数の線形関数 $h(x) = ax$ の微分が a であることの拡張になっている．これをつかうと，

$$\frac{d\mathbf{x}}{d\mathbf{x}} = \frac{d}{d\mathbf{x}}\mathbf{I}\mathbf{x} = \mathbf{I} \tag{2.2.7}$$

となる．ただし，$\mathbf{I}$ は単位行列である．これらの関係式も，成分にわけて考えると簡単にたしかめることができる．

また，たとえば，$f(\boldsymbol{\mu}) = (\mathbf{x}_n - \boldsymbol{\mu})^{\mathrm{T}}\boldsymbol{\Sigma}^{-1}(\mathbf{x}_n - \boldsymbol{\mu})$ の微分をあつかうのに，$\mathbf{m} = \mathbf{x}_n - \boldsymbol{\mu}$ と変数変換して，1 変数関数の微分のときと同様の変数変換の微分則をつかって

$$\frac{df(\boldsymbol{\mu})}{d\boldsymbol{\mu}} = \frac{df(\mathbf{m})}{d\mathbf{m}}\frac{d\mathbf{m}}{d\boldsymbol{\mu}} = \frac{d}{d\mathbf{m}}\mathbf{m}^{\mathrm{T}}\boldsymbol{\Sigma}^{-1}\mathbf{m} \cdot \frac{d}{d\boldsymbol{\mu}}(\mathbf{x}_n - \boldsymbol{\mu})$$
$$= 2\boldsymbol{\Sigma}^{-1}\mathbf{m} \cdot (-\mathbf{I}) = -2\boldsymbol{\Sigma}^{-1}(\mathbf{x}_n - \boldsymbol{\mu}) \tag{2.2.8}$$

と計算できる．このように，1 変数関数の微分のときと同様に，ベクトルや行列の微分でも，変数変換や，合成関数の微分がおこなえる．ただし，行列の積には順序があり，また，ベクトルは縦ベクトルを表わしているので注意が必要である．詳しくは，第 V 部の 14.2 節をみていただきたい．また，行列による微分の公式一覧を第 II 部末付録 B にまとめたので適宜参照してほしい．

以上の準備のもとで，対数尤度 (2.2.1) を最大にする $\boldsymbol{\mu}$ と $\boldsymbol{\Sigma}$ を具体的に求めよう．

■ 平均 $\boldsymbol{\mu}$ についての最大化

ベクトルとしてまとめてあつかい，平均ベクトル $\boldsymbol{\mu}$ で，対数尤度関数

$$\ln \mathcal{N}(\mathbf{X} \,|\, \boldsymbol{\mu}, \boldsymbol{\Sigma}) = -\frac{ND}{2}\ln(2\pi) - \frac{N}{2}\ln|\boldsymbol{\Sigma}| - \frac{1}{2}\sum_{n=1}^{N}(\mathbf{x}_n - \boldsymbol{\mu})^{\mathrm{T}}\boldsymbol{\Sigma}^{-1}(\mathbf{x}_n - \boldsymbol{\mu})$$

を微分し，$\mathbf{0}$（ゼロベクトル）とおく．式 (2.2.8) に示したように，

$$(\mathbf{x}_n - \boldsymbol{\mu})^{\mathrm{T}}\boldsymbol{\Sigma}^{-1}(\mathbf{x}_n - \boldsymbol{\mu})$$

の $\boldsymbol{\mu}$ による微分は $-2\boldsymbol{\Sigma}^{-1}(\mathbf{x}_n - \boldsymbol{\mu})$ であるから

$$
\frac{\partial}{\partial \boldsymbol{\mu}} \ln \mathcal{N}(\mathbf{X} \mid \boldsymbol{\mu}, \boldsymbol{\Sigma}) = -\sum_{n=1}^{N} \boldsymbol{\Sigma}^{-1}(\mathbf{x}_n - \boldsymbol{\mu}) = \mathbf{0}
$$

となる．これを $\boldsymbol{\mu}$ についてとくと，平均ベクトルの最尤推定解は

$$
\boldsymbol{\mu}_{\mathrm{ML}} = \frac{1}{N} \sum_{n=1}^{N} \mathbf{x}_n \tag{2.2.9}
$$

となる（演習 2.1）．これはデータ平均である．1 次元ガウス分布の最尤推定のときと同様に，共分散行列 $\boldsymbol{\Sigma}$ に無関係に平均の最尤推定解が定まることに注意してほしい．

■ 共分散 $\boldsymbol{\Sigma}$ についての最大化

共分散行列を成分ごとにわけて考え，対数尤度関数を最大化することは可能であるが，記述が煩雑となるうえ，成分ごとの偏微分の計算は複雑である．やはり行列としてまとめてあつかおう．対数尤度 (2.2.1) で，$\boldsymbol{\Sigma}$ をふくむ項は $-\frac{N}{2} \ln |\boldsymbol{\Sigma}|$ と $-\frac{1}{2} \sum_{n=1}^{N} (\mathbf{x}_n - \boldsymbol{\mu})^{\mathrm{T}} \boldsymbol{\Sigma}^{-1} (\mathbf{x}_n - \boldsymbol{\mu})$ の 2 つである．これらを $\boldsymbol{\Sigma}$ で微分する．前者の微分には，第 II 部末付録 B の公式 B9 をつかい

$$
\frac{d}{d\boldsymbol{\Sigma}} \left(-\frac{N}{2} \ln |\boldsymbol{\Sigma}| \right) = -\frac{N}{2} (\boldsymbol{\Sigma}^{-1})^{\mathrm{T}}
$$

となる．後者には B8 をつかうと

$$
\frac{\partial}{\partial \boldsymbol{\Sigma}} \left(-\frac{1}{2} \sum_{n=1}^{N} (\mathbf{x}_n - \boldsymbol{\mu})^{\mathrm{T}} \boldsymbol{\Sigma}^{-1} (\mathbf{x}_n - \boldsymbol{\mu}) \right)
$$
$$
= \frac{1}{2} \sum_{n=1}^{N} (\boldsymbol{\Sigma}^{-1})^{\mathrm{T}} (\mathbf{x}_n - \boldsymbol{\mu})(\mathbf{x}_n - \boldsymbol{\mu})^{\mathrm{T}} (\boldsymbol{\Sigma}^{-1})^{\mathrm{T}}
$$

となる．これらより，共分散行列 $\boldsymbol{\Sigma}$ で対数尤度関数を微分し，$\mathbf{0}$（ゼロ行列）とおくと

$$\frac{\partial}{\partial \mathbf{\Sigma}} \ln \mathcal{N}(\mathbf{X} \mid \mathbf{\mu}, \mathbf{\Sigma}) = -\frac{N}{2} \frac{d}{d\mathbf{\Sigma}} \ln |\mathbf{\Sigma}| - \frac{1}{2} \frac{\partial}{\partial \mathbf{\Sigma}} \sum_{n=1}^{N} (\mathbf{x}_n - \mathbf{\mu})^{\mathrm{T}} \mathbf{\Sigma}^{-1} (\mathbf{x}_n - \mathbf{\mu})$$

$$= -\frac{N}{2} (\mathbf{\Sigma}^{-1})^{\mathrm{T}} + \frac{1}{2} \sum_{n=1}^{N} (\mathbf{\Sigma}^{-1})^{\mathrm{T}} (\mathbf{x}_n - \mathbf{\mu})(\mathbf{x}_n - \mathbf{\mu})^{\mathrm{T}} (\mathbf{\Sigma}^{-1})^{\mathrm{T}}$$

$$= \mathbf{0}$$

となる．すでに求めた平均の最尤推定解 (2.2.9) の $\mathbf{\mu}_{\mathrm{ML}}$ を $\mathbf{\mu}$ に代入し，両辺の転置をとってから $\mathbf{\Sigma}$ についてとくと，共分散行列の最尤推定解は

$$\mathbf{\Sigma}_{\mathrm{ML}} = \frac{1}{N} \sum_{n=1}^{N} (\mathbf{x}_n - \mathbf{\mu}_{\mathrm{ML}})(\mathbf{x}_n - \mathbf{\mu}_{\mathrm{ML}})^{\mathrm{T}} \qquad (2.2.10)$$

となる[4]（演習 2.1）．これは，データの分散共分散行列（経験分散共分散行列とよばれる）である．

2.3 ベイズ推定による密度推定

ベイズ推定による確率密度推定は，最尤推定と同様に，パラメトリックな分布の族を仮定する．最尤推定では，分布のパラメータを数値あるいは数値を成分とするベクトルとして表現した．それに対し，ベイズ推定法では，分布のパラメータを確率変数とみなし，データがあたえられたもとでのパラメータの事後分布を求める．以下，分布のパラメータをベクトルにまとめて $\mathbf{\theta}$ とかくこととする．

データを $\mathcal{D} = \{\mathbf{x}_1, \ldots, \mathbf{x}_N\}$ としよう．パラメータの事後分布 $p(\mathbf{\theta} \mid \mathcal{D})$ を求めるには，ベイズの定理

$$p(\mathbf{\theta} \mid \mathcal{D}) = \frac{p(\mathcal{D} \mid \mathbf{\theta}) \, p(\mathbf{\theta})}{p(\mathcal{D})}$$

---

[4] 微分の公式 B8 と B9 は，行列の各要素が独立であるという仮定のもとで成立する．共分散行列は対称行列であるので，この仮定は成りたたず，実はここでは適用できない．しかし，対称行列であることをわすれて，公式を適用し，対数尤度を最大にする共分散行列を求めると，それが対称行列になっているので，結果として解 (2.2.10) は最尤推定解となっている．公式を適用し，尤度を微分してゼロとなる行列を求めたということは，すべての行列の中で，尤度を最大とするものを定めたことであり，その行列の中には対称行列もふくまれているからである．この論法はよくもちいられる．

を利用する．ここで，$p(\theta)$ はパラメータの事前分布で，$p(\mathcal{D} \mid \theta)$ は尤度関数である．

2.3.1　事後分布計算の困難性

実際に，ベイズの定理

$$p(\theta \mid \mathcal{D}) = \frac{p(\mathcal{D} \mid \theta)p(\theta)}{p(\mathcal{D})} = \frac{p(\mathcal{D} \mid \theta)p(\theta)}{\displaystyle\int_{-\infty}^{\infty} p(\mathcal{D} \mid \theta)p(\theta)\,d\theta}$$

をつかった計算では，分母の正規化定数

$$\int_{-\infty}^{\infty} p(\mathcal{D} \mid \theta)p(\theta)\,d\theta$$

を求めることが困難な場合が多い．そのため，正規化定数の計算を回避する方法が研究されてきた．最大事後確率 (MAP) 推定法，共役事前分布の導入，変分ベイズ法，サンプリング法の 4 つの方法が有名である．ここでは，共役事前分布を導入する方法を紹介しよう．ただし，この方法をつかうには尤度関数に制約がある．

2.3.2　共役事前分布

ベイズの定理

$$p(\theta \mid \mathcal{D}) = \frac{p(\mathcal{D} \mid \theta)p(\theta)}{p(\mathcal{D})} \propto p(\mathcal{D} \mid \theta)p(\theta)$$

において，たとえば，データが 1 つだけの $\mathcal{D} = \{x\}$ で，尤度が $p(x \mid \theta) = (1/\sqrt{2\pi})e^{-\frac{(x-\theta)^2}{2}}$ とする．このとき，θ の事前分布を $p(\theta)$ として，ガウス分布 $\mathcal{N}(\theta \mid 0, \sigma_0^2)$ を仮定しよう．そうすると，θ の事後分布はやはりガウス分布となる．具体的には，

$$p(\theta \mid x) \propto p(x \mid \theta)p(\theta) = \frac{1}{\sqrt{2\pi\sigma_0^2}} \times e^{-\frac{\theta^2}{2\sigma_0^2}} \frac{1}{\sqrt{2\pi}}e^{-\frac{(x-\theta)^2}{2}} = \frac{1}{\sqrt{2\pi\sigma^2}}e^{-\frac{(\theta-\frac{x\sigma_0^2}{1+\sigma_0^2})^2}{2\sigma^2}}.$$

ここで，$\sigma = \sqrt{\frac{\sigma_0^2}{1+\sigma_0^2}}$ である．この計算において，正規化定数を求めるのに積分計算は不要である．尤度関数の指数の肩はパラメータ θ の 2 次式で，パラ

メータの事前分布（ガウス分布）の指数の肩も θ の2次式である．そのため，パラメータの事後分布の指数の肩も θ の2次式となり，事後分布はガウス分布であることがわかる．ガウス分布の正規化定数は分散 σ^2 で決まるので，事後分布の指数の肩の θ の2次式を平方完成して分散を求めれば，正規化定数は決まってしまう．

この例のように，尤度によっては，ある事前分布をもってくると，事後分布がその事前分布と同じ分布族にはいる．そのような事前分布を共役事前分布という．一般に，パラメータの事前分布として共役事前分布を仮定すれば，ベイズの定理によってパラメータの事後分布を求めるための正規化定数の積分計算は不要になる．

2.3.3　1次元ガウス分布の平均に対するベイズ推論

分散を既知とし，平均パラメータ μ の事後分布を求めよう．データ集合（データ数 N）は $\mathbf{x} = (x_1 \cdots x_N)^{\mathrm{T}}$ とする．$p(\mathbf{x}\,|\,\mu)$ を尤度とし，$p(\mu)$ をパラメータ μ の事前分布とすると，パラメータ μ の事後分布は

$$p(\mu\,|\,\mathbf{x}) \propto p(\mathbf{x}\,|\,\mu)p(\mu)$$

という関係をみたす．以下，具体的に計算する．ただし，分散パラメータの事後分布の計算は，精度パラメータのそれにくらべるとややむずかしいので，本書では，精度パラメータの事後確率にしぼって議論する．

■ 尤度と平均の事前分布：1次元ガウス分布の場合

尤度関数は

$$p(\mathbf{x}\,|\,\mu) = \prod_{n=1}^{N} \mathcal{N}(x_n\,|\,\mu,\,\sigma^2) = \frac{1}{(2\pi\sigma^2)^{\frac{N}{2}}} \exp\left(-\frac{1}{2\sigma^2}\sum_{n=1}^{N}(x_n - \mu)^2\right)$$

となる．ここでは σ^2 は決まった定数としており，$p(\mathbf{x}\,|\,\mu)$ は μ だけの関数とみなす．この尤度関数の形から，パラメータ μ の共役事前分布は

$$p(\mu) = \mathcal{N}(\mu\,|\,\mu_0,\,\sigma_0^2) = \frac{1}{\sqrt{2\pi\sigma_0^2}} \exp\left(-\frac{(\mu - \mu_0)^2}{2\sigma_0^2}\right) \tag{2.3.1}$$

となることがわかる。ただし、μ_0 と σ_0^2 は、パラメータ μ の分布のパラメータで超パラメータとよばれる。これらの超パラメータの決めかたはここでは問わないことにし、たとえば、それぞれ 0 と 1 といった単純なものを仮定する。

■ 平均の事後分布：1 次元ガウス分布の場合

平均 μ の事前分布として式 (2.3.1) のガウス分布を導入すると、μ の事後分布は

$$
\begin{aligned}
p(\mu \,|\, \mathbf{x}) &\propto p(\mathbf{x} \,|\, \mu)p(\mu) = \prod_{n=1}^{N} \mathcal{N}(x_n \,|\, \mu,\, \sigma^2)\mathcal{N}(\mu \,|\, \mu_0,\, \sigma_0^2) \\
&= \frac{1}{(2\pi\sigma^2)^{\frac{N}{2}}} \exp\left(-\frac{1}{2\sigma^2}\sum_{n=1}^{N}(x_n - \mu)^2\right) \frac{1}{\sqrt{2\pi\sigma_0^2}} \exp\left(-\frac{(\mu - \mu_0)^2}{2\sigma_0^2}\right) \\
&= C \cdot \exp\left(-\frac{(\mu - \hat{\mu})^2}{2\hat{\sigma}^2}\right) \\
&= \mathcal{N}(\mu \,|\, \hat{\mu},\, \hat{\sigma}^2)
\end{aligned}
$$

となる。ただし、$\hat{\mu} = \dfrac{\sigma^2}{N\sigma_0^2 + \sigma^2}\,\mu_0 + \dfrac{N\sigma_0^2}{N\sigma_0^2 + \sigma^2}\,\mu_{\mathrm{ML}}$, μ_{ML} は、2.2.1 項で求めた平均の最尤推定量 $\mu_{\mathrm{ML}} = \dfrac{1}{N}\displaystyle\sum_{n=1}^{N}x_n$ で、$\dfrac{1}{\hat{\sigma}^2} = \dfrac{N}{\sigma^2} + \dfrac{1}{\sigma_0^2}$ である（演習 2.2）。

■ 平均の事後分布の性質

平均 μ の事後分布 $\mathcal{N}(\mu \,|\, \hat{\mu},\, \hat{\sigma}^2)$, ただし、

$$
\begin{aligned}
\hat{\mu} &= \frac{\sigma^2}{N\sigma_0^2 + \sigma^2}\mu_0 + \frac{N\sigma_0^2}{N\sigma_0^2 + \sigma^2}\mu_{\mathrm{ML}}, \\
\mu_{\mathrm{ML}} &= \frac{1}{N}\sum_{n=1}^{N}x_n, \\
\frac{1}{\hat{\sigma}^2} &= \frac{N}{\sigma^2} + \frac{1}{\sigma_0^2},
\end{aligned}
$$

についての性質をいくつかあげよう。まず、データ数が多くなると分布の分散

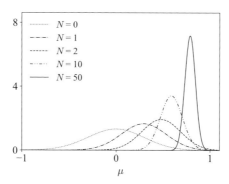

図 **2.6**　平均パラメータの事後分布．平均が 0.8 で分散が 0.16 の
ガウス分布にしたがってデータを生成し，平均パラメータの事前分
布を平均が 0 で分散が 0.09 のガウス分布として，データに対する
パラメータの事後分布（ガウス分布）を求めた．データ数 N が多
くなると分布の分散は小さくなり，よりとがった形になる．

は小さくなり，よりとがった形になる（図 2.6）．極端な場合として $N = 0$ の
ときをみると，$\hat{\mu} = \mu_0, \hat{\sigma} = \sigma_0$ なので，$\mathcal{N}(\mu \,|\, \hat{\mu}, \hat{\sigma}^2) = \mathcal{N}(\mu \,|\, \mu_0, \sigma_0^2)$ となり，
これは事前分布そのものである．また，$N \to \infty$ のときは，$\hat{\mu} \to \mu_{\mathrm{ML}}$ であり，
$\hat{\sigma} \to 0$ なので，$\mathcal{N}(\mu \,|\, \hat{\mu}, \hat{\sigma}^2) \to \mathcal{N}(\mu \,|\, \mu_{\mathrm{ML}}, 0)$ となる．分散が 0 となってい
るが，これはあくまで極限としての話であり，最尤推定された平均の 1 点だ
けで無限の値をとり，そのほかでは 0 をとる「密度関数」である．すなわち，
確率 1 で平均は最尤推定値をとる．

2.3.4　1 次元ガウス分布の精度に対するベイズ推論

今度は，平均は決まっているとし，**精度パラメータ** $\lambda = 1/\sigma^2$（分散の逆数）
の事後分布を求める．これは，分散の事後分布を求めることより簡単である．
データ集合（データ数 N）を $\mathbf{x} = (x_1 \cdots x_N)^{\mathrm{T}}$ とすると，精度 λ についての
尤度関数は

$$p(\mathbf{x} \,|\, \lambda) = \prod_{n=1}^{N} \mathcal{N}(x_n \,|\, \mu, \lambda^{-1}) \propto \lambda^{N/2} \exp\left\{ -\frac{\lambda}{2} \sum_{n=1}^{N} (x_n - \mu)^2 \right\}$$

である．

この尤度関数の形から，λ についての共役事前分布は，a, b を定数とした $\lambda^a e^{-b\lambda}$ に比例する分布であることがわかる．これはガンマ分布とよばれる分布である．

■ ガンマ分布

ガンマ分布は，正の実数上で

$$\text{Gam}(\lambda \,|\, a,\, b) = \frac{1}{\Gamma(a)} b^a \lambda^{a-1} e^{-b\lambda}, \quad \lambda > 0 \tag{2.3.2}$$

と定義される（図 2.7）．ここで，a と b はパラメータで，$\Gamma(x)$ は，

$$\Gamma(x) \equiv \int_0^\infty u^{x-1} e^{-u} du$$

で定義されるガンマ関数である（第 II 部末付録 A 参照）．ガンマ分布の平均は

$$\mathbb{E}[\lambda] = \frac{a}{b}, \tag{2.3.3}$$

分散は

$$\mathbb{V}[\lambda] = \frac{a}{b^2} \tag{2.3.4}$$

である（演習 12.7）．

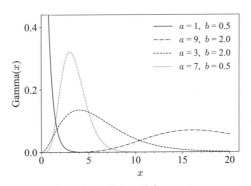

図 **2.7** ガンマ分布．正の実数上の分布で，パラメータ a, b の値におうじてさまざまな形をとる．

■ 精度の事後分布：1 次元ガウス分布の場合

精度の共役事前分布をガンマ分布 $\mathrm{Gam}(\lambda \,|\, a_0, b_0)$ としたとき，精度の事後分布は

$$
p(\lambda \,|\, \mathbf{x}) \propto p(\mathbf{x} \,|\, \lambda) p(\lambda) = \prod_{n=1}^{N} \mathcal{N}(x_n \,|\, \mu, \, \lambda^{-1}) \, \mathrm{Gam}(\lambda \,|\, a_0, \, b_0)
$$

$$
\propto \lambda^{a_0-1} \lambda^{N/2} \exp\left\{ -b_0 \lambda - \frac{\lambda}{2} \sum_{n=1}^{N} (x_n - \mu)^2 \right\}
$$

$$
= \lambda^{a_N-1} e^{-b_N \lambda}
$$

となる．ただし，

$$
a_N = a_0 + \frac{N}{2}, \tag{2.3.5}
$$

$$
b_N = b_0 + \frac{1}{2} \sum_{n=1}^{N} (x_n - \mu)^2 = b_0 + \frac{N}{2} \sigma_{\mathrm{ML}}^2 \tag{2.3.6}
$$

である（演習 2.3）．式 (2.3.5) をみると，右辺は，a_0 と，データ数 N の $1/2$ とのたし算なので，a_0 は「個数の単位」をもつことがわかる．さらに，a は，データが 1 つ増えるごとに $1/2$ 増えるので，a_0 は $2a_0$ 個のデータに相当する．それゆえ，a_0 は，$2a_0$ 個の「有効な」観測値と解釈できる．また，式 (2.3.6) をみると，右辺は，b_0 と，分散（の最尤推定解）の $N/2$ 倍とのたし算なので，b_0 は分散の単位をもつことがわかる．また，式 (2.3.6) は，観測値 N 個で $N\sigma_{\mathrm{ML}}^2/2$ だけ，事後分布のパラメータ b が増えることを示す．いま，$2a_0$ 個の有効な観測値があると考えて，その分散を $\tilde{\sigma}^2$ としよう．すると，$2a_0$ の有効な観測値は $\tilde{\sigma}^2 \cdot (2a_0)/2$ だけ b を増やすと考えてよい．これが b_0 であるから，$\tilde{\sigma}^2 = b_0/a_0$ となる．よって，超パラメータが a_0, b_0 である事前分布を導入することは，分散が b_0/a_0 である $2a_0$ 個の観測値を事前に用意することと解釈できる．

なお，精度ではなく，分散でガウス分布を表現したときの共役事前分布は逆ガンマ分布とよばれる分布になることが知られている．

2.3.5　1次元ガウス分布の平均と精度に対するベイズ推論

1次元ガウス分布のベイズ推論の最後に，平均と精度の両方に関する事後分布を求めよう．すなわち，データ $\mathbf{x} = (x_1 \cdots x_N)^{\mathrm{T}}$（データ数 N）があたえられたもとでの，平均パラメータ μ と精度パラメータ λ の事後同時分布を求める．そのために，やはりベイズの定理

$$p(\mu, \lambda \mid \mathbf{x}) \propto p(\mathbf{x} \mid \mu, \lambda) p(\mu, \lambda)$$

をもちいる．ただし，$p(\mathbf{x} \mid \mu, \lambda)$ は尤度で，$p(\mu, \lambda)$ は精度の事前分布である．

■ 平均と精度の事前分布と尤度：1次元ガウス分布の場合

尤度関数は

$$
\begin{aligned}
p(\mathbf{x} \mid \mu, \lambda) &= \prod_{n=1}^{N} \mathcal{N}(x_n \mid \mu, \lambda^{-1}) \propto \lambda^{N/2} \exp\left\{ -\frac{\lambda}{2} \sum_{n=1}^{N} (x_n - \mu)^2 \right\} \\
&= \lambda^{N/2} \left(-\frac{\lambda \mu^2 N}{2} + \lambda \mu \sum_{n=1}^{N} x_n \right) \exp\left\{ -\frac{\lambda}{2} \sum_{n=1}^{N} x_n^2 \right\} \\
&= \frac{1}{N^{\frac{1}{2}}} (N\lambda)^{\frac{1}{2}} \exp\left\{ -\frac{N\lambda}{2} \left(\mu - \frac{1}{N} \sum_{n=1}^{N} x_n \right)^2 \right\} \\
&\quad \times \lambda^{\frac{N-1}{2}} \exp\left[-\frac{\lambda}{2} \left\{ \sum_{n=1}^{N} x_n^2 - \frac{1}{N} \left(\sum_{n=1}^{N} x_n \right)^2 \right\} \right]
\end{aligned}
$$

となる．この式の最右辺の後半は λ のガンマ分布であり，前半は，λ の定数倍を分散とする μ のガウス分布である．ただし，両者とも正規化されていない．この形の μ と λ の同時分布はガウス-ガンマ分布として知られている．事前分布として，この尤度にかけた事後分布が事前分布と同じ族にはいる分布はやはりガウス-ガンマ分布

$$p(\mu, \lambda) \propto \mathcal{N}(\mu \mid m, (\beta\lambda)^{-1}) \mathrm{Gam}(\lambda \mid a, b) \tag{2.3.7}$$

であり，これが共役事前分布である（図 2.8）．ただし，m, β, a, b はパラメータである．

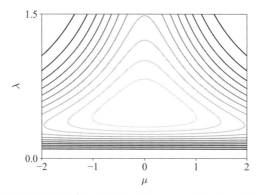

図 **2.8** ガウス-ガンマ分布．パラメータを，$m = 0.0$，$\beta = 1.0$，$a = 3.0$，$b = 2.0$ と設定したときの確率密度関数値を等高線で示す．

注意

　ガウス-ガンマ分布は，独立した μ のガウス分布と λ のガンマ分布の積ではない．λ の分布はガンマ分布であるが，μ の分布であるガウス分布の精度パラメータは λ をつかって定義されている．

■ 平均と精度の事後分布：1次元ガウス分布の場合

　平均と精度の事前同時分布を，共役事前分布であるガウス-ガンマ分布

$$\mathcal{N}(\mu \,|\, \mu_0, (\beta_0\lambda)^{-1})\mathrm{Gam}(\lambda \,|\, a_0, b_0)$$

としたとき，それらの事後同時分布は

$$
\begin{aligned}
p(\mu, \lambda \,|\, \mathbf{x}) &\propto p(\mathbf{x} \,|\, \mu, \lambda)p(\mu, \lambda)\\
&= \mathcal{N}(\mu \,|\, \mu_0, (\beta_0\lambda)^{-1})\mathrm{Gam}(\lambda \,|\, a_0, b_0)\prod_{n=1}^{N}\mathcal{N}(x_n \,|\, \mu, \lambda^{-1})\\
&= \mathcal{N}(\mu \,|\, \mu_N, (\beta_N\lambda)^{-1})\mathrm{Gam}(\lambda \,|\, a_N, b_N)
\end{aligned}
$$

となる（演習 2.4）．もちろん，これは，ガウス-ガンマ分布である．ここで，μ_N，β_N，a_N，b_N は，μ_0，β_0，a_0，b_0，x_n の関数で，

$$\mu_N = \frac{1}{\beta_N}\left(\beta_0\mu_0 + \sum_{n=1}^{N} x_n\right), \qquad \beta_N = \beta_0 + N,$$

$$a_N = a_0 + \frac{N}{2}, \qquad b_N = b_0 + \frac{1}{2}\left(\beta_0\mu_0^2 - \beta_N\mu_N^2 + \sum_{n=1}^{N} x_n^2\right)$$

である.

2.3.6　多次元ガウス分布の平均に対するベイズ推論

精度行列 $\mathbf{\Lambda}$ がわかっているときの多次元ガウス分布（D 次元）

$$\mathcal{N}(\mathbf{x}\,|\,\mathbf{\mu},\,\mathbf{\Lambda}^{-1}) = \frac{|\mathbf{\Lambda}|^{1/2}}{(2\pi)^{D/2}}\exp\left\{-\frac{1}{2}(\mathbf{x}-\mathbf{\mu})^{\mathrm{T}}\mathbf{\Lambda}(\mathbf{x}-\mathbf{\mu})\right\}$$

の平均パラメータ $\mathbf{\mu}$ の事後確率を求めよう. データ（データ数 N）を

$$\mathbf{X} = (\mathbf{x}_1 \cdots \mathbf{x}_N)^{\mathrm{T}}, \quad \mathbf{x}_i = (x_{i1} \cdots x_{iD})^{\mathrm{T}}, \quad i = 0,\ldots,N$$

とする. 尤度関数の形から, $\mathbf{\mu}$ の共役事前分布は多次元ガウス分布であることがわかる. すなわち, $\mathbf{\mu}$ の事前分布としてガウス分布を仮定すると, $\mathbf{\mu}$ の事後分布 $p(\mathbf{\mu}\,|\,\mathbf{X})$ もガウス分布となる. 以下, 具体的にその平均と共分散行列を求める. ここでは, 平均 $\mathbf{\mu}$ の事前分布をガウス分布

$$\mathcal{N}(\mathbf{\mu}\,|\,\mathbf{\mu}_0,\,\mathbf{\Lambda}_0^{-1}) = \frac{|\mathbf{\Lambda}_0|^{1/2}}{(2\pi)^{D/2}}\exp\left\{-\frac{1}{2}(\mathbf{\mu}-\mathbf{\mu}_0)^{\mathrm{T}}\mathbf{\Lambda}_0(\mathbf{\mu}-\mathbf{\mu}_0)\right\}$$

と仮定する.

まず, 多次元ガウス分布をあつかうときの基本的計算テクニックである平方完成を紹介しよう. 確率変数 $\mathbf{x}$ の分布がガウス分布であり, その指数の肩を $-\frac{1}{2}(\mathbf{x}-\mathbf{\mu})^{\mathrm{T}}\mathbf{\Sigma}^{-1}(\mathbf{x}-\mathbf{\mu})$ とする. これを展開すると

$$-\frac{1}{2}(\mathbf{x}-\mathbf{\mu})^{\mathrm{T}}\mathbf{\Sigma}^{-1}(\mathbf{x}-\mathbf{\mu}) = -\frac{1}{2}\mathbf{x}^{\mathrm{T}}\mathbf{\Sigma}^{-1}\mathbf{x} + \mathbf{x}^{\mathrm{T}}\mathbf{\Sigma}^{-1}\mathbf{\mu} + \mathrm{const.}$$

となる. ただし, $\mathrm{const.}$ は $\mathbf{x}$ に無関係な項である. 右辺の $\mathbf{x}$ の 2 次の項の係数行列 $\mathbf{\Sigma}$ が, そのまま共分散行列（いいかえると, $\mathbf{\Sigma}^{-1} = \mathbf{\Lambda}$ が精度行列）であり, $\mathbf{x}$ の 1 次の項の係数ベクトル $\mathbf{\Sigma}^{-1}\mathbf{\mu}$ が精度行列 × 平均であることがわかる. よって, $\mathbf{x}$ の 2 次の項を求めれば共分散行列 $\mathbf{\Sigma}$（あるいは精度行列 $\mathbf{\Lambda}$）

を決めることができ，さらに，$\mathbf{x}$ の1次の項を求めれば，すでに定まった $\boldsymbol{\Sigma}$ （あるいは $\boldsymbol{\Lambda}$）をつかって平均 $\boldsymbol{\mu}$ を求めることができる.

さて，求める平均 $\boldsymbol{\mu}$ の事後確率は，ベイズの定理より，

$$
p(\boldsymbol{\mu} \mid \mathbf{X}) \propto p(\mathbf{X} \mid \boldsymbol{\mu})p(\boldsymbol{\mu}) = \prod_{n=1}^{N} \frac{|\boldsymbol{\Lambda}|^{1/2}}{(2\pi)^{D/2}} \exp\left\{-\frac{1}{2}(\mathbf{x}_n - \boldsymbol{\mu})^{\mathrm{T}}\boldsymbol{\Lambda}(\mathbf{x}_n - \boldsymbol{\mu})\right\}
$$
$$
\times \frac{|\boldsymbol{\Lambda}_0|^{1/2}}{(2\pi)^{D/2}} \exp\left\{-\frac{1}{2}(\boldsymbol{\mu} - \boldsymbol{\mu}_0)^{\mathrm{T}}\boldsymbol{\Lambda}_0(\boldsymbol{\mu} - \boldsymbol{\mu}_0)\right\}.
$$

この最右辺の指数の肩は $\boldsymbol{\mu}$ についての2次式であり，$\boldsymbol{\mu}$ の事後分布はガウス分布であることがわかる. 指数の肩を $\boldsymbol{\mu}$ について整理すると

$$
-\frac{1}{2}\sum_{n=1}^{N}(\mathbf{x}_n - \boldsymbol{\mu})^{\mathrm{T}}\boldsymbol{\Lambda}(\mathbf{x}_n - \boldsymbol{\mu}) - \frac{1}{2}(\boldsymbol{\mu} - \boldsymbol{\mu}_0)^{\mathrm{T}}\boldsymbol{\Lambda}_0(\boldsymbol{\mu} - \boldsymbol{\mu}_0)
$$
$$
= -\frac{1}{2}\boldsymbol{\mu}^{\mathrm{T}}(N\boldsymbol{\Lambda} + \boldsymbol{\Lambda}_0)\boldsymbol{\mu} + \boldsymbol{\mu}^{\mathrm{T}}\left(\boldsymbol{\Lambda}_0\boldsymbol{\mu}_0 + \boldsymbol{\Lambda}\sum_{n=1}^{N}\mathbf{x}_n\right) + \mathrm{const.}
$$

ただし，const. は $\boldsymbol{\mu}$ に無関係な項である. 右辺の平方完成を考えると，$\boldsymbol{\mu}$ の事後ガウス分布の精度行列は

$$
\tilde{\boldsymbol{\Lambda}} = N\boldsymbol{\Lambda} + \boldsymbol{\Lambda}_0 \tag{2.3.8}
$$

で，平均は

$$
\tilde{\boldsymbol{\mu}} = (N\boldsymbol{\Lambda} + \boldsymbol{\Lambda}_0)^{-1}\left(\boldsymbol{\Lambda}_0\boldsymbol{\mu}_0 + \boldsymbol{\Lambda}\sum_{n=1}^{N}\mathbf{x}_n\right) \tag{2.3.9}
$$

であることがわかる.

2.3.7　多次元ガウス分布の精度に対するベイズ推論

つぎに，D 次元ガウス分布

$$
\mathcal{N}(\mathbf{x} \mid \boldsymbol{\mu}, \boldsymbol{\Lambda}^{-1}) = \frac{|\boldsymbol{\Lambda}|^{1/2}}{(2\pi)^{D/2}} \exp\left\{-\frac{1}{2}(\mathbf{x} - \boldsymbol{\mu})^{\mathrm{T}}\boldsymbol{\Lambda}(\mathbf{x} - \boldsymbol{\mu})\right\}
$$

の精度行列の事後分布を求めよう. ただし，平均 $\boldsymbol{\mu}$ はわかっているとする. 尤度関数の形から，$\boldsymbol{\Lambda}$ の共役事前分布は，すぐあとで紹介するウィッシャー

ト分布とよばれる分布となる. すなわち, $\mathbf{\Lambda}$ の事前分布をウィッシャート分布とすると, $\mathbf{\Lambda}$ の事後分布 $p(\mathbf{\Lambda} \mid \mathbf{X})$ もウィッシャート分布となる.

■ ウィッシャート分布

$D \times D$ の行列 $\mathbf{\Lambda}$ のウィッシャート分布は,

$$\mathcal{W}(\mathbf{\Lambda} \mid \mathbf{W}, \nu) \equiv B(\mathbf{W}, \nu)|\mathbf{\Lambda}|^{(\nu-D-1)/2} \exp\left(-\frac{1}{2}\mathrm{Tr}(\mathbf{W}^{-1}\mathbf{\Lambda})\right) \tag{2.3.10}$$

で定義される. ここで, ν はスカラーで自由度パラメータとよばれ, $\mathbf{W}$ は $D \times D$ の行列で尺度パラメータである. また, $B(\mathbf{W}, \nu)$ は正規化係数 (すなわち正規化定数の逆数) で,

$$B(\mathbf{W}, \nu) \equiv |\mathbf{W}|^{-\nu/2} \left(2^{\nu D/2} \pi^{D(D-1)/4} \prod_{i=1}^{D} \Gamma\left(\frac{\nu+1-i}{2}\right)\right)^{-1}$$

であたえられる. 複雑な式であるが, 精度行列の事後確率を求めるときなどでは, 無視して計算をすすめても大丈夫なことが多い. ウィッシャート分布は共分散行列の分布としてよくつかわれる.

■ 多次元ガウス分布の精度の事後確率

データ (データ数 N) を

$$\mathbf{X} = (\mathbf{x}_1 \cdots \mathbf{x}_N)^{\mathrm{T}}, \quad \mathbf{x}_i = (x_{i1} \cdots x_{iD})^{\mathrm{T}}, \quad i = 0, \ldots, N$$

とする. 平均 $\boldsymbol{\mu}$ はわかっているとし, $\mathbf{\Lambda}$ の事前分布をウィッシャート分布 (共役事前分布)

$$\mathcal{W}(\mathbf{\Lambda} \mid \mathbf{W}_0, \nu_0) = B(\mathbf{W}_0, \nu_0)|\mathbf{\Lambda}|^{(\nu_0-D-1)/2} \exp\left(-\frac{1}{2}\mathrm{Tr}(\mathbf{W}_0^{-1}\mathbf{\Lambda})\right),$$

$$B(\mathbf{W}, \nu) = |\mathbf{W}|^{-\nu/2} \left(2^{\nu D/2} \pi^{D(D-1)/4} \prod_{i=1}^{D} \Gamma\left(\frac{\nu+1-i}{2}\right)\right)^{-1}$$

としたとき, $\mathbf{\Lambda}$ の事後分布はウィッシャート分布

$$\mathcal{W}(\mathbf{\Lambda} \mid \mathbf{W}, \nu) = B(\mathbf{W}, \nu)|\mathbf{\Lambda}|^{(\nu-D-1)/2} \exp\left(-\frac{1}{2}\mathrm{Tr}(\mathbf{W}^{-1}\mathbf{\Lambda})\right)$$

となる（演習 2.5）．ただし，

$$\nu = N + \nu_0,$$

$$\mathbf{W}^{-1} = \left(\mathbf{W}_0^{-1} + \sum_{n=1}^{N} (\mathbf{x}_n - \boldsymbol{\mu})(\mathbf{x}_n - \boldsymbol{\mu})^{\mathrm{T}} \right)^{-1}$$

である．

2.3.8　多次元ガウス分布の平均と精度に対するベイズ推論

最後に，多次元ガウス分布（D 次元）

$$\mathcal{N}(\mathbf{x} \,|\, \boldsymbol{\mu}, \boldsymbol{\Lambda}^{-1}) = \frac{|\boldsymbol{\Lambda}|^{1/2}}{(2\pi)^{D/2}} \exp \left\{ -\frac{1}{2} (\mathbf{x} - \boldsymbol{\mu})^{\mathrm{T}} \boldsymbol{\Lambda} (\mathbf{x} - \boldsymbol{\mu}) \right\}$$

の平均と精度の両方を推定する．データ（データ数 N）を

$$\mathbf{X} = (\mathbf{x}_1 \cdots \mathbf{x}_N)^{\mathrm{T}}, \quad \mathbf{x}_i = (x_{i1} \cdots x_{iD})^{\mathrm{T}}, \quad i = 0, \ldots, N$$

とする．ベイズの定理より，平均 $\boldsymbol{\mu}$ と精度 $\boldsymbol{\Lambda}$（行列）の事後分布（同時分布）は

$$p(\boldsymbol{\mu}, \boldsymbol{\Lambda} \,|\, \mathbf{X}) \propto p(\mathbf{X} \,|\, \boldsymbol{\mu}, \boldsymbol{\Lambda}) p(\boldsymbol{\mu}, \boldsymbol{\Lambda})$$

である．ここで，$p(\mathbf{X} \,|\, \boldsymbol{\mu}, \boldsymbol{\Lambda})$ は尤度であり，$p(\boldsymbol{\mu}, \boldsymbol{\Lambda})$ は事前分布である．尤度関数の形から共役事前分布を決めよう．

■ 尤度・共役事前分布・事後分布：多次元ガウス分布

尤度は

$$p(\mathbf{X} \,|\, \boldsymbol{\mu}, \boldsymbol{\Lambda}) = \prod_{n=1}^{N} \mathcal{N}(\mathbf{x}_n \,|\, \boldsymbol{\mu}, \boldsymbol{\Lambda}^{-1})$$

$$\propto |\boldsymbol{\Lambda}|^{N/2} \exp \left\{ -\frac{1}{2} \sum_{n=1}^{N} (\mathbf{x}_n - \boldsymbol{\mu})^{\mathrm{T}} \boldsymbol{\Lambda} (\mathbf{x}_n - \boldsymbol{\mu}) \right\}$$

となる．平均 $\boldsymbol{\mu}$ と精度 $\boldsymbol{\Lambda}$ の事前同時分布として，ガウス-ウィッシャート分布とよばれる

$$p(\boldsymbol{\mu}, \boldsymbol{\Lambda}) = \mathcal{N}(\boldsymbol{\mu} \,|\, \boldsymbol{\mu}_0, (\beta_0 \boldsymbol{\Lambda})^{-1}) \mathcal{W}(\boldsymbol{\Lambda} \,|\, \mathbf{W}_0, \nu_0) \qquad (2.3.11)$$

を仮定すると，尤度の形からこれが共役事前分布となる．このとき，$\boldsymbol{\mu}$ と $\boldsymbol{\Lambda}$ の事後同時分布もガウス–ウィッシャート分布

$$p(\boldsymbol{\mu}, \boldsymbol{\Lambda} \,|\, \mathbf{X}) = \mathcal{N}(\boldsymbol{\mu} \,|\, \tilde{\boldsymbol{\mu}}, (\beta \boldsymbol{\Lambda})^{-1}) \mathcal{W}(\boldsymbol{\Lambda} \,|\, \mathbf{W}, \nu)$$

となる（演習 2.6）．ただし，

$$\beta = N + \beta_0, \quad \tilde{\boldsymbol{\mu}} = \frac{1}{N + \beta_0} \left(\beta_0 \boldsymbol{\mu}_0 + \sum_{n=1}^{N} \mathbf{x}_n \right),$$

$$\nu = N + \nu_0, \quad \mathbf{W}^{-1} = \mathbf{W}_0^{-1} + \beta_0 \boldsymbol{\mu}_0 \boldsymbol{\mu}_0^{\mathrm{T}} - (N + \beta_0) \tilde{\boldsymbol{\mu}} \tilde{\boldsymbol{\mu}}^{\mathrm{T}} + \sum_{n=1}^{N} \mathbf{x}_n \mathbf{x}_n^{\mathrm{T}}$$

である．

演習問題

演習 2.1（ガウス分布の最尤推定）

(1) 1 次元ガウス分布 $\mathcal{N}(x \,|\, \mu, \sigma^2) = \dfrac{1}{\sqrt{2\pi}\sigma} e^{-\frac{(x-\mu)^2}{2\sigma^2}}$ を分布とする確率変数からデータ $\mathbf{x} = (x_1 \cdots x_N)^{\mathrm{T}}$（データ数 N）が生成されたとする．パラメータ μ と σ^2 の最尤推定量はそれぞれ

$$\mu_{\mathrm{ML}} = \frac{1}{N} \sum_{n=1}^{N} x_n, \quad \sigma_{\mathrm{ML}}^2 = \frac{1}{N} \sum_{n=1}^{N} (x_n - \mu_{\mathrm{ML}})^2$$

となることを示せ．方程式をとくときなどの途中の計算をはぶかないこと．

(2) 多次元ガウス分布 $\mathcal{N}(\mathbf{x} \,|\, \boldsymbol{\mu}, \boldsymbol{\Sigma}) = \dfrac{1}{(2\pi)^{\frac{D}{2}} |\boldsymbol{\Sigma}|^{\frac{1}{2}}} \exp\left(-\frac{1}{2} (\mathbf{x} - \boldsymbol{\mu})^{\mathrm{T}} \boldsymbol{\Sigma}^{-1} (\mathbf{x} - \boldsymbol{\mu}) \right)$ を分布とする確率変数からデータ $\mathbf{X} = (\mathbf{x}_1 \cdots \mathbf{x}_N)^{\mathrm{T}}$（データ数 N）が生成されたとする．パラメータ $\boldsymbol{\mu}$ と $\boldsymbol{\Sigma}$ の最尤推定量がそれぞれ

$$\boldsymbol{\mu}_{\mathrm{ML}} = \frac{1}{N} \sum_{n=1}^{N} \mathbf{x}_n, \quad \boldsymbol{\Sigma}_{\mathrm{ML}} = \frac{1}{N} \sum_{n=1}^{N} (\mathbf{x}_n - \boldsymbol{\mu}_{\mathrm{ML}})(\mathbf{x}_n - \boldsymbol{\mu}_{\mathrm{ML}})^{\mathrm{T}}$$

となることを示せ．方程式をとくときなどの途中の計算をはぶかないこと．

演習 2.2（平均の事後分布）   1 次元ガウス分布 $\mathcal{N}(x \,|\, \mu, \sigma^2) = \dfrac{1}{\sqrt{2\pi}\sigma} \, e^{-\frac{(x-\mu)^2}{2\sigma^2}}$ を分布とする確率変数からデータ $\mathbf{x} = (x_1 \, \cdots \, x_N)^{\mathrm{T}}$（データ数 N）が生成されたとする．パラメータ μ の事前分布を

$$\mathcal{N}(\mu \,|\, \mu_0, \sigma_0^2) = \frac{1}{\sqrt{2\pi}\sigma_0} \exp\left(-\frac{(\mu-\mu_0)^2}{2\sigma_0^2}\right)$$

とすると，平均 μ の事後分布は $\mathcal{N}(\mu \,|\, \hat{\mu}, \hat{\sigma}^2)$ となることを示せ．ここで，

$$\hat{\mu} = \frac{\sigma^2}{N\sigma_0^2 + \sigma^2}\mu_0 + \frac{N\sigma_0^2}{N\sigma_0^2 + \sigma^2}\mu_{\mathrm{ML}},$$

$$\mu_{\mathrm{ML}} = \frac{1}{N}\sum_{n=1}^{N} x_n,$$

$$\frac{1}{\hat{\sigma}^2} = \frac{N}{\sigma^2} + \frac{1}{\sigma_0^2}$$

である．方程式をとくときなどの途中の計算をはぶかないこと．

演習 2.3（精度の事後分布）   平均 μ がわかっている 1 次元ガウス分布 $\mathcal{N}(x \,|\, \mu, \lambda^{-1}) = \dfrac{\lambda^{\frac{1}{2}}}{\sqrt{2\pi}} e^{-\lambda\frac{(x-\mu)^2}{2}}$ を分布とする確率変数のサンプルを，$\mathbf{x} = (x_1 \, \cdots \, x_N)^{\mathrm{T}}$（サンプル数 N）とする．精度パラメータ λ の事前分布をガンマ分布

$$\mathrm{Gam}(\lambda \,|\, a_0, b_0) = \frac{1}{\Gamma(a_0)} b_0^{a_0} \lambda^{a_0-1} e^{-b_0\lambda}$$

とすると，λ の事後分布はガンマ分布

$$\mathrm{Gam}(\lambda \,|\, a_N, b_N) = \frac{1}{\Gamma(a_N)} b_N^{a_N} \lambda^{a_N-1} e^{-b_N\lambda}$$

となることを示せ．ただし，$a_N = a_0 + \dfrac{N}{2}, b_N = b_0 + \dfrac{1}{2}\displaystyle\sum_{n=1}^{N}(x_n - \mu)^2$ である．方程式をとくときなどの途中の計算をはぶかないこと．

演習 2.4（平均と精度の事後分布）   1 次元ガウス分布 $\mathcal{N}(x \,|\, \mu, \lambda^{-1}) = \dfrac{\lambda^{\frac{1}{2}}}{\sqrt{2\pi}} \, e^{-\lambda\frac{(x-\mu)^2}{2}}$ を分布とする確率変数からデータ $\mathbf{x} = (x_1 \, \cdots \, x_N)^{\mathrm{T}}$（データ数 N）が生成されたとする．平均パラメータ μ と精度パラメータ λ の事前同時分布をガウス-ガンマ分布 $p(\mu, \lambda) = \mathcal{N}(\mu \,|\, \mu_0, (\beta_0\lambda)^{-1})\,\mathrm{Gam}(\lambda \,|\, a_0, b_0)$ とすると，μ と λ の事後同時分布は，$p(\mu, \lambda \,|\, \mathbf{x}) = \mathcal{N}(\mu \,|\, \mu_N, (\beta_N\lambda)^{-1})\,\mathrm{Gam}(\lambda \,|\, a_N, b_N)$ となることを示せ．ただし，

$$\beta_N = \beta_0 + N, \quad \mu_N = \frac{1}{\beta_N}\left(\beta_0\mu_0 + \sum_{n=1}^{N} x_n\right),$$

$$a_N = a_0 + \frac{N}{2}, \quad b_N = b_0 + \frac{1}{2}\left(\beta_0\mu_0^2 - \beta_N\mu_N^2 + \sum_{n=1}^{N} x_n^2\right)$$

である．方程式をとくときなどの途中の計算をはぶかないこと．

演習 2.5（多次元ガウス分布の精度に対するベイズ推論）　多次元ガウス分布（D 次元）

$$\mathcal{N}(\mathbf{x} \mid \boldsymbol{\mu}, \boldsymbol{\Lambda}^{-1}) = \frac{|\boldsymbol{\Lambda}|^{1/2}}{(2\pi)^{D/2}} \exp\left\{-\frac{1}{2}(\mathbf{x} - \boldsymbol{\mu})^{\mathrm{T}} \boldsymbol{\Lambda}(\mathbf{x} - \boldsymbol{\mu})\right\}$$

の精度行列 $\boldsymbol{\Lambda}$ の事後分布を求めよ．ただし，データ（データ数 N）を，$\mathbf{X} = (\mathbf{x}_1 \cdots \mathbf{x}_N)^{\mathrm{T}}$, $\mathbf{x}_i = (x_{i1} \cdots x_{iD})^{\mathrm{T}}$, $i = 0, \ldots, N$, とし，平均 $\boldsymbol{\mu}$ はわかっているとする．また，$\boldsymbol{\Lambda}$ の事前分布はウィッシャート分布（共役事前分布）

$$\mathcal{W}(\boldsymbol{\Lambda} \mid \mathbf{W}_0, \nu_0) = B(\mathbf{W}_0, \nu_0)|\boldsymbol{\Lambda}|^{(\nu_0 - D - 1)/2} \exp\left(-\frac{1}{2}\mathrm{Tr}(\mathbf{W}_0^{-1}\boldsymbol{\Lambda})\right),$$

$$B(\mathbf{W}, \nu) = |\mathbf{W}|^{-\nu/2}\left(2^{\nu D/2}\pi^{D(D-1)/4}\prod_{i=1}^{D}\Gamma\left(\frac{\nu + 1 - i}{2}\right)\right)^{-1}$$

とする．なお，行列 $\mathbf{A}$ とベクトル $\mathbf{x}$ について成りたつ関係 $\mathrm{Tr}(\mathbf{x}\mathbf{x}^{\mathrm{T}}\mathbf{A}) = \mathbf{x}^{\mathrm{T}}\mathbf{A}\mathbf{x}$ をもちいるとよい．この関係は，直接計算でたしかめることができる．

演習 2.6（多次元ガウス分布の平均と精度に対するベイズ推論）　多次元ガウス分布（D 次元）

$$\mathcal{N}(\mathbf{x} \mid \boldsymbol{\mu}, \boldsymbol{\Lambda}^{-1}) = \frac{|\boldsymbol{\Lambda}|^{1/2}}{(2\pi)^{D/2}} \exp\left\{-\frac{1}{2}(\mathbf{x} - \boldsymbol{\mu})^{\mathrm{T}} \boldsymbol{\Lambda}(\mathbf{x} - \boldsymbol{\mu})\right\}$$

の平均 $\boldsymbol{\mu}$ と精度 $\boldsymbol{\Lambda}$ の事後同時分布を求めよ．ただし，データ（データ数 N）を，$\mathbf{X} = (\mathbf{x}_1 \cdots \mathbf{x}_N)^{\mathrm{T}}$, $\mathbf{x}_i = (x_{i1} \cdots x_{iD})^{\mathrm{T}}$, $i = 0, \ldots, N$, とし，$\boldsymbol{\mu}$ と $\boldsymbol{\Lambda}$ の事前同時分布 $p(\boldsymbol{\mu}, \boldsymbol{\Lambda})$ は以下のガウス-ウィッシャート分布（共役事前分布）とする．

$$p(\boldsymbol{\mu}, \boldsymbol{\Lambda}) = \mathcal{N}(\boldsymbol{\mu} \mid \boldsymbol{\mu}_0, (\beta_0\boldsymbol{\Lambda})^{-1})\mathcal{W}(\boldsymbol{\Lambda} \mid \mathbf{W}_0, \nu_0),$$

$$\mathcal{W}(\boldsymbol{\Lambda} \mid \mathbf{W}_0, \nu_0) = B(\mathbf{W}_0, \nu_0)|\boldsymbol{\Lambda}|^{(\nu_0 - D - 1)/2} \exp\left(-\frac{1}{2}\mathrm{Tr}(\mathbf{W}_0^{-1}\boldsymbol{\Lambda})\right),$$

$$B(\mathbf{W}, \nu) = |\mathbf{W}|^{-\nu/2}\left(2^{\nu D/2}\pi^{D(D-1)/4}\prod_{i=1}^{D}\Gamma\left(\frac{\nu + 1 - i}{2}\right)\right)^{-1}.$$

また，平均 $\boldsymbol{\mu}$ の事前分布をガウス分布

$$\mathcal{N}(\boldsymbol{\mu} \mid \boldsymbol{\mu}_0, \boldsymbol{\Lambda}_0^{-1}) = \frac{|\boldsymbol{\Lambda}_0|^{1/2}}{(2\pi)^{D/2}} \exp\left\{-\frac{1}{2}(\boldsymbol{\mu} - \boldsymbol{\mu}_0)^{\mathrm{T}} \boldsymbol{\Lambda}_0(\boldsymbol{\mu} - \boldsymbol{\mu}_0)\right\}$$

としたとき，精度行列 $\boldsymbol{\Lambda}$ がわかっているときの多次元ガウス分布（D 次元）

$$\mathcal{N}(\mathbf{x} \mid \boldsymbol{\mu}, \boldsymbol{\Lambda}^{-1}) = \frac{|\boldsymbol{\Lambda}|^{1/2}}{(2\pi)^{D/2}} \exp\left\{-\frac{1}{2}(\mathbf{x} - \boldsymbol{\mu})^{\mathrm{T}} \boldsymbol{\Lambda}(\mathbf{x} - \boldsymbol{\mu})\right\}$$

の平均パラメータ $\boldsymbol{\mu}$ の事後分布は，精度行列が

$$\tilde{\boldsymbol{\Lambda}} = N\boldsymbol{\Lambda} + \boldsymbol{\Lambda}_0 \tag{2.3.8}$$

で，平均が

$$\tilde{\boldsymbol{\mu}} = (N\boldsymbol{\Lambda} + \boldsymbol{\Lambda}_0)^{-1} \left(\boldsymbol{\Lambda}_0 \boldsymbol{\mu}_0 + \boldsymbol{\Lambda} \sum_{n=1}^{N} \mathbf{x}_n \right) \tag{2.3.9}$$

のガウス分布となることをもちいてよい．

第3章 線形回帰

3.1 はじめに

1次元線形回帰モデルは $t = wx + \varepsilon,\ \varepsilon \sim \mathcal{N}(0, \sigma^2)$ で表現された。ただし，σ^2 はパラメータで，ε はノイズを表わす確率変数である。また，x は説明変数（入力），t は目標変数であり，両者ともスカラー値をとる変数である。ところが，たとえば，体重を，身長などほかの量から回帰する場合，身長だけでなく，体脂肪率や足の大きさなど，多次元の量で推定したほうが精度がよくなることが多い。また，線形回帰モデルは，入力に対して線形であるため表現力に欠ける。以下では，まず，1次元線形回帰モデルの拡張を試み，そのあとで，線形回帰のモデルパラメータの最尤推定とベイズ推定について詳述する。さらに，ベイズモデル比較を紹介し，最後に，その応用として，超パラメータの決定法の1つであるモデルエビデンスの最大化と，予測分布を近似するエビデンス近似を紹介する。

3.2 単純線形回帰の拡張

3.2.1 入力の多次元化

まず，入力を多次元量に拡張し，多次元説明変数（入力：D 次元）を $\mathbf{x} = (x_1\ \cdots\ x_D)^{\mathrm{T}}$ としよう。ただし，ここでは目標変数 t は1次元のものをあつかうとする。このとき，多次元線形回帰モデルは

$$t = \mathbf{w}^{\mathrm{T}}\mathbf{x} + \varepsilon, \quad \varepsilon \sim \mathcal{N}(0, \sigma^2)$$

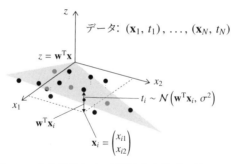

図 3.1 入力が多次元に拡張された線形回帰モデル.

で定義される（図 3.1）. ただし, 重みパラメータ $\mathbf{w}$ も D 次元ベクトルで $\mathbf{w} = (w_1 \ \cdots \ w_D)^{\mathrm{T}}$ である.

3.2.2 基底関数の導入

つぎに, 入力に対して回帰が非線形となるように拡張をおこなおう. そのため, 入力 $\mathbf{x}$ を, 基底関数とよばれる写像 $\boldsymbol{\phi} : \boldsymbol{R}^D \to \boldsymbol{R}^M$ で変換する. 写像 $\boldsymbol{\phi}$ は, M 個の $\boldsymbol{R}^D$ から $\boldsymbol{R}$ への非線形写像の組 $(\phi_0(\mathbf{x}), \phi_1(\mathbf{x}), \cdots, \phi_{M-1}(\mathbf{x}))$ で構成され, 入力ベクトル $\mathbf{x}$ を変換した $\boldsymbol{\phi}(\mathbf{x})$ は M 次元ベクトル

$$\boldsymbol{\phi}(\mathbf{x}) = (\phi_0(\mathbf{x}) \ \ \phi_1(\mathbf{x}) \ \ \cdots \ \ \phi_{M-1}(\mathbf{x}))^{\mathrm{T}}$$

となる. ただし, $\phi_0(\mathbf{x}) = 1$ とする. 基底関数 $\boldsymbol{\phi}(\mathbf{x})$ を導入すると, 線形回帰モデルは

$$t = \mathbf{w}^{\mathrm{T}} \boldsymbol{\phi}(\mathbf{x}) + \varepsilon, \quad \varepsilon \sim \mathcal{N}(0, \sigma^2)$$

と拡張表現される. このモデルは, 入力 $\mathbf{x}$ に関して非線形である.

■ 基底関数の具体例

実際によくもちいられる基底関数をいくつか紹介しよう. まず, $\phi_i(x) = x^i$, $i = 0, \ldots, M$, は**多項式基底関数**とよばれる（図 3.2a）. たとえば, $M = 3$ とすると, 線形回帰モデルは

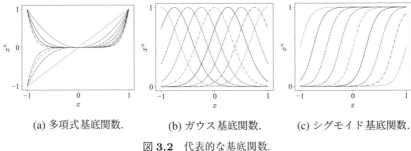

(a) 多項式基底関数.　　(b) ガウス基底関数.　　(c) シグモイド基底関数.

図 **3.2**　代表的な基底関数.

$$t = \mathbf{w}^{\mathrm{T}} \boldsymbol{\phi}(\mathbf{x}) + \varepsilon = w_0 + w_1 x + w_2 x^2 + w_3 x^3 + \varepsilon$$

と，3 次の多項式とノイズ項との和となる.

　また，**ガウス基底関数** $\phi_i(x) = e^{-\frac{(x-\mu_i)^2}{2s^2}}$, $i = 0, \ldots, M$, は最もつかわれる基底関数である（図 3.2b）．この基底関数には，x 軸方向の伸縮をコントロールするパラメータ s がある（このようなパラメータは，一般に，**スケールパラメータ**とよばれる）．この関数は，定数項をのぞけばガウス分布の式と同じであるが，$-\infty$ から ∞ まで積分しても 1 とはならず，分布としての意味はもたない.

　関数 $\phi_i(x) = \sigma\left(\dfrac{x - \mu_i}{s}\right)$, $i = 0, \ldots, M$, は**シグモイド基底関数**とよばれる（図 3.2c）．ただし，$\sigma(x)$ は，ロジスティックシグモイド関数で

$$\sigma(x) \equiv \frac{1}{1 + e^{-x}}$$

で定義される．ロジスティックシグモイド関数については 4.5.1 項で詳述する．この基底関数にもスケールパラメータ s がある.

3.2.3　線形回帰モデル

　あらためて，基底関数 $\boldsymbol{\phi}(\mathbf{x})$ を導入した形の線形回帰モデルは

$$t = \mathbf{w}^{\mathrm{T}} \boldsymbol{\phi}(\mathbf{x}) + \varepsilon, \quad \varepsilon \sim \mathcal{N}(0, \sigma^2) \tag{3.2.1}$$

と表現される．このモデルは，入力 $\mathbf{x}$ に対しては非線形であるが，パラメー

タ **w** に対しては線形である．そのため，この拡張されたモデルも線形回帰モデルとよばれ，通常，線形回帰モデルといえばこのモデルをさす．

さらに，式 (3.2.1) から，目標変数 t の分布は

$$p(t \,|\, \mathbf{x}, \mathbf{w}, \sigma^2) = \mathcal{N}(t \,|\, \mathbf{w}^{\mathrm{T}} \mathbf{x}, \sigma^2) \tag{3.2.2}$$

であることがわかる．

ここであたえた線形回帰モデルは，入力 **x** に対して非線形であり，入力に対して線形のモデルよりも表現力があがっている．また，重みパラメータ **w** に対しては線形なので，あつかいが簡単である．なお，写像 **φ** は，特徴写像とよばれ，写像先の M 次元ベクトル空間を特徴空間という．これについては，4.2 節で詳しく取りあげる．

3.3　最尤推定によるモデルパラメータの推定

3.3.1　線形回帰モデルの最尤推定

■ 尤度

線形回帰モデル

$$t = \mathbf{w}^{\mathrm{T}} \boldsymbol{\phi}(\mathbf{x}) + \varepsilon, \quad \varepsilon \sim \mathcal{N}(0, \sigma^2)$$

に対し，あたえられたデータを $\mathcal{D} = \{(\mathbf{x}_1, t_1), \ldots, (\mathbf{x}_N, t_N)\}$ とする．このデータ集合のうち，入力変数値からなる集合を $\mathbf{X} = \{\mathbf{x}_1, \ldots, \mathbf{x}_N\}$ とし，対応する目標変数値を順にならべたベクトルを $\mathbf{t} = (t_1 \ \cdots \ t_N)^{\mathrm{T}}$ とする．このモデルのもとで，$t_1, \ldots, t_N$ は独立に生成されたと仮定すると，独立同分布にしたがう確率変数

$$\varepsilon_i \sim \mathcal{N}(0, \sigma^2), \quad i = 1, \ldots, N$$

の実現値 $e_i = t_i - \mathbf{w}^{\mathrm{T}} \boldsymbol{\phi}(\mathbf{x}_i)$，$i = 1, \ldots, N$，の同時確率がデータ **t** の生成確率となる．ゆえに，尤度関数は

$$p(\mathbf{t} \,|\, \mathbf{X}, \mathbf{w}, \sigma^2) = \frac{1}{\sqrt{2\pi\sigma^2}} e^{-\frac{(t_1 - \mathbf{w}^{\mathrm{T}}\boldsymbol{\phi}(\mathbf{x}_1))^2}{2\sigma^2}} \times \cdots \times \frac{1}{\sqrt{2\pi\sigma^2}} e^{-\frac{(t_N - \mathbf{w}^{\mathrm{T}}\boldsymbol{\phi}(\mathbf{x}_N))^2}{2\sigma^2}}$$

$$\tag{3.3.1}$$

である．この尤度関数は，$\mathbf{w}$ と σ^2 を独立変数とする関数である．

　ここで，尤度関数の表記についての注意をしておこう．上式 (3.3.1) では，データの目標変数部分 $\mathbf{t}$ の生成確率は，パラメータ $\mathbf{w}$ とともに，データの入力部分 $\mathbf{X}$ と分散 σ^2 に依存しており，それらで条件づけられていると考えて $p(\mathbf{t}\,|\,\mathbf{X}, \mathbf{w}, \sigma^2)$ と表記している．この表記 $p(\mathbf{t}\,|\,\mathbf{X}, \mathbf{w}, \sigma^2)$ には，ここであつかう尤度が，$\mathbf{w}$ と σ^2 の 2 つを独立変数とする関数であることが明示されていない．それで，尤度関数を，たとえば $l(\mathbf{w}, \sigma^2)$ のように関数表記することがある．しかし，$l(\mathbf{w}, \sigma^2)$ では，尤度関数がもつ，$\mathbf{w}$ と σ^2 のほかに $\mathbf{X}$ で条件づけられた $\mathbf{t}$ の確率であることの意味あいが伝わらない．そこで，確率の意味あいをもたせつつ独立変数を明示した形で，$p(\mathbf{t}\,|\,\mathbf{w}, \sigma^2)$ と表記することがある（$p(\mathbf{t}\,|\,\mathbf{X}, \mathbf{w}, \sigma^2)$ の条件部から，独立変数ではない $\mathbf{X}$ を落としている）．この尤度表記は簡潔なうえ，最尤推定の議論では，表記 $p(\mathbf{t}\,|\,\mathbf{w}, \sigma^2)$ をもちいることは理にかなっている．というのは，最尤推定では，尤度がデータの生成確率を意味し，データの生成確率を最大にするパラメータ値が最もたしからしいと考えるからである．この表記で尤度 (3.3.1) をかくと

$$p(\mathbf{t}\,|\,\mathbf{w}, \sigma^2) = \frac{1}{\sqrt{2\pi\sigma^2}} e^{-\frac{(t_1 - \mathbf{w}^\mathrm{T}\boldsymbol{\phi}(\mathbf{x}_1))^2}{2\sigma^2}} \times \cdots \times \frac{1}{\sqrt{2\pi\sigma^2}} e^{-\frac{(t_N - \mathbf{w}^\mathrm{T}\boldsymbol{\phi}(\mathbf{x}_N))^2}{2\sigma^2}}.$$

ただし，この表記においては，$\mathbf{X}$ でも条件づけられた確率の意味をもつことを忘れてはならない．以下，最尤推定をあつかう本節ではこの表記にしたがう．

　さて，上式の両辺の対数をとると対数尤度

$$\ln p(\mathbf{t}\,|\,\mathbf{w}, \sigma^2) = -\frac{1}{2\sigma^2} \sum_{n=1}^{N} (t_n - \mathbf{w}^\mathrm{T}\boldsymbol{\phi}(\mathbf{x}_n))^2 - \frac{N}{2} \ln \sigma^2 + \mathrm{const.} \quad (3.3.2)$$

を得る．対数尤度は，やはり，モデルのパラメータ（上の場合は $\mathbf{w}$ と σ^2）の関数である．

■ 最尤推定解

　対数尤度 (3.3.2) を最大にするパラメータを求めよう．最初の本格的な計算なので少々ていねいに解説する．まず，$y_n = t_n - \mathbf{w}^\mathrm{T}\boldsymbol{\phi}(\mathbf{x}_n)$ とおき，さら

に，t_n と $\boldsymbol{\phi}(\mathbf{x}_n)$ が定数であることに注意して，第 II 部末付録 B にあるベクトル $\mathbf{x}$ の 1 次形式の微分公式 B1' を参照すると

$$\frac{d}{d\mathbf{w}}(t_n - \mathbf{w}^{\mathrm{T}}\boldsymbol{\phi}(\mathbf{x}_n))^2 = \frac{\partial y_n^2}{\partial y_n}\frac{\partial y_n}{\partial \mathbf{w}} = 2y_n\frac{\partial}{\partial \mathbf{w}}(t_n - \mathbf{w}^{\mathrm{T}}\boldsymbol{\phi}(\mathbf{x}_n))$$
$$= -2(t_n - \mathbf{w}^{\mathrm{T}}\boldsymbol{\phi}(\mathbf{x}_n))\boldsymbol{\phi}(\mathbf{x}_n).$$

よって，対数尤度 (3.3.2) を $\mathbf{w}$ で微分して $\mathbf{0}$ とおいたものは

$$\frac{1}{\sigma^2}\sum_{n=1}^{N}(t_n - \mathbf{w}^{\mathrm{T}}\boldsymbol{\phi}(\mathbf{x}_n))\boldsymbol{\phi}(\mathbf{x}_n) = \mathbf{0}.$$

左辺分母の σ^2 を両辺にかけ，$\mathbf{w}^{\mathrm{T}}\boldsymbol{\phi}(\mathbf{x}_n) = \boldsymbol{\phi}(\mathbf{x}_n)^{\mathrm{T}}\mathbf{w}$ はスカラーであることに注意して整理すると

$$\sum_{n=1}^{N}t_n\boldsymbol{\phi}(\mathbf{x}_n) = \sum_{n=1}^{N}\boldsymbol{\phi}(\mathbf{x}_n)\boldsymbol{\phi}(\mathbf{x}_n)^{\mathrm{T}}\mathbf{w} = \left(\sum_{n=1}^{N}\boldsymbol{\phi}(\mathbf{x}_n)\boldsymbol{\phi}(\mathbf{x}_n)^{\mathrm{T}}\right)\mathbf{w}. \quad (3.3.3)$$

ここで $N \times M$ の計画行列 $\boldsymbol{\Phi}$ を導入する．

$$\boldsymbol{\Phi} \equiv \begin{pmatrix} \boldsymbol{\phi}(\mathbf{x}_1)^{\mathrm{T}} \\ \vdots \\ \boldsymbol{\phi}(\mathbf{x}_N)^{\mathrm{T}} \end{pmatrix} = \begin{pmatrix} \phi_0(\mathbf{x}_1) & \cdots & \phi_{M-1}(\mathbf{x}_1) \\ \vdots & \ddots & \vdots \\ \phi_0(\mathbf{x}_N) & \cdots & \phi_{M-1}(\mathbf{x}_N) \end{pmatrix}.$$

すると，式 (3.3.3) の最右辺にある和は

$$\sum_{n=1}^{N}\boldsymbol{\phi}(\mathbf{x}_n)\boldsymbol{\phi}(\mathbf{x}_n)^{\mathrm{T}} = \boldsymbol{\Phi}^{\mathrm{T}}\boldsymbol{\Phi}$$

とかくことができる．これは，計画行列と行列の積の定義から直接たしかめることができる（第 V 部の 14.3 節参照）．同様に，$\mathbf{t} = \begin{pmatrix} t_1 & \cdots & t_N \end{pmatrix}^{\mathrm{T}}$ をもちいると，式 (3.3.3) の最左辺は

$$\sum_{n=1}^{N}t_n\boldsymbol{\phi}(\mathbf{x}_n) = \boldsymbol{\Phi}^{\mathrm{T}}\mathbf{t}$$

とかける. よって式 (3.3.3) は

$$\mathbf{\Phi}^{\mathrm{T}}\mathbf{\Phi}\mathbf{w} = \mathbf{\Phi}^{\mathrm{T}}\mathbf{t}.$$

一般に計画行列 $\mathbf{\Phi}$ は正方行列ではないので逆行列をもたない. しかし, $\mathbf{\Phi}^{\mathrm{T}}\mathbf{\Phi}$ は正方行列であり逆行列をもちうる. そこで, 逆行列の存在を仮定して $\mathbf{w}$ についてとくと, 最尤推定解 (最尤解)

$$\mathbf{w}_{\mathrm{ML}} = (\mathbf{\Phi}^{\mathrm{T}}\mathbf{\Phi})^{-1}\mathbf{\Phi}^{\mathrm{T}}\mathbf{t}$$

を得る. 以上のように, σ の値に無関係に $\mathbf{w}$ の最尤推定解は定まる. なお, 計画行列を導入することによって, N 個 (データ数) の項の和が, 行列の積で簡潔に表現されることに注意してほしい.

つぎに, 対数尤度 (3.3.2) を σ^2 で微分して 0 とおき, さらに $\mathbf{w}$ の最尤解をもちいると, σ^2 の最尤推定解が

$$\sigma_{\mathrm{ML}}^2 = \frac{1}{N}\sum_{n=1}^{N}(t_n - \mathbf{w}_{\mathrm{ML}}^{\mathrm{T}}\boldsymbol{\phi}(\mathbf{x}_n))^2$$

と求まる (演習 3.1).

3.3.2 ムーア・ペンローズの一般逆行列

計画行列を $\mathbf{\Phi}$ とすると, 線形回帰モデルのモデルパラメータ $\mathbf{w}$ の最尤解は

$$\mathbf{w}_{\mathrm{ML}} = (\mathbf{\Phi}^{\mathrm{T}}\mathbf{\Phi})^{-1}\mathbf{\Phi}^{\mathrm{T}}\mathbf{t}$$

であたえられた. いま, $\mathbf{A}$ は $m \times n$ の実定数行列としよう. 簡単のため, $m > n$ で $\mathbf{A}$ のランクは n であるとする. このとき, $\mathbf{A}^{\dagger} \equiv (\mathbf{A}^{\mathrm{T}}\mathbf{A})^{-1}\mathbf{A}^{\mathrm{T}}$ を $\mathbf{A}$ のムーア・ペンローズの一般逆行列という.

n 次元定数ベクトル $\mathbf{b}$ に対し, 未知数を $\mathbf{x}$ (n 次元ベクトル) とする方程式 $\mathbf{b} = \mathbf{A}\mathbf{x}$ を考えると, 未知数 ($\mathbf{x}$ の各成分) が方程式よりも多い. そのため, 一般にはこの方程式の解は一意に定まらない. そこで, $\mathbf{b}$ と $\mathbf{A}\mathbf{x}$ ができるだけ近くになるように $\mathbf{b} - \mathbf{A}\mathbf{x}$ の l^2 ノルム, すなわち, $\sqrt{(\mathbf{b} - \mathbf{A}\mathbf{x})^{\mathrm{T}}(\mathbf{b} - \mathbf{A}\mathbf{x})}$ を考え, これを最小にする解 (最小 2 乗解) を求めると, それは

$$\mathbf{x} = (\mathbf{A}^{\mathrm{T}}\mathbf{A})^{-1}\mathbf{A}^{\mathrm{T}}\mathbf{b} = \mathbf{A}^{\dagger}\mathbf{b}$$

となる．計画行列 $\mathbf{\Phi}$ に対し，$\mathbf{w}$ の最尤解 $\mathbf{\Phi}^{\dagger}\mathbf{t}$ は，$\mathbf{w}$ を未知数とした方程式 $\mathbf{t}$ = $\mathbf{\Phi}\mathbf{w}$ の最小2乗解となっている．なお，$(\mathbf{A}^{\mathrm{T}}\mathbf{A})\mathbf{x} = \mathbf{A}^{\mathrm{T}}\mathbf{b}$ を最小2乗問題の正規方程式という．

3.3.3　バイアスパラメータの役割

バイアスパラメータ w_0 がはたす役割について考察しよう．バイアスパラメータ w_0 を，$\mathbf{w}$ のほかの成分と切りわけて，対数尤度関数 (3.3.2) の右辺第1項をかくと

$$-\frac{1}{2\sigma^2}\sum_{n=1}^{N}\left(t_n - w_0 - \sum_{j=1}^{M-1}w_j\phi_j(\mathbf{x}_n)\right)^2.$$

ここで，$\phi_j(\mathbf{x}_n)$ は $\boldsymbol{\phi}(\mathbf{x}_n)$ の第 j 成分である．この式を w_0 で微分して0とおいて，w_0 についてとくと

$$w_0 = \bar{t} - \sum_{j=1}^{M-1}w_j\overline{\phi}_j$$

を得る．ただし，

$$\bar{t} = \frac{1}{N}\sum_{n=1}^{N}t_n, \qquad \overline{\phi}_j = \frac{1}{N}\sum_{n=1}^{N}\phi_j(\mathbf{x}_n)$$

とおいた．バイアスパラメータ w_0 は，目標値のデータ平均と，基底関数値の平均の重みつき和との差をうめる役割をもっていることがわかる．

3.3.4　最尤推定解をもちいた予測

期待損失

$$\mathbb{E}[L] = \iint\{y(\mathbf{x}) - t\}^2 p(\mathbf{x}, t)\,d\mathbf{x}dt$$

を最小にする予測値は

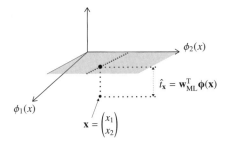

図 **3.3** 最尤推定解をもちいた回帰による予測値.

$$\hat{y}(\mathbf{x}) = \int t\, p(t \,|\, \mathbf{x})\, dt = \mathbb{E}_t[t \,|\, \mathbf{x}]$$

であることは第 I 部の 1.6 節で紹介した.

　最尤推定によりモデルパラメータを決めた場合，新たな入力 $\mathbf{x}$ に対する t の予測値 $\hat{t}_{\mathbf{x}}$ は，モデルのもとで期待損失を最小とする意味で

$$\hat{t}_{\mathbf{x}} = \mathbf{w}_{\mathrm{ML}}^{\mathrm{T}} \boldsymbol{\phi}(\mathbf{x})$$

であたえられる（図 3.3）．これは以下の理由による．すなわち，まず，最尤推定解をもちいたモデルは

$$t = \mathbf{w}_{\mathrm{ML}}^{\mathrm{T}} \boldsymbol{\phi}(\mathbf{x}) + \varepsilon, \ \ \varepsilon \sim \mathcal{N}(0, \sigma_{\mathrm{ML}}^2).$$

このモデルのもとで t の事後確率（$\mathbf{x}$ で条件づけた t の分布）は

$$p(t \,|\, \mathbf{x}) = \mathcal{N}(t \,|\, \mathbf{w}_{\mathrm{ML}}^{\mathrm{T}} \boldsymbol{\phi}(\mathbf{x}), \sigma_{\mathrm{ML}}^2).$$

よって期待損失最小の解は

$$\hat{t}_{\mathbf{x}} = \int t\, p(t \,|\, \mathbf{x})\, dt = \mathbf{w}_{\mathrm{ML}}^{\mathrm{T}} \boldsymbol{\phi}(\mathbf{x}).$$

3.4　ベイズ統計による線形回帰

3.4.1　ベイズ線形回帰

　最尤推定は，データが少ないと過学習を起こす．また，モデル選択につかえ

ない．たとえば，多項式モデルにおける次数の決定では，次数が高いモデルほど尤度が大きくなるため，尤度が最大となるモデルを選択できない．最尤推定の枠組みでモデル選択をおこなうには，モデル選択のためのデータ（確認データ）を学習データと切りわけてとっておく必要がある．多項式モデルでいえば，次数0次から適当な大きさの次数まで，それぞれ学習データでパラメータを学習し，確認データで性能比較をおこなって最も精度が高いモデルを選ぶ．時間もかかる上，学習につかえるデータが減る．それに対し，ベイズ統計の枠組みで考えれば，3.5節でのべるように，少数のデータでも過学習が起きにくく，また，モデル選択も学習データをつかっておこなうことができる．

そこで，線形回帰モデル

$$t = \mathbf{w}^{\mathrm{T}} \boldsymbol{\phi}(\mathbf{x}) + \varepsilon, \quad \varepsilon \sim \mathcal{N}(0, \beta^{-1})$$

をベイズ統計的にあつかおう．ただし，$\mathbf{w}$ の次元を M とし，あとの議論の都合上，分散 σ^2 ではなく，精度 $\beta = \dfrac{1}{\sigma^2}$ をもちいる．また，精度 β は既知定数とする．

あたえられたデータを $\mathcal{D} = \{(\mathbf{x}_1, t_1), \ldots, (\mathbf{x}_N, t_N)\}$ とし，このデータ集合のうち，入力変数値からなる集合を $\mathbf{X} = \{\mathbf{x}_1, \ldots, \mathbf{x}_N\}$ とし，対応する目標変数値を順にならべたベクトルを $\mathbf{t} = (t_1 \ \cdots \ t_N)^{\mathrm{T}}$ とする．ベイズ統計では，パラメータを確率変数とみなして，その事後分布 $p(\mathbf{w} \,|\, \mathbf{t}, \mathbf{X}, \beta)$ を求め，それをつかって予測分布を導出する．より具体的には，パラメータ $\mathbf{w}$ の事後分布は，ベイズの定理

$$p(\mathbf{w} \,|\, \mathbf{t}) = \frac{p(\mathbf{t} \,|\, \mathbf{w}) \cdot p(\mathbf{w})}{p(\mathbf{t})} \propto p(\mathbf{t} \,|\, \mathbf{w}) \cdot p(\mathbf{w})$$

を利用して，事前分布 $p(\mathbf{w})$ と尤度 $p(\mathbf{t} \,|\, \mathbf{w})$ から計算する．ただし，上式では，見とおしをよくするため $\mathbf{X}$ と β を省略している．

一般に，正則化定数 $p(\mathbf{t})$ を解析的に求めることは困難である．そのため，事後確率も解析的に求めることができない．しかし，事前分布として共役事前分布を仮定すれば，正則化定数 $p(\mathbf{t})$ の計算が不要となる．以下では，共役事前分布を仮定し，事後分布を求め，さらに予測分布を導こう．

■ 尤度

データは独立同分布から生成されたと仮定すると，3.3 節で示したように，尤度関数は

$$p(\mathbf{t} \mid \mathbf{X}, \mathbf{w}, \beta) = \sqrt{\frac{\beta}{2\pi}} e^{-\frac{\beta(t_1 - \mathbf{w}^{\mathrm{T}}\boldsymbol{\phi}(\mathbf{x}_1))^2}{2}} \times \cdots \times \sqrt{\frac{\beta}{2\pi}} e^{-\frac{\beta(t_N - \mathbf{w}^{\mathrm{T}}\boldsymbol{\phi}(\mathbf{x}_N))^2}{2}} \tag{3.4.1}$$

である．ただし，最尤推定の議論とは異なり，尤度の独立変数を明示することはそれほど重要ではなく，確率表記の条件部のすべてを記述したほうが正確になるので，この表記としている．この式 (3.4.1) は，計画行列 $\boldsymbol{\Phi}$ と $\mathbf{t}$ をもちいて

$$p(\mathbf{t} \mid \mathbf{X}, \mathbf{w}, \beta) = \left(\frac{\beta}{2\pi}\right)^{\frac{N}{2}} \exp\left(-\frac{\beta}{2}\|\mathbf{t} - \boldsymbol{\Phi}\mathbf{w}\|^2\right) \tag{3.4.2}$$

と簡潔に書きなおすことができる．これは，

$$\|\mathbf{t} - \boldsymbol{\Phi}\mathbf{w}\|^2 = (\mathbf{t} - \boldsymbol{\Phi}\mathbf{w})^{\mathrm{T}}(\mathbf{t} - \boldsymbol{\Phi}\mathbf{w}) = \mathbf{t}^{\mathrm{T}}\mathbf{t} - 2\mathbf{w}^{\mathrm{T}}\boldsymbol{\Phi}\mathbf{t} + (\boldsymbol{\Phi}\mathbf{w})^{\mathrm{T}}\boldsymbol{\Phi}\mathbf{w}$$

$$= \mathbf{t}^{\mathrm{T}}\mathbf{t} - 2\mathbf{w}^{\mathrm{T}}\boldsymbol{\Phi}\mathbf{t} + \mathbf{w}^{\mathrm{T}}\boldsymbol{\Phi}^{\mathrm{T}}\boldsymbol{\Phi}\mathbf{w}$$

$$= \sum_{n=1}^{N} t_n^2 - 2\sum_{n=1}^{N} \mathbf{w}^{\mathrm{T}}\boldsymbol{\phi}(\mathbf{x}_n)t_n + \sum_{n=1}^{N} \mathbf{w}^{\mathrm{T}}\boldsymbol{\phi}(\mathbf{x}_n)\boldsymbol{\phi}(\mathbf{x}_n)^{\mathrm{T}}\mathbf{w}$$

$$= \sum_{n=1}^{N} t_n^2 - 2\sum_{n=1}^{N} \mathbf{w}^{\mathrm{T}}\boldsymbol{\phi}(\mathbf{x}_n)t_n + \sum_{n=1}^{N} (\mathbf{w}^{\mathrm{T}}\boldsymbol{\phi}(\mathbf{x}_n))^2$$

からわかる（第 V 部の 14.3 節参照）．

■ 共役事前分布

精度 β は既知定数と仮定し，また，尤度の指数の肩は $\mathbf{w}$ の 2 次式であるから，$\mathbf{w}$ の共役事前分布はガウス分布

$$p(\mathbf{w} \mid \boldsymbol{\theta}) = \mathcal{N}(\mathbf{w} \mid \mathbf{m}_0, \mathbf{S}_0) \tag{3.4.3}$$

$$= \frac{1}{(2\pi)^{\frac{M}{2}} |\mathbf{S}_0|} \exp\left(-\frac{(\mathbf{w} - \mathbf{m}_0)^{\mathrm{T}} \mathbf{S}_0^{-1} (\mathbf{w} - \mathbf{m}_0)}{2}\right) \tag{3.4.4}$$

である．ただし，$\boldsymbol{\theta} = \{\mathbf{m}_0, \mathbf{S}_0\}$ は超パラメータである．以下では，簡単のた

め $\mathbf{m}_0 = \mathbf{0}$, $\mathbf{S}_0 = \alpha^{-1}\mathbf{I}$ とおき，共役事前分布として，α を超パラメータとした

$$p(\mathbf{w}\,|\,\alpha) = \mathcal{N}(\mathbf{w}\,|\,\mathbf{0},\,\alpha^{-1}\mathbf{I}) = \frac{\alpha^M}{(2\pi)^{\frac{M}{2}}}\exp\left(-\frac{\alpha\mathbf{w}^{\mathrm{T}}\mathbf{w}}{2}\right) \tag{3.4.5}$$

を仮定する．

■ 事後分布

パラメータ $\mathbf{w}$ を共役事前分布であるガウス分布と仮定したので，$\mathbf{w}$ の事後分布も当然ガウス分布となる．2.3.6 項でおこなった計算と同様の計算により，それは，

$$\begin{aligned}
p(\mathbf{w}\,|\,\mathbf{t},\,\mathbf{X},\,\alpha,\,\beta) &= \mathcal{N}(\mathbf{w}\,|\,\mathbf{m}_N,\,\mathbf{S}_N) \\
&= \frac{1}{(2\pi)^{\frac{M}{2}}|\mathbf{S}_N|}\exp\left(-\frac{(\mathbf{w}-\mathbf{m}_N)^{\mathrm{T}}\mathbf{S}_N^{-1}(\mathbf{w}-\mathbf{m}_N)}{2}\right)
\end{aligned}$$

$$\tag{3.4.6}$$

となる．ただし，

$$\mathbf{m}_N = \beta\mathbf{S}_N\boldsymbol{\Phi}^{\mathrm{T}}\mathbf{t},\quad \mathbf{S}_N^{-1} = \alpha\mathbf{I} + \beta\boldsymbol{\Phi}^{\mathrm{T}}\boldsymbol{\Phi},$$

$$\mathbf{t} = \begin{pmatrix} t_1 \\ \vdots \\ t_N \end{pmatrix},\quad \boldsymbol{\Phi} = \begin{pmatrix} \boldsymbol{\phi}(\mathbf{x}_1)^{\mathrm{T}} \\ \vdots \\ \boldsymbol{\phi}(\mathbf{x}_N)^{\mathrm{T}} \end{pmatrix} = \begin{pmatrix} \phi_0(\mathbf{x}_1) & \cdots & \phi_{M-1}(\mathbf{x}_1) \\ \vdots & \ddots & \vdots \\ \phi_0(\mathbf{x}_N) & \cdots & \phi_{M-1}(\mathbf{x}_N) \end{pmatrix}$$

である（演習 3.2）．

■ $\mathbf{w}$ と β が未知の場合

これまでの議論では，β は既知と仮定した．パラメータ $\mathbf{w}$ と β の両方が未知の場合には，2.3.5 項で示したのと同様に，共役事前分布 $p(\mathbf{w},\,\beta)$ はガウス-ガンマ分布

$$p(\mathbf{w},\,\beta) = \mathcal{N}(\mathbf{w}\,|\,\mathbf{m}_0,\,\beta^{-1}\mathbf{S}_0)\,\mathrm{Gam}(\beta\,|\,a_0,\,b_0)$$

である．この場合，事後分布もガウス-ガンマ分布

$$p(\mathbf{w}, \beta \,|\, \mathbf{t}) = \mathcal{N}(\mathbf{w} \,|\, \mathbf{m}_N, \beta^{-1}\mathbf{S}_N) \,\mathrm{Gam}(\beta \,|\, a_N, b_N)$$

となる（演習 3.3）．ただし，

$$\mathbf{m}_N = \mathbf{S}_N \left(\mathbf{S}_0^{-1}\mathbf{m}_0 + \mathbf{\Phi}^\mathrm{T}\mathbf{t} \right), \quad \mathbf{S}_N = \left(\mathbf{S}_0^{-1} + \mathbf{\Phi}^\mathrm{T}\mathbf{\Phi} \right)^{-1},$$

$$a_N = a_0 + \frac{N}{2}, \quad b_N = b_0 + \frac{1}{2}(\mathbf{m}_0^\mathrm{T}\mathbf{S}_0^{-1}\mathbf{m}_0 - \mathbf{m}_N^\mathrm{T}\mathbf{S}_N^{-1}\mathbf{m}_N) + \frac{1}{2}\sum_{n=1}^{N} t_n^2.$$

例：ベイズ線形回帰

真の関数を $f(x) = -0.6x + 0.2$ とする．それに対し，線形回帰モデル $t = w_0 + w_1 x + \varepsilon$, $\varepsilon \sim \mathcal{N}(0, \beta^{-1})$, $\beta = 25.0$ $(\sigma = 0.2)$ を仮定し，モデルパラメータ w_0, w_1 の事後分布を求める．データは以下のように人工的に生成する．まず，入力 x_n を，$[-1, 1]$ 上の一様分布から生成する．すなわち，$x_n \sim U(x\,|-1, 1)$. 生成された x_n をつかい，$t_n = f(x_n) + \varepsilon_n$, $\varepsilon \sim \mathcal{N}(0, \beta^{-1})$, $\beta = 25.0$ $(\sigma = 0.2)$ にしたがって t_n を生成する．

図 3.4 に，学習がすすむにつれて，尤度と事後分布がどのように変化するかを示す．パラメータ $\mathbf{w} = (w_0\ w_1)^\mathrm{T}$ の事前分布として，平均 $\mathbf{0}$ で，共分散行列は単位行列のガウス分布を仮定した（図 3.4c の一番左）．図 3.4a には観測値が黒丸で示されている．図 3.4b は，w_0, w_1 の関数としての尤度を，図 3.4c は $(w_0\ w_1)^\mathrm{T}$ の事後分布を，図 3.4d は，事後分布からサンプリングされた $(w_0\ w_1)^\mathrm{T}$ に対する 7 つの回帰関数を示す．尤度と事後分布の図中の ＋ 印は $(w_0\ w_1)^\mathrm{T}$ の真値である．

図 3.4 の a から d まで，それぞれ，一番左の図はデータがないとき，左から 2 番めは観測値が 1 つのとき，左から 3 番めは観測値が 2 つのとき，右はしは観測値が 25 個のときに対応している．たとえば，図 3.4b の左から 3 番めは，図 3.4a の左から 3 番めに示されている 2 つの観測値に対する尤度関数 $\sqrt{\frac{\beta}{2\pi}}e^{-\frac{\beta(t_1-w_0-w_1 x_2)^2}{2}} \times \sqrt{\frac{\beta}{2\pi}}e^{-\frac{\beta(t_2-w_0-w_1 x_2)^2}{2}}$ の等高線を表わしており，また，図 3.4c の左から 3 番めは，同じ 2 つの観測値に対する $(w_0\ w_1)^\mathrm{T}$ の事後分布である．

観測値が増えるにしたがって，事後分布が集中する様子がよく現われてい

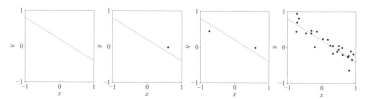

(a) 観測値．観測値を黒丸で示した．点線は真の回帰関数．一番左の図は
データがないことを表わす，左から 2 番めは観測値が 1 つ，左から 3 番めは
観測値が 2 つ，右はしは 25 個の観測値がある．

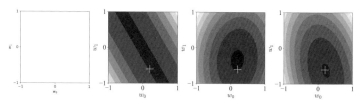

(b) a のそれぞれの図に示された観測値に対する尤度関数の等高線．黒いほ
ど値が大きいことを示す．＋印は $(w_0\ w_1)^{\mathrm{T}}$ の真値．

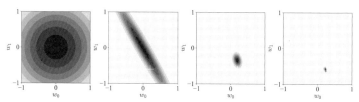

(c) a の図に示された観測値に対する $(w_0\ w_1)^{\mathrm{T}}$ の事後分布の等高線．ただし，
左はしは事前分布である．黒いほど値が大きい．＋印は $(w_0\ w_1)^{\mathrm{T}}$ の真値．

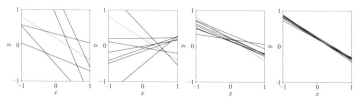

(d) c のそれぞれの図の事後分布にしたがってランダムに選んだ 7 つの
$(w_0\ w_1)^{\mathrm{T}}$ に対応する直線．

図 **3.4**　ベイズ線形回帰の例．それぞれ，一番左の図はデータがないときの，左から 2
番めは観測値が 1 つのときの，左から 3 番めは観測値が 2 つのときの，右はしは観測
値が 25 個のときの，(a) 観測値，(b) 尤度，(c) 事後分布，(d) 事後分布からサンプリ
ングされた $(w_0\ w_1)^{\mathrm{T}}$ に対する回帰関数，を示す．

る．また，観測値が多くなるにしたがって，事後分布からランダムに選ばれた
回帰関数も真の直線に近いものが多くなっている．とりわけ，直線は，その上
の2点で定まるので，観測値が2つのときに対する $\mathbf{w}$ の事後分布，図 3.4c の
左から3番め，は真値のまわりにかなり集中している．さらに，観測値が25
個得られたときの事後分布は，ほぼ真値に集中しており，事後分布からランダ
ムに選ばれた直線もすべて真の直線に近い．

3.4.2　ベイズ予測分布

新たな入力 $\mathbf{x}$ に対する予測分布を考える．やはり，精度 β は既知の定数と
する．あたえられたデータ $\mathcal{D} = \{(\mathbf{x}_1, t_1), \ldots, (\mathbf{x}_N, t_N)\}$ に対し，これまで
のように $\mathbf{X} = \{\mathbf{x}_1, \ldots, \mathbf{x}_N\}$ とし，$\mathbf{t} = (t_1 \cdots t_N)^{\mathrm{T}}$ とする．

ベイズ統計では，予測分布を求めるのに，パラメータで条件づけられた目標
変数の分布に対し，パラメータの事後分布に関して期待値をとるのが常套手段
である．それにしたがい，線形回帰モデルにおける目標変数の分布 $p(t\,|\,\mathbf{x}, \mathbf{w}, \beta)$ に対し，パラメータの事後分布 $p(\mathbf{w}\,|\,\mathbf{t}, \mathbf{X}, \alpha, \beta)$ に関する期待値を計算す
ると，式 (3.2.2) と (3.4.6) から

$$
\begin{aligned}
p(t\,|\,\mathbf{x}, \mathbf{t}, \mathbf{X}, \alpha, \beta) &= \int p(t, \mathbf{w}\,|\,\mathbf{t}, \mathbf{X}, \alpha, \beta)\,d\mathbf{w} \\
&= \int p(t\,|\,\mathbf{x}, \mathbf{w}, \beta)\,p(\mathbf{w}\,|\,\mathbf{t}, \mathbf{X}, \alpha, \beta)\,d\mathbf{w} \\
&= \mathcal{N}(t\,|\,\mathbf{m}_N^{\mathrm{T}}\boldsymbol{\phi}(\mathbf{x}), \sigma_N^2(\mathbf{x}))
\end{aligned}
\tag{3.4.7}
$$

となる（演習 3.4）．ただし，$\mathbf{S}_N^{-1} = \alpha\mathbf{I} + \beta\boldsymbol{\Phi}^{\mathrm{T}}\boldsymbol{\Phi}$ として，

$$
\mathbf{m}_N = \beta\mathbf{S}_N\boldsymbol{\Phi}^{\mathrm{T}}\mathbf{t},
$$

$$
\sigma_N^2(\mathbf{x}) = \frac{1}{\beta} + \boldsymbol{\phi}(\mathbf{x})^{\mathrm{T}}\mathbf{S}_N\boldsymbol{\phi}(\mathbf{x})
$$

である．上の積分計算には，第2章（あるいは，第V部の13.5節）の「分割
多次元ガウス分布：ベイズの定理」の公式をつかえばよい．

式 (3.4.7) では，最初の積分の被積分関数 $p(t, \mathbf{w}\,|\,\mathbf{t}, \mathbf{X}, \alpha, \beta)$ が，2番めの
積分の被積分関数 $p(t\,|\,\mathbf{x}, \mathbf{w}, \beta) \cdot p(\mathbf{w}\,|\,\mathbf{t}, \mathbf{X}, \alpha, \beta)$ と等しいことをもちいてい
る．ベイズ推論では（線形回帰モデル以外でも），予測分布の計算などで，こ

こで示したような確率計算をすることが多い．そこで，これを少し詳しく解説しよう．

確率変数 $\mathbf{z}$ で条件づけられた2つの分布 $p(\mathbf{x} \mid \mathbf{y}, \mathbf{z})$ と $p(\mathbf{y} \mid \mathbf{z})$ を考えよう．それらに対し，条件つき確率の定義

$$p(\mathbf{x}, \mathbf{y} \mid \mathbf{z}) = p(\mathbf{x} \mid \mathbf{y}, \mathbf{z})p(\mathbf{y} \mid \mathbf{z})$$

は成りたつ．ところが，$p(\mathbf{x} \mid \mathbf{y}, \mathbf{z})$ と $p(\mathbf{y})$ に対しては，一般には，

$$p(\mathbf{x}, \mathbf{y} \mid \mathbf{z}) \neq p(\mathbf{x} \mid \mathbf{y}, \mathbf{z})p(\mathbf{y})$$

である．右辺の $p(\mathbf{x} \mid \mathbf{y}, \mathbf{z})$ は $\mathbf{z}$ で条件づけられているのに対し，$p(\mathbf{y})$ にはその条件づけがないからである．式 (3.4.7) の2番めの等式はこの事実に反しているようにみえる．しかし，実際にはこの等式は成立する．以下でそれを示そう．

まず，線形回帰モデル

$$t = \mathbf{w}^{\mathrm{T}}\boldsymbol{\phi}(\mathbf{x}) + \varepsilon, \quad \varepsilon \sim \mathcal{N}(0, \beta^{-1})$$

を仮定しているので，$\mathbf{w}$ と β が決まっていれば，$\mathbf{t}, \mathbf{X}, \alpha$ とは無関係に，入力 $\mathbf{x}$ に対する t の分布が定まる．つまり，$\mathbf{t}, \mathbf{X}, \alpha$ に無関係なので

$$p(t \mid \mathbf{x}, \mathbf{w}, \beta) = p(t \mid \mathbf{x}, \mathbf{t}, \mathbf{X}, \alpha, \mathbf{w}, \beta)$$

が成りたつ[1]．同様に，$p(\mathbf{w} \mid \mathbf{t}, \mathbf{X}, \alpha, \beta)$ は，データとモデルから定まる $\mathbf{w}$ の事後確率であるから，新たな入力 $\mathbf{x}$ に無関係である．よって

$$p(\mathbf{w} \mid \mathbf{t}, \mathbf{X}, \alpha, \beta) = p(\mathbf{w} \mid \mathbf{x}, \mathbf{t}, \mathbf{X}, \alpha, \beta)$$

である．このように，$p(t \mid \mathbf{x}, \mathbf{w}, \beta)$ と $p(\mathbf{w} \mid \mathbf{t}, \mathbf{X}, \alpha, \beta)$ の条件部は（$\mathbf{w}$ をのぞいて）そろえることができ，条件つき確率の定義が成立する．したがって

---

[1] 確率変数 $\mathbf{x}, \mathbf{y}, \mathbf{z}$ に対し，$p(\mathbf{x} \mid \mathbf{y}, \mathbf{z}) = p(\mathbf{x} \mid \mathbf{y})$ が成りたつとき，$\mathbf{y}$ を前提としたもとで，$\mathbf{x}$ は $\mathbf{z}$ と条件つき独立であるという．線形回帰モデルにおける予測分布の計算のように，ベイズ推論では，確率変数間の条件つき独立性をつかって確率計算をすすめることが多い．なお，本書では紹介できないが，確率変数間に条件つき独立が成立するための条件がいくつか知られている．

$$p(t, \mathbf{w} \,|\, \mathbf{t}, \mathbf{X}, \alpha, \beta) = p(t \,|\, \mathbf{x}, \mathbf{w}, \beta) \cdot p(\mathbf{w} \,|\, \mathbf{t}, \mathbf{X}, \alpha, \beta)$$

が成りたつ.

　さて，一定の条件のもとで，ベイズ統計による予測分布は最良であることが示せるが，本書の程度を大きく逸脱するので割愛する．また，$\mathbf{w}$ と β の両方が未知の場合には，それらの（同時）事前分布を共役事前分布であるガウス–ガンマ分布としたとき，予測分布は，スチューデントの t 分布となることを示すことができる.

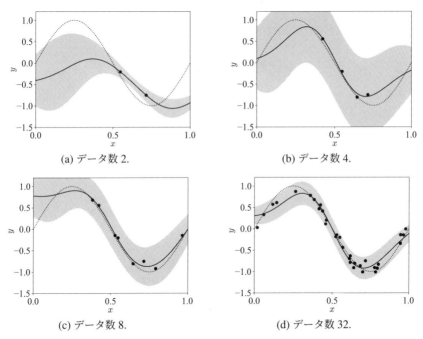

(a) データ数 2.

(b) データ数 4.

(c) データ数 8.

(d) データ数 32.

図 **3.5**　真の関数を $\sin(2\pi x)$ とする（点線）．図中の黒丸はデータ点（観測値）．ガウス基底関数 10 個とバイアス項がある線形回帰モデルを仮定したときのガウス予測分布の平均（実線）と標準偏差（灰色）．データの生成は，まず，$[0, 1]$ 上の一様乱数にしたがって x_n を生成し，それから，$\sin(2\pi x_n)$ に，平均 0，標準偏差 0.1 のガウス分布にしたがうノイズをくわえたものを t_n とした．本図を描くために，scikit-learn 1.01 の BayesianRidge を利用した．BayesianRidge では，精度パラメータ β と超パラメータ α を，3.6 節で説明するモデルエビデンス最大によりデータから定めている.

例：ベイズ予測分布（期待値と標準偏差）

　予測分布を例示するため，真の関数 $\sin(2\pi x)$ に対し，ガウス基底関数 $\phi_1(x)$,
$\dots$, $\phi_{10}(x)$ の 10 個と $\phi_0(x) = 1$ の線形回帰モデルを仮定したときのガウス予
測分布の平均と標準偏差を示したのが図 3.5 である．観測値が増えるにしたが
って，予測分布の平均が真の関数に近づき，標準偏差も小さくなることがわ
かる．また，観測点の近傍の標準偏差はそれ以外の領域の標準偏差よりも小さ
い．入力区間の両端の 0 と 1 の近くは，観測値がない場合でも，どの図にお
いても標準偏差が小さくなる傾向がある．すなわち，データが少ない区間の両
端付近の予測精度を高めに見つもっており，これは，固定した数の基底関数を
もちいた線形回帰の欠点の 1 つである．

3.5　ベイズモデル比較

　本節では，ベイズ統計の枠組みにおけるモデル比較，とくにモデル選択につ
いてのべよう．その枠組みによれば，確認用データを用意することなく訓練デ
ータだけをもちいてモデル選択がおこなえることを示す．また，モデルパラメ
ータを確率変数とみなし，それを積分消去することによって，近似的に，過学
習の問題が回避できることを示そう．

　「モデル」という言葉は，たとえば，特定のモデルパラメータ w_0 と w_1 で記
述される特定の 1 次線形回帰式 $y = w_1 x + w_0 + \varepsilon$ をさす一方で，1 次線形回帰
式全体（1 次線形回帰の集合）を表わすこともある．以下では，記述のあいま
いさを回避するため，用語「モデル」と「モデルの集合」とを区別する．たと
えば，特定のモデルパラメータ w_0 と w_1 をもつ 1 次線形回帰式 $y = w_1 x + w_0$
$+ \varepsilon$ は 1 つのモデルであり，1 次線形回帰式でもモデルパラメータが異なれば
ちがうモデルである．また，1 次線形回帰式で表現されるモデル全体の集合を
モデル集合とよぶ．この用語のもとでは，モデル比較は，1 次回帰の集合を選
ぶべきか，2 次回帰の集合を選ぶべきかといった，モデル集合の比較の意味と
なる．

　さて，観測データ $\mathcal{D}$ は分布 $p(\mathcal{D})$ から生成されるとし，また，比較すべき
モデルを $\mathcal{M}_1, \mathcal{M}_2, \dots, \mathcal{M}_L$ としよう．具体的には，たとえば，$\mathcal{M}_1$ はパラメ
ータが 1 つの線形回帰モデルの集合，$\mathcal{M}_2$ はパラメータが 2 つの線形回帰モ

デルの集合，$\ldots$，$\mathcal{M}_L$ はパラメータが L 個の線形回帰モデルの集合，と考えればよい．観測データがあたえられたもとで，この中から最も「適切な」モデル集合を選ぶのがモデル選択である．最尤推定でこのモデル選択をおこなうと，通常，最も複雑で記述力の高いモデル集合が選ばれてしまう（過学習）．

　ベイズモデル選択では，各モデル $\mathcal{M}_i$ に対し，データ $\mathcal{D}$ に依存して決まる確率 $p(\mathcal{M}_i \,|\, \mathcal{D})$ が存在することを前提とする．確率 $p(\mathcal{M}_i \,|\, \mathcal{D})$ は，データ $\mathcal{D}$ があたえられたもとでのモデル集合 $\mathcal{M}_i$ の事後確率である．すると，この確率が高いモデルほどたしからしいと考えてよいであろう．この事後確率は，ベイズの定理より

$$p(\mathcal{M}_i \,|\, \mathcal{D}) \propto p(\mathcal{D} \,|\, \mathcal{M}_i) p(\mathcal{M}_i) \tag{3.5.1}$$

とかくことができる．この式の右辺の確率 $p(\mathcal{D} \,|\, \mathcal{M}_i)$ は，モデルエビデンスとよばれ，モデル選択において重要な役割を演じる．それというのも，モデルの事前確率 $p(\mathcal{M}_i)$ は等確率と仮定すると（モデルを比較するとき事前の知識がなければこの仮定は妥当である），式 (3.5.1) からわかるように，モデルの事後確率 $p(\mathcal{M}_i \,|\, \mathcal{D})$ を比較することは，モデルエビデンス $p(\mathcal{D} \,|\, \mathcal{M}_i)$ を比較することに帰着されるからである．すなわち，モデルエビデンスが最大のモデル集合を選択すればよい．なお，モデルエビデンスは，パラメータを周辺化した尤度関数とみなすことができるので，周辺尤度関数（あるいは周辺尤度）ともよばれる．

　以下では，モデルパラメータ $\mathbf{w}$ をもつモデルをあつかい，近似したモデルエビデンスを最大にするモデル選択をおこなえば，過学習をふせぐことができることを示そう．

　まず，$\mathcal{M}_i$ 中の 1 つのモデルをとり，そのモデルパラメータを $\mathbf{w}$ とする．そのモデルのもとで観測データ $\mathcal{D}$ が生成される確率は $p(\mathcal{D} \,|\, \mathbf{w}, \mathcal{M}_i)$ である．また，分布 $p(\mathbf{w} \,|\, \mathcal{M}_i)$ は，モデル集合 $\mathcal{M}_i$ の中で，パラメータ値が $\mathbf{w}$ であるモデルの選ばれやすさを表現している．つまり，$p(\mathbf{w} \,|\, \mathcal{M}_i)$ の値が大きい $\mathbf{w}$ ほど，選ばれやすいモデルといえる．この 2 つの分布から，$\mathcal{D}$ と $\mathbf{w}$ の同時分布は

$$p(\mathcal{D}, \mathbf{w} \,|\, \mathcal{M}_i) = p(\mathcal{D} \,|\, \mathbf{w}, \mathcal{M}_i)p(\mathbf{w} \,|\, \mathcal{M}_i)$$

と表わすことができる．この式から $\mathbf{w}$ を積分消去して，モデルエビデンス

$$\begin{aligned}
p(\mathcal{D} \,|\, \mathcal{M}_i) &= \int p(\mathcal{D}, \mathbf{w} \,|\, \mathcal{M}_i) \, d\mathbf{w} \\
&= \int p(\mathcal{D} \,|\, \mathbf{w}, \mathcal{M}_i)p(\mathbf{w} \,|\, \mathcal{M}_i) \, d\mathbf{w}
\end{aligned} \tag{3.5.2}$$

を得る．この式 (3.5.2) は，モデル集合 $\mathcal{M}_i$ を前提としたときのデータ $\mathcal{D}$ の生成確率である．最右辺から，それは，$\mathcal{M}_i$ 中の各モデルのもとでのデータの生成確率を，モデルの選ばれやすさで平均をとったものである．

　さらに，モデルエビデンス (3.5.2) を近似する．まず，モデルパラメータを1つだけもつモデルの集合 $\mathcal{M}_1$ を考える．すなわち，$\mathcal{M}_1$ の任意の2つの要素は，パラメータ値だけが異なるモデルである．ここで，パラメータ w の事後分布 $p(w \,|\, \mathcal{D}, \mathcal{M}_1)$ は，最大事後確率となる w_{MAP} の近くに集中してとがっているとし，分布が集中している幅を Δw_{post} とする．また，w の事前分布 $p(w \,|\, \mathcal{M}_1)$ は，広がって平坦であるとし，その広がりの幅を Δw_{pri} とすると，一様分布 $p(w \,|\, \mathcal{M}_1) = 1/\Delta w_{\mathrm{pri}}$ となる．この近似のもとで，$\mathcal{M}_1$ のモデルエビデンスは，式 (3.5.2) から

$$p(\mathcal{D} \,|\, \mathcal{M}_1) = \int p(\mathcal{D} \,|\, w, \mathcal{M}_1)p(w \,|\, \mathcal{M}_1) \, dw \approx p(\mathcal{D} \,|\, w_{\mathrm{MAP}}, \mathcal{M}_1)\frac{\Delta w_{\mathrm{post}}}{\Delta w_{\mathrm{pri}}}$$

となる．両辺の対数をとると

$$\ln p(\mathcal{D} \,|\, \mathcal{M}_1) \approx \ln p(\mathcal{D} \,|\, w_{\mathrm{MAP}}, \mathcal{M}_1) + \ln\left(\frac{\Delta w_{\mathrm{post}}}{\Delta w_{\mathrm{pri}}}\right).$$

この式の右辺第1項は，もっともらしいパラメータ値（MAP値）に対するモデルのデータ生成確率（の対数）であり，データに対するそのモデルのあてはまりの度合いを表わしている．第2項は，$\Delta w_{\mathrm{post}} < \Delta w_{\mathrm{pri}}$ であるから負であり，Δw_{post} が小さくなるほど小さく（負で絶対値が大きく）なる．一般に，データがモデルにあてはまるほど事後分布の分散は小さくなる，すなわち，Δw_{post} が小さくなるので，データに対するモデルのあてはまり度が大きくなればこの第2項は小さくなる．このように，第1項と第2項にはトレー

ドオフの関係がある.

　つぎに，モデルパラメータが M 個あるモデル集合 $\mathcal{M}_M$ にうつろう．ただし，集合 $\mathcal{M}_M$ の任意の2つの要素は，パラメータ値だけが異なるモデルとする．M 個のパラメータそれぞれについて，上でのべたパラメータが1つのときと同様の近似をおこなう．まず，パラメータ $\mathbf{w}$ の事前分布 $p(\mathbf{w}\,|\,\mathcal{M}_M)$ は，各成分が同様に広がって平坦であるとし，広がりの幅を1つの成分あたり Δw_{pri} とすると，一様分布 $p(\mathbf{w}\,|\,\mathcal{M}_M) = 1/(\Delta w_{\mathrm{pri}})^M$ となる．また，パラメータ $\mathbf{w}$ の事後分布 $p(\mathbf{w}\,|\,\mathcal{D}, \mathcal{M}_M)$ は，最大事後確率となる $\mathbf{w}_{\mathrm{MAP}}$ の近くに集中してとがっているとし，分布が集中している幅を1つの成分あたり Δw_{post} とする．この近似のもとで，式 (3.5.2) の積分が M 重積分であることに注意すると

$$p(\mathcal{D}\,|\,\mathcal{M}_M) \approx p(\mathcal{D}\,|\,\mathbf{w}_{\mathrm{MAP}}, \mathcal{M}_M) \left(\frac{\Delta w_{\mathrm{post}}}{\Delta w_{\mathrm{pri}}} \right)^M$$

となる．対数をとって

$$\ln p(\mathcal{D}\,|\,\mathcal{M}_M) \approx \ln p(\mathcal{D}\,|\,\mathbf{w}_{\mathrm{MAP}}, \mathcal{M}_M) + M \ln \left(\frac{\Delta w_{\mathrm{post}}}{\Delta w_{\mathrm{pri}}} \right). \tag{3.5.3}$$

一般に，M が大きいモデル集合ほど複雑であり記述力にとむモデルをふくむ．データへのあてはまりをよくするようにモデル集合を複雑にすれば式 (3.5.3) の第1項は大きくなる．しかし，第2項は，モデルパラメータの数 M に比例し，複雑なモデル集合ほど小さくなる．このように，複雑なモデル集合にペナルティをかす第2項のおかげで，ベイズ統計の枠組みのモデル選択では，最尤推定のときとは異なり，式 (3.5.3) のトレードオフの関係にある第1項と第2項とのつりあいによりモデル集合が選ばれる．すなわち，過学習が回避される．

　以上では，有限個のモデル集合 $\mathcal{M}_1, \mathcal{M}_2, \ldots, \mathcal{M}_L$ を仮定し，モデルエビデンスの最大化によりモデル選択をおこなうことを議論した．しかし，モデルエビデンスによるモデル選択は，有限個の対象だけではなく，ベイズ推論における事前分布の超パラメータの決定（これもモデル選択の一種）でもおこなうことができる．次節ではそれをのべる．

3.6　エビデンス近似

データを $\mathcal{D} = \{(\mathbf{x}_1, t_1), \ldots, (\mathbf{x}_N, t_N)\}$ とし，$\mathbf{X} = \{\mathbf{x}_1, \ldots, \mathbf{x}_N\}$，$\mathbf{t} = (t_1 \cdots t_N)^{\mathrm{T}}$ とする．また，パラメータ $\mathbf{w}$ の次元を M とする．3.4.2項で導出したように，新たな入力 $\mathbf{x}$ に対し，ベイズ線形回帰モデルにおける予測分布は，精度 β を既知の定数としたとき，式 (3.4.7)

$$p(t \mid \mathbf{x}, \mathbf{t}, \mathbf{X}, \alpha, \beta) = \int p(t \mid \mathbf{x}, \mathbf{w}, \beta)\, p(\mathbf{w} \mid \mathbf{t}, \mathbf{X}, \alpha, \beta)\, d\mathbf{w}$$
$$= \mathcal{N}(t \mid \mathbf{m}_N^{\mathrm{T}} \boldsymbol{\phi}(\mathbf{x}), \sigma_N^2(\mathbf{x}))$$

であたえられた．ただし，

$$\mathbf{m}_N = \beta \mathbf{S}_N \boldsymbol{\Phi}^{\mathrm{T}} \mathbf{t}, \quad \sigma_N^2(\mathbf{x}) = \frac{1}{\beta} + \boldsymbol{\phi}(\mathbf{x})^{\mathrm{T}} \mathbf{S}_N \boldsymbol{\phi}(\mathbf{x}),$$
$$\mathbf{S}_N^{-1} = \alpha \mathbf{I} + \beta \boldsymbol{\Phi}^{\mathrm{T}} \boldsymbol{\Phi}.$$

これからわかるように，この予測分布には，α がパラメータとしてそのままのこっている．パラメータ α の値によって，この予測分布は大きくかわる．そのため，α の値を適切に決定するか，α をふくまない形の予測式を求めることが重要となる．本節では，ベイズ線形回帰モデルを例に，モデルエビデンスによる超パラメータの決定法と，決定された超パラメータをつかって，完全なベイズ予測分布の近似をおこなうエビデンス近似[2] を紹介しよう．

完全にベイズ統計的な取りあつかいでは，

(1) 超パラメータ α に対しても事前分布 $p(\alpha)$ を導入し，「尤度」（正確にはモデルエビデンス）$p(\mathbf{t} \mid \mathbf{X}, \alpha, \beta)$ と，$p(\alpha)$ から求めた事後分布 $p(\alpha \mid \mathbf{t}, \mathbf{X}, \beta)$ をつかい，

(2) t とすべてのパラメータの（事後）同時分布を

$$p(t, \mathbf{w}, \alpha \mid \mathbf{x}, \mathbf{t}, \mathbf{X}, \beta) = p(t \mid \mathbf{x}, \mathbf{w}, \beta)p(\mathbf{w} \mid \mathbf{t}, \mathbf{X}, \alpha, \beta)p(\alpha \mid \mathbf{t}, \mathbf{X}, \beta)$$

---

[2] エビデンス近似は，経験ベイズとも，あるいは一般化最尤推定，第2種の最尤推定などともよばれる．

として求め，

(3) その同時分布から，$\mathbf{w}$ とともに，α も積分消去し

$$p(t \,|\, \mathbf{x}, \mathbf{X}, \mathbf{t}, \beta) = \iiint p(t, \mathbf{w}, \alpha \,|\, \mathbf{x}, \mathbf{t}, \mathbf{X}, \beta) \, d\mathbf{w} d\alpha$$

というように予測分布を導く．しかし，一般に，すべてのパラメータを積分消去して解析解を求めるのは困難であり，ベイズ線形回帰においても上式の積分の解析解は得られない．

そこで，3.5 節の式 (3.5.2) をつかって表現されるモデルエビデンスを考え，それを最大にする α の値をもちいて，完全なベイズ予測分布を近似するエビデンス近似を導入しよう．まず，式 (3.5.2) の $\mathcal{M}_i$ が，ベイズ線形回帰モデルにおける超パラメータ α の値のちがいに対応する（データ $\mathcal{D}$ は $\mathbf{t}$ に対応する）ことに注意する．すると，ベイズ線形回帰モデルの場合，モデルエビデンスは，超パラメータ α を独立変数とした関数 $p(\mathbf{t} \,|\, \alpha, \beta)$ とみなせ，それは，α の各値に対して，モデルパラメータ $\mathbf{w}$ の各値のもとでのデータの生成確率を，$\mathbf{w}$ の値の選ばれやすさで平均をとったものと解釈できる．

モデルエビデンス $p(\mathbf{t} \,|\, \alpha, \beta)$ をもちいて，エビデンス近似は

(1) モデルエビデンスを最大化する超パラメータ α の値 $\hat{\alpha}$ を求め，

(2) $\mathbf{w}$ の事後分布 $p(\mathbf{w} \,|\, \mathbf{t}, \mathbf{X}, \alpha, \beta)$ の α に $\hat{\alpha}$ を代入して

$$p(t \,|\, \mathbf{x}, \mathbf{t}, \mathbf{X}, \beta) \simeq p(t \,|\, \mathbf{x}, \mathbf{t}, \mathbf{X}, \hat{\alpha}, \beta)$$
$$= \int p(t \,|\, \mathbf{x}, \mathbf{w}, \beta) p(\mathbf{w} \,|\, \mathbf{t}, \mathbf{X}, \hat{\alpha}, \beta) \, d\mathbf{w}$$

と，予測分布を近似する手法である．これからわかるように，超パラメータ α を積分消去する代わりに，モデルエビデンスを最大にする $\hat{\alpha}$ を代表値としてもちいるのがエビデンス近似である．

3.6.1　ベイズ線形回帰予測分布のエビデンス近似

では，具体的に，ベイズ線形回帰に対してエビデンス近似をおこなおう．ま

ず，ベイズ線形回帰におけるモデルエビデンスは，尤度 $p(\mathbf{t} \mid \mathbf{X}, \mathbf{w}, \beta)$ と，$\mathbf{w}$ の事前分布 $p(\mathbf{w} \mid \alpha)$ から

$$p(\mathbf{t} \mid \mathbf{X}, \alpha, \beta) = \int p(\mathbf{t} \mid \mathbf{X}, \mathbf{w}, \beta) p(\mathbf{w} \mid \alpha) \, d\mathbf{w}$$

のように表現される．ここでは，β は定数としており，モデルエビデンスは α だけを独立変数とした関数である．それゆえ，以下では，分布表記 $p(\cdot \mid \cdot)$ の条件部から確率変数ではない $\mathbf{X}$ と β を省略する．すると，上式は

$$p(\mathbf{t} \mid \alpha) = \int p(\mathbf{t} \mid \mathbf{w}) p(\mathbf{w} \mid \alpha) \, d\mathbf{w} \tag{3.6.1}$$

とかける．

3.4 節に示したように，尤度 $p(\mathbf{t} \mid \mathbf{w})$ は，

$$p(\mathbf{t} \mid \mathbf{w}) = \left(\frac{\beta}{2\pi}\right)^{\frac{N}{2}} \exp\left(-\frac{\beta}{2} \|\mathbf{t} - \boldsymbol{\Phi}\mathbf{w}\|^2\right) \tag{3.4.2}$$

であり，事前分布 $p(\mathbf{w} \mid \alpha)$ は

$$p(\mathbf{w} \mid \alpha) = \mathcal{N}(\mathbf{w} \mid \mathbf{0}, \alpha^{-1}\mathbf{I}) = \frac{\alpha^M}{(2\pi)^{\frac{M}{2}}} \exp\left(-\frac{\alpha \mathbf{w}^{\mathrm{T}} \mathbf{w}}{2}\right) \tag{3.4.5}$$

である．これらを，式 (3.6.1) に代入すると，モデルエビデンスは

$$p(\mathbf{t} \mid \alpha) = \left(\frac{\beta}{2\pi}\right)^{\frac{N}{2}} \left(\frac{\alpha}{2\pi}\right)^{\frac{M}{2}} \int \exp\{-E(\mathbf{w})\} \, d\mathbf{w}$$

となる．ただし，

$$E(\mathbf{w}) \equiv \frac{\beta}{2} \|\mathbf{t} - \boldsymbol{\Phi}\mathbf{w}\|^2 + \frac{\alpha}{2} \mathbf{w}^{\mathrm{T}} \mathbf{w}.$$

この $E(\mathbf{w})$ を $\mathbf{w}$ について平方完成すると積分が簡単に求まる．すなわち，

$$\int \exp\{-E(\mathbf{w})\} \, d\mathbf{w}$$
$$= \exp\{-E(\mathbf{m}_N)\} \int \exp\left\{-\frac{1}{2}(\mathbf{w} - \mathbf{m}_N)^{\mathrm{T}} \mathbf{A}(\mathbf{w} - \mathbf{m}_N)\right\} d\mathbf{w}$$
$$= \exp\{-E(\mathbf{m}_N)\}(2\pi)^{\frac{M}{2}} |\mathbf{A}|^{-\frac{1}{2}},$$

ただし,

$$\mathbf{A} \equiv \alpha \mathbf{I} + \beta \boldsymbol{\Phi}^{\mathrm{T}} \boldsymbol{\Phi},$$

$$E(\mathbf{m}_N) \equiv \frac{\beta}{2}\|\mathbf{t} - \boldsymbol{\Phi}\mathbf{m}_N\|^2 + \frac{\alpha}{2}\mathbf{m}_N^{\mathrm{T}}\mathbf{m}_N, \quad \mathbf{m}_N \equiv \beta \mathbf{A}^{-1} \boldsymbol{\Phi}^{\mathrm{T}} \mathbf{t}$$

である. よって, 対数をとったモデルエビデンスは

$$\ln p(\mathbf{t}\,|\,\alpha) = \frac{M}{2}\ln\alpha - E(\mathbf{m}_N) - \frac{1}{2}\ln|\mathbf{A}| + \frac{N}{2}\ln\beta - \frac{N}{2}\ln(2\pi) \quad (3.6.2)$$

となる. この式をよく吟味してほしい. まず, $\mathbf{A}$ は α に依存し, また, $\mathbf{m}_N$ は $\mathbf{A}$ をつかって定義されているので, 対数モデルエビデンス (3.6.2) は α の複雑な式になっている.

　では, この対数モデルエビデンスを α に関して最大化しよう. そのために, 式 (3.6.2) を α で微分して 0 とおくと

$$\frac{d}{d\alpha}\ln p(\mathbf{t}\,|\,\alpha) = \frac{M}{2\alpha} - \frac{1}{2}\mathbf{m}_N^{\mathrm{T}}\mathbf{m}_N - \frac{1}{2}\mathrm{Tr}\,\mathbf{A}^{-1} = 0. \quad (3.6.3)$$

この微分の計算は節末の付記にまわすとして, これを α についてとくと

$$\alpha = \psi(\alpha) \equiv \frac{M}{\mathbf{m}_N^{\mathrm{T}}\mathbf{m}_N + \mathrm{Tr}\,\mathbf{A}^{-1}} \quad (3.6.4)$$

を得る.

　この式の $\psi(\alpha) \equiv \frac{M}{\mathbf{m}_N^{\mathrm{T}}\mathbf{m}_N + \mathrm{Tr}\,\mathbf{A}^{-1}}$ は, α をふくんでいるので, 式 (3.6.4) は α についてとけているわけではない. そこで, 解を求めるため, 適当な α を初期値として出発し, $\psi(\alpha)$ を計算し, 求まった α の値を $\psi(\alpha)$ に代入することを収束するまで繰りかえす. 収束解を $\hat{\alpha}$ とすると, ベイズ線形回帰の予測分布 (3.4.7) の α に $\hat{\alpha}$ を代入した分布が, エビデンス近似による予測分布となる.

　図 3.5 には, モデルエビデンス最大により超パラメータ α を定めたベイズ線形回帰モデルの予測分布の平均と分散が描かれている. ただし, 本節では, β は固定された定数として α だけを最大化したが, 図の予測分布は, β も確率変数としてあつかい, α と β について, モデルエビデンスを同時に最大化して得られたものである.

　なお, いままでの議論からわかるように, モデルエビデンスを最大にする超

パラメータを求めることはモデルパラメータの最尤推定と本質的には同じである．本節であつかったモデルの超パラメータは α だけで，訓練データから，モデルエビデンス最大により超パラメータを決めても問題となることはまずないであろう．これは，事前分布を単純なガウス分布 (3.4.5) とおいたことによる．しかし，パラメータ $\mathbf{w}$ の次元が高く，さらに，事前分布をより一般的なガウス分布 (3.4.4) とする場合には，少数データによるモデルエビデンス最大化は過学習を起こす可能性が十分にある．

3.6.2 エビデンス最大解の性質

行列 $\beta\mathbf{\Phi}^{\mathrm{T}}\mathbf{\Phi}$ の固有値をもちいると，式 (3.6.4) の収束解 $\hat{\alpha}$ の性質を議論することができる．行列のトレースの性質の知識や，対称行列の固有値問題の初歩が必要となるが，それらは第 V 部の 14.1 節と 14.4 節にまとめてあるので必要におうじて参照してほしい．

まず，$\beta\mathbf{\Phi}^{\mathrm{T}}\mathbf{\Phi}$ と $\mathbf{A} = \alpha\mathbf{I} + \beta\mathbf{\Phi}^{\mathrm{T}}\mathbf{\Phi}$ は，正値対称行列であることが簡単に示せる．正値対称行列の固有値は，すべて正の実数であり，異なる固有値に属する固有ベクトルは互いに直交する．いま，$\beta\mathbf{\Phi}^{\mathrm{T}}\mathbf{\Phi}$ の固有値を λ_i とし，それに属する単位固有ベクトルを $\mathbf{u}_i$ としよう．すなわち，

$$\beta\mathbf{\Phi}^{\mathrm{T}}\mathbf{\Phi}\mathbf{u}_i = \lambda_i\mathbf{u}_i.$$

このとき，$\mathbf{A}$ の固有値は $\lambda_i + \alpha$ で，それに属する固有ベクトルは $\mathbf{u}_i$ であることがすぐにわかる．すると，$\mathbf{A}^{-1}$ の固有値は $1/(\lambda_i + \alpha)$ で，それに属する固有ベクトルはやはり $\mathbf{u}_i$ である．行列のトレースと固有値の関係により

$$\mathrm{Tr}\,\mathbf{A}^{-1} = \sum_{i=1}^{M} \frac{1}{\lambda_i + \alpha}$$

が成りたつ．ここで

$$\gamma \equiv \sum_{i=1}^{M} \frac{\lambda_i}{\lambda_i + \alpha}$$

を導入すると

$$\gamma = \sum_{i=1}^{M} \frac{\lambda_i}{\lambda_i + \alpha} = \sum_{i=1}^{M} \frac{\lambda_i + \alpha - \alpha}{\lambda_i + \alpha} = M - \alpha \sum_{i=1}^{M} \frac{1}{\lambda_i + \alpha} = M - \alpha \cdot \mathrm{Tr}\,\mathbf{A}^{-1}.$$

一方,

$$\alpha = \frac{M}{\mathbf{m}_N^{\mathrm{T}}\mathbf{m}_N + \mathrm{Tr}\,\mathbf{A}^{-1}} \qquad \Longleftrightarrow \qquad \alpha \mathbf{m}_N^{\mathrm{T}}\mathbf{m}_N = M - \alpha \cdot \mathrm{Tr}\,\mathbf{A}^{-1}$$

であるから,これらより

$$\alpha = \frac{\gamma}{\mathbf{m}_N^{\mathrm{T}}\mathbf{m}_N}$$

となる.

以上の準備のもとで,モデルエビデンスを最大にする超パラメータの値 $\hat\alpha$ を,モデルパラメータの最尤推定解 $\mathbf{w}_{\mathrm{ML}}$ と最大事後確率推定解 $\mathbf{w}_{\mathrm{MAP}}$ との関係によって特徴づける.まず,尤度関数の指数の肩の符号をかえたものは $\frac{\beta}{2}\|\mathbf{t} - \boldsymbol{\Phi}\mathbf{w}\|^2$ であるから,尤度関数の等高線(正確には等高面)は

$$\frac{\beta}{2}\|\mathbf{t} - \boldsymbol{\Phi}\mathbf{w}\|^2 = \mathrm{const.}$$

をみたす $\mathbf{w}$ からなる.固有ベクトル $\mathbf{u}_i$ を列にならべた直交行列 $\mathbf{U}$ と,λ_i を対角成分とする対角行列 $\boldsymbol{\Lambda}$ をもちいると,これは,$\mathbf{U}^{\mathrm{T}}\mathbf{U} = \mathbf{I}$ であるから

$$\Longleftrightarrow \quad \frac{\beta}{2}\mathbf{w}^{\mathrm{T}}\boldsymbol{\Phi}^{\mathrm{T}}\boldsymbol{\Phi}\mathbf{w} - \beta\mathbf{t}^{\mathrm{T}}\boldsymbol{\Phi}\mathbf{w} = \mathrm{const.}$$

$$\Longleftrightarrow \quad \frac{\beta}{2}\mathbf{w}^{\mathrm{T}}\mathbf{U}\mathbf{U}^{\mathrm{T}}\boldsymbol{\Phi}^{\mathrm{T}}\boldsymbol{\Phi}\mathbf{U}\mathbf{U}^{\mathrm{T}}\mathbf{w} - \beta\mathbf{t}^{\mathrm{T}}\boldsymbol{\Phi}\mathbf{U}\mathbf{U}^{\mathrm{T}}\mathbf{w} = \mathrm{const.}$$

$$\Longleftrightarrow \quad \frac{1}{2}\hat{\mathbf{w}}^{\mathrm{T}}\boldsymbol{\Lambda}\hat{\mathbf{w}} - \beta\mathbf{t}^{\mathrm{T}}\boldsymbol{\Phi}\mathbf{U}\hat{\mathbf{w}} = \mathrm{const.}$$

と変形できる.ただし,$\hat{\mathbf{w}} = \mathbf{U}^{\mathrm{T}}\mathbf{w}$ である.さらに,座標の平行移動 $\hat{\mathbf{w}} = \tilde{\mathbf{w}} - \beta\boldsymbol{\Lambda}^{-1}\mathbf{U}^{\mathrm{T}}\boldsymbol{\Phi}^{\mathrm{T}}\mathbf{t}$ をおこない,両辺を 2 倍すると,上式は

$$\tilde{\mathbf{w}}^{\mathrm{T}}\boldsymbol{\Lambda}\tilde{\mathbf{w}} = \mathrm{const.}$$

となる.ベクトル $\mathbf{w}$ が 2 次元のときに,これを書きくだすと

$$\frac{\tilde{w}_1^2}{(1/\sqrt{\lambda_1})^2} + \frac{\tilde{w}_2^2}{(1/\sqrt{\lambda_2})^2} = \mathrm{const.}$$

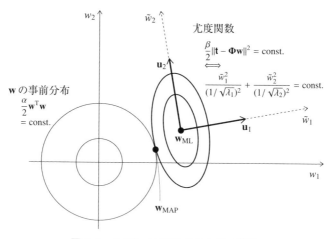

図 **3.6**　モデルエビデンス最大解の特徴.

である．これを最小にするのは $\tilde{\mathbf{w}} = \mathbf{0}$ であるから，$\mathbf{w}_{\mathrm{ML}}$ はこの新しい座標系（以下尤度座標系）の原点である．さきにのべたように固有値 λ_i は正なので，等高線は，$\mathbf{w}_{\mathrm{ML}}$ を中心とする同心の楕円体で，大きい固有値の固有ベクトル方向につぶれ，小さい固有値の固有ベクトル方向にのびている（図 3.6）．

　一方，$\mathbf{w}$ の事前分布の等高線は

$$\frac{\alpha}{2}\mathbf{w}^{\mathrm{T}}\mathbf{w} = \mathrm{const.}$$

と表わされる．これは，もとの座標系で原点を中心とする同心球である．

　最大事後確率解 $\mathbf{w}_{\mathrm{MAP}}$ は，尤度（の指数部）と事前分布（の指数部）の和を最大にする点であるから，尤度の等高線がなす楕円体と，事前分布の等高線がなす同心球がちょうどつりあう点である．その点は，超パラメータ α が 0 のときには，最尤推定解 $\mathbf{w}_{\mathrm{ML}}$ であり，α の値が大きくなるにつれ，事前分布の同心球の中心方向に移動してくる．もちろん，モデルエビデンスを最大にする $\hat{\alpha}$ では，$\mathbf{w}_{\mathrm{MAP}}$ は，事前分布の同心球の中心と $\mathbf{w}_{\mathrm{ML}}$ の間にある．

　尤度関数の等高線は，小さい固有値の固有ベクトル方向にのびているので，$\mathbf{w}_{\mathrm{MAP}}$ のその方向成分は $\mathbf{w}_{\mathrm{ML}}$ のその方向成分に近いままで，逆に，大きい固有値の固有ベクトル方向につぶれているので，$\mathbf{w}_{\mathrm{MAP}}$ のその方向成分は $\mathbf{w}_{\mathrm{ML}}$

のその方向成分から離れている．したがって，尤度座標系で考えれば，パラメータ $\tilde{\mathbf{w}}$ の成分のうち，大きい固有値の固有ベクトル方向の成分は 0 に近くなる．

固有値 λ_i は正なので $0 < \frac{\lambda_i}{\lambda_i + \alpha} < 1$ が成りたつ．よって，$0 < \gamma < M$ であり，γ は，$\tilde{\mathbf{w}}$ の次元，つまりパラメータ数よりも小さい．また，$\lambda_i >> \hat{\alpha}$ ならば $\lambda_i/(\lambda_i + \hat{\alpha}) \approx 1$ であり，$\lambda_i << \hat{\alpha}$ ならば $\lambda_i/(\lambda_i + \hat{\alpha}) \approx 0$ である．それゆえ，γ は，$\hat{\alpha}$ よりもかなり大きい固有値の個数に近似的に等しく，それは，尤度座標系において，$\tilde{\mathbf{w}}$ の成分のうち 0 と大きく異なるものの数を表わす．すなわち，γ は，有効パラメータ数としての意味をもつ．

付記　対数モデルエビデンスの微分

対数モデルエビデンス

$$\ln p(\mathbf{t} \mid \alpha) = \frac{M}{2} \ln \alpha - E(\mathbf{m}_N) - \frac{1}{2} \ln |\mathbf{A}| + \frac{N}{2} \ln \beta - \frac{N}{2} \ln(2\pi) \quad (3.6.2)$$

の微分を計算しよう．第 II 部末付録 B の「行列の微分」にある公式をもちいる．まず，$\mathbf{A} = \alpha \mathbf{I} + \beta \boldsymbol{\Phi}^{\mathrm{T}} \boldsymbol{\Phi}$ を α で微分して

$$\frac{d\mathbf{A}}{d\alpha} = \mathbf{I}$$

である．これと公式 A4 とから

$$\frac{d}{d\alpha} \ln |\mathbf{A}| = \mathrm{Tr}\left(\mathbf{A}^{-1} \frac{d\mathbf{A}}{d\alpha}\right) = \mathrm{Tr}\, \mathbf{A}^{-1} \quad (3.6.5)$$

となる．また，$\mathbf{m}_N = \beta \mathbf{A}^{-1} \boldsymbol{\Phi}^{\mathrm{T}} \mathbf{t}$ を α で微分すると公式 A2 から

$$\begin{aligned}
\frac{d\mathbf{m}_N}{d\alpha} &= \beta \frac{d\mathbf{A}^{-1}}{d\alpha} \boldsymbol{\Phi}^{\mathrm{T}} \mathbf{t} = -\beta \mathbf{A}^{-1} \frac{d\mathbf{A}}{d\alpha} \mathbf{A}^{-1} \boldsymbol{\Phi}^{\mathrm{T}} \mathbf{t} \\
&= -\beta \mathbf{A}^{-1} \mathbf{A}^{-1} \boldsymbol{\Phi}^{\mathrm{T}} \mathbf{t} \\
&= -\mathbf{A}^{-1} \mathbf{m}_N .
\end{aligned}$$

これをつかうと，$E(\mathbf{m}_N) = \frac{\beta}{2} \|\mathbf{t} - \boldsymbol{\Phi} \mathbf{m}_N\|^2 + \frac{\alpha}{2} \mathbf{m}_N^{\mathrm{T}} \mathbf{m}_N$ の微分が求まる．すなわち，まず右辺第 1 項の微分は

$$\frac{d}{d\alpha}\left(\frac{\beta}{2}\|\mathbf{t}-\mathbf{\Phi}\mathbf{m}_N\|^2\right) = \frac{\beta}{2}\frac{d}{d\alpha}\left(\mathbf{t}^\mathrm{T}\mathbf{t} - 2\mathbf{t}^\mathrm{T}\mathbf{\Phi}\mathbf{m}_N + \mathbf{m}_N^\mathrm{T}\mathbf{\Phi}^\mathrm{T}\mathbf{\Phi}\mathbf{m}_N\right)$$
$$= \frac{\beta}{2}\left(-2\mathbf{t}^\mathrm{T}\mathbf{\Phi}\frac{d\mathbf{m}_N}{d\alpha} + (\nabla\mathbf{m}_N^\mathrm{T}\mathbf{\Phi}^\mathrm{T}\mathbf{\Phi}\mathbf{m}_N)^\mathrm{T}\frac{d\mathbf{m}_N}{d\alpha}\right)$$
$$= \beta\mathbf{t}^\mathrm{T}\mathbf{\Phi}\mathbf{A}^{-1}\mathbf{m}_N - \beta\mathbf{m}_N^\mathrm{T}\mathbf{\Phi}^\mathrm{T}\mathbf{\Phi}\mathbf{A}^{-1}\mathbf{m}_N$$
$$= \mathbf{m}_N^\mathrm{T}\mathbf{m}_N - \beta\mathbf{m}_N^\mathrm{T}\mathbf{\Phi}^\mathrm{T}\mathbf{\Phi}\mathbf{A}^{-1}\mathbf{m}_N.$$

ここで，2 番めの等号は公式 A3' を，3 番めの等号は公式 B2' をもちいた．つぎに第 2 項の微分を求めると

$$\frac{\partial}{\partial\alpha}\left(\frac{\alpha}{2}\mathbf{m}_N^\mathrm{T}\mathbf{m}_N\right) = \frac{1}{2}\mathbf{m}_N^\mathrm{T}\mathbf{m}_N + \frac{\alpha}{2}(\nabla\mathbf{m}_N^\mathrm{T}\mathbf{m}_N)^\mathrm{T}\frac{\partial\mathbf{m}_N}{\partial\alpha}$$
$$= \frac{1}{2}\mathbf{m}_N^\mathrm{T}\mathbf{m}_N - \alpha\mathbf{m}_N^\mathrm{T}\mathbf{A}^{-1}\mathbf{m}_N.$$

これらから，

$$\frac{dE(\mathbf{m}_N)}{d\alpha} = \mathbf{m}_N^\mathrm{T}\mathbf{m}_N - \beta\mathbf{m}_N^\mathrm{T}\mathbf{\Phi}^\mathrm{T}\mathbf{\Phi}\mathbf{A}^{-1}\mathbf{m}_N + \frac{1}{2}\mathbf{m}_N^\mathrm{T}\mathbf{m}_N - \alpha\mathbf{m}_N^\mathrm{T}\mathbf{A}^{-1}\mathbf{m}_N$$
$$= \mathbf{m}_N^\mathrm{T}\mathbf{m}_N + \frac{1}{2}\mathbf{m}_N^\mathrm{T}\mathbf{m}_N - \beta\mathbf{m}_N^\mathrm{T}\mathbf{\Phi}^\mathrm{T}\mathbf{\Phi}\mathbf{A}^{-1}\mathbf{m}_N - \alpha\mathbf{m}_N^\mathrm{T}\mathbf{A}^{-1}\mathbf{m}_N$$
$$= \mathbf{m}_N^\mathrm{T}\mathbf{m}_N + \frac{1}{2}\mathbf{m}_N^\mathrm{T}\mathbf{m}_N - \left(\mathbf{m}_N^\mathrm{T}(\beta\mathbf{\Phi}^\mathrm{T}\mathbf{\Phi} + \alpha\mathbf{I})\mathbf{A}^{-1}\mathbf{m}_N\right)$$
$$= \mathbf{m}_N^\mathrm{T}\mathbf{m}_N + \frac{1}{2}\mathbf{m}_N^\mathrm{T}\mathbf{m}_N - \mathbf{m}_N^\mathrm{T}\mathbf{A}\mathbf{A}^{-1}\mathbf{m}_N$$
$$= \frac{1}{2}\mathbf{m}_N^\mathrm{T}\mathbf{m}_N \tag{3.6.6}$$

を得る．よって，式 (3.6.5) と (3.6.6) から

$$\frac{d}{d\alpha}\ln p(\mathbf{t}\,|\,\alpha) = \frac{M}{2\alpha} - \frac{1}{2}\mathbf{m}_N^\mathrm{T}\mathbf{m}_N - \frac{1}{2}\mathrm{Tr}\,\mathbf{A}^{-1}$$

となる．

演習問題

演習 3.1（最尤推定解）　$\mathbf{x}$ を説明変数，t を目標変数とする線形回帰モデル $t = \mathbf{w}^{\mathrm{T}}\boldsymbol{\phi}(\mathbf{x}) + \varepsilon, \varepsilon \sim \mathcal{N}(0, \sigma^2)$ において，独立に生成された N 個のデータ $\mathcal{D} = \{(\mathbf{x}_1, t_1), \ldots, (\mathbf{x}_N, t_N)\}$ が得られたとして，パラメータ $\mathbf{w}$ の最尤推定解を $\mathbf{w}_{\mathrm{ML}}$ とするとき，σ^2 の最尤推定解が

$$\sigma_{\mathrm{ML}}^2 = \frac{1}{N}\sum_{n=1}^{N}(t_n - \mathbf{w}_{\mathrm{ML}}^{\mathrm{T}}\boldsymbol{\phi}(\mathbf{x}_n))^2$$

となることを示せ．方程式をとくときなど，途中の式を省略しないこと．

演習 3.2（事後分布）　あたえられた N 個のデータ $\mathcal{D} = \{(\mathbf{x}_1, t_1), \ldots, (\mathbf{x}_N, t_N)\}$ に対し，$\mathbf{x}$ を説明変数とし，t を目標変数とする線形回帰モデル $t = \mathbf{w}^{\mathrm{T}}\boldsymbol{\phi}(\mathbf{x}) + \varepsilon, \varepsilon \sim \mathcal{N}(0, \beta^{-1})$ を仮定する．ただし，パラメータ β は定まっているとする．パラメータ $\mathbf{w}$ の事前分布を $p(\mathbf{w}\,|\,\alpha) = \mathcal{N}(\mathbf{w}\,|\,\mathbf{0}, \alpha^{-1}\mathbf{I})$ としたとき，$\mathbf{w}$ の事後分布が $p(\mathbf{w}\,|\,\mathcal{D}) = \mathcal{N}(\mathbf{w}\,|\,\mathbf{m}_N, \mathbf{S}_N)$ となることを示せ．ただし，

$$\mathbf{m}_N = \beta\mathbf{S}_N\boldsymbol{\Phi}^{\mathrm{T}}\mathbf{t}, \quad \mathbf{S}_N^{-1} = \alpha\mathbf{I} + \beta\boldsymbol{\Phi}^{\mathrm{T}}\boldsymbol{\Phi},$$

$$\mathbf{t} = \begin{pmatrix} t_1 \\ \vdots \\ t_N \end{pmatrix}, \quad \boldsymbol{\Phi} = \begin{pmatrix} \boldsymbol{\phi}(\mathbf{x}_1)^{\mathrm{T}} \\ \vdots \\ \boldsymbol{\phi}(\mathbf{x}_N)^{\mathrm{T}} \end{pmatrix} = \begin{pmatrix} \phi_0(\mathbf{x}_1) & \cdots & \phi_{M-1}(\mathbf{x}_1) \\ \vdots & \ddots & \vdots \\ \phi_0(\mathbf{x}_N) & \cdots & \phi_{M-1}(\mathbf{x}_N) \end{pmatrix}$$

とする．途中の計算を省略しないこと．

演習 3.3（$\mathbf{w}$ と β が未知のベイズ推論）　あたえられた N 個のデータ $\mathcal{D} = \{(\mathbf{x}_1, t_1), \ldots, (\mathbf{x}_N, t_N)\}$ に対し，$\mathbf{x}$ を説明変数とし，t を目標変数とする線形回帰モデル $t = \mathbf{w}^{\mathrm{T}}\boldsymbol{\phi}(\mathbf{x}) + \varepsilon, \varepsilon \sim \mathcal{N}(0, \beta^{-1})$ を仮定する．パラメータ $\mathbf{w}$ と β はともに未知とする．それらの事前分布 $p(\mathbf{w}, \beta)$ をガウス-ガンマ分布

$$p(\mathbf{w}, \beta) = \mathcal{N}(\mathbf{w}\,|\,\mathbf{m}_0, \beta^{-1}\mathbf{S}_0)\,\mathrm{Gam}(\beta\,|\,a_0, b_0)$$

としたとき，事後分布もガウス-ガンマ分布

$$p(\mathbf{w}, \beta\,|\,\mathbf{t}) = \mathcal{N}(\mathbf{w}\,|\,\mathbf{m}_N, \beta^{-1}\mathbf{S}_N)\,\mathrm{Gam}(\beta\,|\,a_N, b_N)$$

となることを示せ．ただし，

$$\mathbf{m}_N = \mathbf{S}_N\left(\mathbf{S}_0^{-1}\mathbf{m}_0 + \boldsymbol{\Phi}^{\mathrm{T}}\mathbf{t}\right), \quad \mathbf{S}_N = \left(\mathbf{S}_0^{-1} + \boldsymbol{\Phi}^{\mathrm{T}}\boldsymbol{\Phi}\right)^{-1},$$

$$a_N = a_0 + \frac{N}{2}, \quad b_N = b_0 + \frac{1}{2}\left(\mathbf{m}_0^{\mathrm{T}}\mathbf{S}_0^{-1}\mathbf{m}_0 - \mathbf{m}_N^{\mathrm{T}}\mathbf{S}_N^{-1}\mathbf{m}_N\right) + \frac{1}{2}\sum_{n=1}^{N}t_n^2.$$

演習 3.4（予測分布）　N 個のデータ $\mathcal{D} = \{(\mathbf{x}_1, t_1), \ldots, (\mathbf{x}_N, t_N)\}$ があたえられたとし，$\mathbf{t} = (t_1 \cdots t_N)^{\mathrm{T}}$ とする．$\mathbf{x}$ を説明変数，t を目標変数とする線形回帰モデル

$$t = \mathbf{w}^{\mathrm{T}}\boldsymbol{\phi}(\mathbf{x}) + \varepsilon, \quad \varepsilon \sim \mathcal{N}(0,\, \beta^{-1})$$

において，パラメータ β は定まっているとし，$\mathbf{w}$ の事後分布を

$$p(\mathbf{w}\,|\,\mathbf{t}) = \mathcal{N}(\mathbf{w}\,|\,\mathbf{m}_N,\, \mathbf{S}_N)$$

とする．ただし，$\mathbf{S}_N^{-1} = \alpha\mathbf{I} + \beta\boldsymbol{\Phi}^{\mathrm{T}}\,\boldsymbol{\Phi}$ として，

$$\mathbf{m}_N = \beta\mathbf{S}_N\boldsymbol{\Phi}^{\mathrm{T}}\mathbf{t}, \quad \sigma_N^2(\mathbf{x}) = \frac{1}{\beta} + \boldsymbol{\phi}(\mathbf{x})^{\mathrm{T}}\mathbf{S}_N\boldsymbol{\phi}(\mathbf{x}),$$

$$\mathbf{t} = \begin{pmatrix} t_1 \\ \vdots \\ t_N \end{pmatrix}, \quad \boldsymbol{\Phi} = \begin{pmatrix} \boldsymbol{\phi}(\mathbf{x}_1)^{\mathrm{T}} \\ \vdots \\ \boldsymbol{\phi}(\mathbf{x}_N)^{\mathrm{T}} \end{pmatrix} = \begin{pmatrix} \phi_0(\mathbf{x}_1) & \cdots & \phi_{M-1}(\mathbf{x}_1) \\ \vdots & \ddots & \vdots \\ \phi_0(\mathbf{x}_N) & \cdots & \phi_{M-1}(\mathbf{x}_N) \end{pmatrix}$$

である．パラメータ $\mathbf{w}$ が定まっているとしたときの t の分布に対し，パラメータ $\mathbf{w}$ の事後確率で期待値をとることにより，入力 $\mathbf{x}$ の予測分布が

$$\mathcal{N}(t\,|\,\mathbf{m}_N^{\mathrm{T}}\boldsymbol{\phi}(\mathbf{x}),\, \sigma_N^2(\mathbf{x}))$$

となることを示せ．計算には，第 V 部の 13.5.3 項にある公式をつかうとよい．

第4章 一般化線形モデルによる分類

4.1 はじめに：分類問題

多次元空間を考え，ここではその空間を入力空間とよぶ．入力空間はベクトル空間の構造を仮定することが多い．ここでもベクトル空間としての入力空間を考える．K 個の離散クラス $\mathcal{C}_k$ のどれか1つに属する有限個の点（ベクトル）があたえられ，それらの所属するクラスも明示されているとする．このとき，任意のベクトル x が属するクラスを決めることを分類という．

分類問題では，入力空間をいくつかの領域に分割し，それぞれの領域はどれか1つのクラスに対応していると考え，各領域を決定領域という（図4.1）．所属クラスが明示された有限個の点から決定領域を定めることが分類である．また，決定領域の境界を決定境界（あるいは決定面）という．本章では，決定

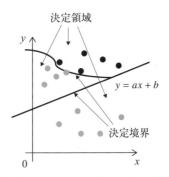

図 4.1 分類における決定領域と決定境界.

境界が多次元空間中の平面（多次元なので超平面といわれる）となる線形識別といわれる分類の方法を紹介する.

クラス数が 2 $(K = 2)$ のときの分類を **2 クラス分類**という. また, クラス数が 3 以上 $(K > 2)$ の分類を**多クラス分類**という. 以下では, おもに 2 クラス分類をあつかい, 多クラス分類については簡潔にまとめる.

4.1.1　目標変数値とラベルの表現

あたえられた点に対し, その所属クラスが明示されたものを**クラスラベル**（あるいは**ラベル**）という. あたえられた点とその所属クラスのラベルの組を**データ**といい, その集合を**データセット**という. 混同のおそれがないときには, データセットを簡単にデータという.

分類は, ベクトル x に対して, それが属するクラスを対応させる関数とみることができる. その見かたでは, x が独立変数で, 従属変数が所属クラスとなる. 分類では, 独立変数を入力（変数）といい, 従属変数を**目標変数**という. 以下では, 目標変数を t で表わす.

目標変数値とクラスラベルの表現方法として, 2 クラス分類では **2 値表現** $t \in \{0, 1\}$ がよくもちいられる. K クラス $(K > 2)$ 分類では, **one-hot 表現**（**1-of-K 符号化表現**ともいう）が便利である. この表現では,

$$
t \in \left\{ \begin{pmatrix} 1 \\ 0 \\ \vdots \\ 0 \end{pmatrix}, \begin{pmatrix} 0 \\ 1 \\ \vdots \\ 0 \end{pmatrix}, \cdots, \begin{pmatrix} 0 \\ 0 \\ \vdots \\ 1 \end{pmatrix} \right\}
$$

で, クラス $\mathcal{C}_k$ に属するとき, t は, 第 k 成分だけが 1 で, そのほかの成分は 0 の K 次元ベクトルをとる.

4.1.2　分類問題へのアプローチ

分類問題のあつかいは,

(1) データをもとに識別関数を構築する非確率的アプローチと,

(2) データをもとにクラスの事後確率を求める確率的アプローチ

に大別される.

識別関数は,入力ベクトル $\mathbf{x}$ から,$\mathbf{x}$ が属するクラスを直接推定し算出する関数である.クラスの事後確率を求めるアプローチは,さらに,データから,(a) 確率的識別モデルを構築するものと,(b) 確率的生成モデルを構築するものにわけられる.確率的識別モデルでは,クラスの事後確率としてパラメトリックな分布の族を仮定し,データからモデルパラメータを推定して事後確率 $p(\mathcal{C}_k \mid \mathbf{x})$ を定める.それに対し確率的生成モデルでは,クラスの事前確率と,データに対する尤度関数からベイズの定理によってクラスの事後確率を決める.

4.2 特徴空間

分類では,入力 $\mathbf{x}$ を直接分類するのではなく,非線形変換 $\mathbf{z} = \boldsymbol{\phi}(\mathbf{x})$ をおこない,$\mathbf{z}$ を分類することが一般的である.もとの $\mathbf{x}$ の空間を入力空間というのに対し,$\mathbf{z}$ の空間を特徴空間とよび,写像 $\boldsymbol{\phi}$ を特徴写像とよぶ.また,$\mathbf{z}$ を $\mathbf{x}$ の特徴量という.$\mathbf{z}$ と特徴写像 $\boldsymbol{\phi}$ を同一視して,しばしば特徴空間 $\boldsymbol{\phi}$ という.$\mathbf{z}$ の次元は $\mathbf{x}$ の次元より高いこともあれば低いこともある.

特徴空間の単純な例をあげよう.リンゴやレモン,ミカン,バナナなどの果物がどれか1つだけ写った画像がたくさんあるとする.1枚の画像 I 中の果物がなにであるかを特定するためには,画像中の果物の色と丸み度・縦横比がわかればほぼ間違いなく同定できるであろう.色は,赤 (r),緑 (g),青 (b) の3色の混合で表現できる.ただし,r, g, b はそれぞれ0から255の数値をとり,たとえば $r = 0$ は赤みがまったくなく,$r = 255$ は赤みが最高であることを示す.丸み度と縦横比も,なんらかの方法で定義され,実数として表わせるとする.以上のように仮定すると,画像中の果物は,5次元空間中の1点 (r, g, b, c, ρ) で表現される.ただし,c は丸み度で,ρ は縦横比である.

画像 I は,画像を構成するピクセル数次元のベクトルとして表現される.たとえば,画像の縦横がそれぞれ1000個と500個のピクセルから構成されていれば,その次元は 1000×500 である.高次元のままでは,計算に時間がか

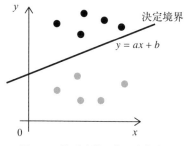

図 4.2   線形分離可能な点集合.

かり扱いにくいことが多い. 低次元空間の表現が, 目的を達成するのに十分な情報を保持していれば, 画像をその低次元空間へ写像することによってあつかいが簡単になる.

逆に, 適切な低次元での表現がわからないとき, よくもちいられる特徴写像として, 基底関数を特徴空間の次元数だけ用意し, 入力を各基底関数で変換する写像がある. この場合, 特徴空間は入力空間と同じ次元か, それよりも高い次元をとることが一般的である. たとえば, 1 つのスカラー変数 x を独立変数とする基底関数を 11 個用意し, $z_j = \phi_j(x)$, $j = 1, 2, \ldots, 11$, とすれば, 入力空間は 1 次元であるのに対し, 特徴空間は 11 次元となる.

このような基底関数を導入することの効能をのべるため, まず, 線形分離可能な点集合という概念を紹介する. 入力空間上で, あるいは特徴空間上で, 2 クラス (一般には K クラス) のどちらかに属する点のそれぞれを, 所属するクラスに超平面でわけることができるとき, その点の集合は**線形分離可能**であるといわれる (図 4.2).

さて, 基底関数による特徴空間を導入すると, 入力空間では線形分離できないデータが特徴空間では線形分離可能となるときがある. たとえば, 入力 $\mathbf{x} = (x_1 \ x_2)^{\mathrm{T}}$ が 2 次元のとき, 特徴写像はガウス基底関数をつかった以下を考える.

$$\phi_1(x_1, x_2) = \exp\left\{-\frac{(x_1+1)^2 + (x_2+1)^2}{2}\right\}, \quad \phi_2(x_1, x_2) = \exp\left\{-\frac{x_1^2 + x_2^2}{2}\right\}.$$

このとき, 特徴空間 $\boldsymbol{\phi} = (\phi_1 \ \phi_2)^{\mathrm{T}}$ も 2 次元である. 図 4.3 に示すように, こ

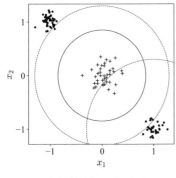

(a) 入力空間中のデータ点.

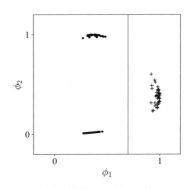

(b) 特徴空間中のデータ点.

図 4.3 入力空間のデータの特徴空間への写像. (a) は, 入力空間 $\mathbf{x} = (x_1 \ x_2)^\mathrm{T}$ では線形分離できない 2 クラスのデータ点. 黒点は, 平均が $(-1 \ 1)^\mathrm{T}$ と $(1 \ -1)^\mathrm{T}$ の混合ガウス分布からのサンプルで, $+$ は, 平均が $(0 \ 0)^\mathrm{T}$ のガウス分布からのサンプル. 実線の円は 2 クラスを分離する円. 点線の 1 つは, ガウス基底関数 $\phi_1(\mathbf{x}) = \exp\left\{-\frac{|\mathbf{x}|^2}{2s^2}\right\}$ の等高線で, もう 1 つはガウス基底関数 $\phi_2(\mathbf{x}) = \exp\left\{-\frac{|\mathbf{x}-\boldsymbol{\mu}|^2}{2s^2}\right\}$, $\boldsymbol{\mu} = (1 \ -1)^\mathrm{T}$ の等高線. (b) は, ガウス基底関数 $\phi_1(\mathbf{x})$ と $\phi_2(\mathbf{x})$ で特徴空間 $(\phi_1 \ \phi_2)^\mathrm{T}$ に写像したデータ点. 各点は, (a) の図に示された入力空間でのデータ点を写像したもの. 入力空間の分離円をガウス基底関数 ϕ_1, ϕ_2 で写像したものが図中の直線となる. 入力空間では, 線形分離できなかったデータ点が, 特徴空間では線形分離可能となっている.

の特徴写像により, 入力空間では線形分離可能でないデータが, 特徴空間では線形分離可能となっている.

4.3 一般化線形モデル

分類では, 離散値や, $[0, 1]$ 上の「確率」値で結果を表現する. 回帰でも, 目標変数が正の値しかとらない場合がある. しかし, 一般に, 線形式は, 入力におうじて $-\infty$ から $+\infty$ までの間の値をとる. そこで, 線形式を非線形関数 f によって

$$y(\mathbf{x}) = f(\mathbf{w}^\mathrm{T}\mathbf{x} + w_0)$$

と変換し, 目標変数がとる値を限定する**一般化線形モデル**を考える. このとき, f を**活性化関数**といい, f^{-1} を**連結関数**(あるいは**リンク関数**)という.

また，特徴写像を $\boldsymbol{\phi}$ とする特徴空間で考えれば，一般化線形モデルは

$$y(\mathbf{x}) = f(\mathbf{w}^{\mathrm{T}}\boldsymbol{\phi}(\mathbf{x}) + w_0)$$

と表現される．

　分類に一般化線形モデルをもちいたとき，決定境界上の点を，$y(\mathbf{x}) = $ 定数をみたす $\mathbf{x}$ と考えると，それは $\mathbf{w}^{\mathrm{T}}\mathbf{x} + w_0 = $ 定数を満足する $\mathbf{x}$ である．関数 f が非線形であっても決定境界は線形となることに注意してほしい．すなわち，一般化線形モデルによる分類は線形識別である．本章では，分類問題への非確率的アプローチとして識別関数による分類を，確率的アプローチとして，確率的識別モデルによる分類と確率的生成モデルによる分類を紹介する．いずれのアプローチも，一般化線形モデルによる分類とみなすことができる，あるいは，ある仮定のもとで一般化線形モデルによる分類に帰着される．

例：一般化線形モデル

　活性化関数を指数関数 $\exp(x)$ とする一般化線形モデルは

$$y = \exp(\mathbf{w}^{\mathrm{T}}\boldsymbol{\phi}(\mathbf{x}) + w_0)$$

であり，そのときのリンク関数は対数関数 $\ln y$ で

$$\mathbf{w}^{\mathrm{T}}\boldsymbol{\phi}(\mathbf{x}) + w_0 = \ln y$$

の関係がある．

　また，活性化関数を，4.5.1 項で詳しくのべるロジスティックシグモイド関数 $\sigma(x) = \frac{1}{1+\exp(-x)}$ とする一般化線形モデルは

$$y = \sigma(\mathbf{w}^{\mathrm{T}}\boldsymbol{\phi}(\mathbf{x}) + w_0)$$

であり，そのときのリンク関数はロジット関数 $\mathrm{logit}(y) = \ln(\frac{y}{1-y})$ で，

$$\mathbf{w}^{\mathrm{T}}\boldsymbol{\phi}(\mathbf{x}) + w_0 = \mathrm{logit}(y)$$

の関係がある．

4.4 識別関数による2クラス分類

4.4.1 線形識別関数による分類

まず，識別関数のうちで最も単純な線形識別関数を導入して，特徴空間において入力 $\mathbf{x}$ を分類しよう．特徴写像 $\boldsymbol{\phi}(\mathbf{x})$ を恒等写像 $I(\mathbf{x})$ とすれば入力空間における分類となる．

特徴量（ベクトル）$\boldsymbol{\phi}(\mathbf{x})$ の線形関数

$$y(\mathbf{x}) = \mathbf{w}^{\mathrm{T}}\boldsymbol{\phi}(\mathbf{x}) + w_0$$

を考える．ここで，$\mathbf{w}$ は重み（ベクトル）であり，また，w_0 はバイアスパラメータとよばれる（$-w_0$ はしきい値パラメータとよばれる）．$y(\mathbf{x}) \geq 0$ ならば，$\mathbf{x}$ をクラス $\mathcal{C}_1$ に，それ以外ならば，クラス $\mathcal{C}_2$ に割りあてるとき，$y(\mathbf{x})$ を線形識別関数という（図4.4）．このとき，決定境界は，$y(\mathbf{x}) = 0 \Leftrightarrow \mathbf{w}^{\mathrm{T}}\boldsymbol{\phi}(\mathbf{x}) + w_0 = 0$ で，これは，M 次元特徴空間中の $M-1$ 次元超平面である．線形識別関数による分類は，活性化関数を恒等写像とする一般化線形モデルによる分類である．

データからパラメータ $\mathbf{w}$ と w_0 を推定することが識別関数の学習である．分類問題では，データは，$\mathcal{D} = \{(\mathbf{x}_1, t_1), (\mathbf{x}_2, t_2), \ldots, (\mathbf{x}_N, t_N)\}$，ただし，$t_n \in \{0, 1\}$, $n = 1, \ldots, N$, の形であたえられる．ここで，t_n はクラスラベルであり，$\mathbf{x}_n$ がクラス $\mathcal{C}_1$ に属するときは $t_n = 1$，クラス $\mathcal{C}_2$ に属するときは

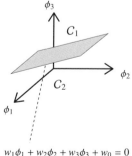

$$w_1\phi_1 + w_2\phi_2 + w_3\phi_3 + w_0 = 0$$

図 **4.4**　特徴空間における線形識別関数.

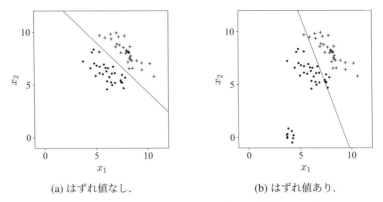

(a) はずれ値なし.　　　　　(b) はずれ値あり.

図 4.5 最小 2 乗法によりパラメータを定めた線形識別関数による
2 クラス分類の決定境界.

$t_n = 0$ と解釈する. 回帰のときとはちがい, t_n は離散値 (2 クラス分類のと
きは 2 値) しかとらないことに注意してほしい.

　線形回帰モデルの学習と同様に, 分類の学習では, あたえられたデータに対
し, 最も単純には, パラメータをデータに対する 2 乗和誤差が最小となるよ
うに決めることが思いつく. 図 4.5 は, 線形分離可能な 2 次元入力データに対
して, 最小 2 乗法によりパラメータを定めた線形識別関数による決定境界の
例である. 図 4.5a には, データにはずれ値がふくまれないときの決定境界が
示されている. それに対し, 図 4.5b には, はずれ値がふくまれる場合の決定
境界が示されている. 決定境界は, はずれ値に引きずられて誤分類が起きてい
る.

4.4.2 決定面の特徴づけ

　ここで, 線形識別面 (平面) の特徴をまとめておこう. 記述の簡単のため,
特徴空間で表現するのではなく, 入力空間に値をとる変数 $\mathbf{x}$ をもちいてモデ
ルや事後確率などを表現する. $\mathbf{x}$ を特徴写像 $\boldsymbol{\phi}(\mathbf{x})$ (ベクトル) に置きかえれ
ば, 以下は特徴空間での議論として通用する.

　決定境界 $y(\mathbf{x}) = \mathbf{w}^{\mathrm{T}}\mathbf{x} + w_0 = 0$ (をみたす $\mathbf{x}$ のあつまり) を特徴づけよう.

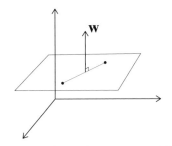

図 **4.6**　決定面と重みベクトルの関係.

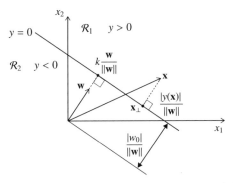

図 **4.7**　重みベクトル **w** とバイアスパラメータ w_0，入力ベクトル **x**，線形識別関数の値 $y(\mathbf{x})$，決定面の間の関係.

(1) 重み **w** は決定面の方向を決める（図 4.6）.

これは，以下のようにたしかめられる．まず，決定面上の 2 点 $\mathbf{x}_A$ と $\mathbf{x}_B$ について，$y(\mathbf{x}_A) = y(\mathbf{x}_B) = 0$ より $\mathbf{w}^{\mathrm{T}}(\mathbf{x}_A - \mathbf{x}_B) = 0$ がいえる．それゆえ，ベクトル **w** は決定面上のすべてのベクトルに直交することがわかる．すなわち，**w** は決定面の方向を決める．

(2) バイアスパラメータ w_0 は，原点から決定面までの距離を決める（図 4.7）.

これは，以下のように示せる．すなわち，まず，k を，$k\dfrac{\mathbf{w}}{\|\mathbf{w}\|}$ が決定面上の点となる定数とすると，$\mathbf{w}^{\mathrm{T}}\left(k\dfrac{\mathbf{w}}{\|\mathbf{w}\|}\right) + w_0 = 0$. こ

れより，$\mathbf{w}^{\mathrm{T}}\mathbf{w} = \|\mathbf{w}\|^2$ に注意して，$k = -\dfrac{w_0}{\|\mathbf{w}\|}$ となる．ベクト

ル $\dfrac{\mathbf{w}}{\|\mathbf{w}\|}$ は単位ベクトルであるから k の絶対値が原点から決定面

までの距離となる．よって

$$d = \frac{|w_0|}{\|\mathbf{w}\|} = \frac{|\mathbf{w}^{\mathrm{T}}\mathbf{x}|}{\|\mathbf{w}\|}. \tag{4.4.1}$$

　式 (4.4.1) が示すように，原点から決定面の距離はバイアスパラメータ w_0 に比例し，また，決定面の方向は w_0 には無関係である．すなわち，バイアスパラメータ w_0 のちがいは決定面の平行移動を意味する．

(3) 線形識別関数の値 $y(\mathbf{x})$ は，点 $\mathbf{x}$ から決定面への直交距離に比例する（図 4.7）．正確には，決定面から点 $\mathbf{x}$ への直交距離は

$$r = \frac{|y(\mathbf{x})|}{\|\mathbf{w}\|}$$

である（演習 4.1）．

4.4.3　ダミー入力の導入

　線形識別関数 $y(\mathbf{x}) = \mathbf{w}^{\mathrm{T}}\mathbf{x} + w_0$ に対し，ダミー入力 $x_0 = 1$ を導入すると表現が簡潔になる．すなわち，

$$\tilde{\mathbf{w}} = (w_0 \quad \mathbf{w}^{\mathrm{T}})^{\mathrm{T}}, \qquad \tilde{\mathbf{x}} = (1 \quad \mathbf{x}^{\mathrm{T}})^{\mathrm{T}}$$

として $\tilde{\mathbf{w}}$ と $\tilde{\mathbf{x}}$ とを定義すれば，上の線形識別関数は

$$y(\tilde{\mathbf{x}}) = \tilde{\mathbf{w}}^{\mathrm{T}}\tilde{\mathbf{x}}$$

となる．これは $D+1$ 次元入力空間の原点をとおる D 次元の超平面である．

4.4.4　パーセプトロン

　線形識別関数による分類につづいて，パーセプトロンを識別関数とした分類について簡単にのべよう．パーセプトロンは，クラスラベル t_n は，$\{0, 1\}$ ではなく，$\{-1, 1\}$ に値をとり，ステップ関数

$$s(x) = \begin{cases} 1, & x \geq 0, \\ -1, & x < 0 \end{cases}$$

を活性化関数とする一般化線形モデル

$$y(\mathbf{x}) = s(\mathbf{w}^{\mathrm{T}}\boldsymbol{\phi}(\mathbf{x}) + w_0) \tag{4.4.2}$$

である.

　パーセプトロンの学習では,データ $(\mathbf{x}_n, t_n)$ の損失として,正しく分類されれば 0 を,誤分類されたら $-\mathbf{w}^{\mathrm{T}}\boldsymbol{\phi}(\mathbf{x}_n)t_n > 0$ を割りあてる[1].すなわち,誤差関数を $E_P(\mathbf{w}) = -\displaystyle\sum_{(\mathbf{x}_n, t_n)\in\mathcal{M}} \mathbf{w}^{\mathrm{T}}\boldsymbol{\phi}(\mathbf{x}_n)t_n$ とする.ここで,$\mathcal{M}$ は,誤分類されたすべてのデータの集合である.この誤差関数を最適化するように,あとで紹介する確率的勾配降下法により $\mathbf{w}$ を定める.すなわち,初期値 $\mathbf{w}_0 = \mathbf{0}$ から出発し,1 つのデータ対 $(\mathbf{x}_n, t_n)$ を選択し,そのデータに関する誤差関数の勾配 $-\boldsymbol{\phi}(\mathbf{x}_n)t_n$ をもちいて

$$\mathbf{w}^{(\tau+1)} = \mathbf{w}^{(\tau)} + \eta\boldsymbol{\phi}(\mathbf{x}_n)t_n$$

にしたがって $\mathbf{w}$ を更新する.ただし,τ はステップ数,η は学習率とよばれる小さな定数である.式 (4.4.2) からわかるように,$y(\mathbf{x})$ は,$\mathbf{w}$ を定数倍しても変化しないので,一般性をうしなうことなく $\eta = 1$ とすることができる.パーセプトロンの学習は,線形分離可能なデータに対しては必ず収束することが保証されている.しかし,収束するのに必要な繰りかえし回数が多いうえ,パラメータの初期値やデータの提示の順番に依存してさまざまな解に収束する.さらに,線形分離可能でないデータに対しては決して収束しないことが知られている.

---

[1] 誤分類されたときは,$\mathbf{w}^{\mathrm{T}}\boldsymbol{\phi}(\mathbf{x}_n)$ と t_n の符号は逆であることに注意.

4.5　確率的識別モデルによる 2 クラス分類

4.5.1　ロジスティックシグモイド関数

ロジスティックシグモイド関数 $\sigma(x)$ は

$$\sigma(x) \equiv \frac{1}{1 + \exp(-x)}$$

で定義され，以下の性質がある（図 4.8；演習 4.2）．

(1) 実数全域で定義される単調増加関数である．

(2) x が $-\infty$ から $+\infty$ までかわるとき，$\sigma(x)$ は 0 から 1 までかわる．すなわち，$-\infty$ から $+\infty$ までの実数を，$\sigma(x)$ は 0 から 1 の間に押しこめる．

(3) $x = 0$ のとき 0.5 をとる．

(4) なめらか（何回でも微分可能であり，微分した結果は連続）である．

(5) とりわけ，微分は $\sigma(1 - \sigma)$，すなわち，

$$\frac{d\sigma}{dx} = \sigma(1 - \sigma) = \sigma(x)\{1 - \sigma(x)\}.$$

(6) $\sigma(-x) = 1 - \sigma(x)$ が成りたつ．

これらの性質があるため，一般の実数値を確率解釈したいときなど，ロジスティックシグモイド関数は多用される．

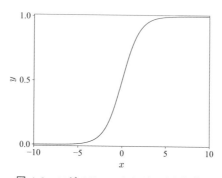

図 **4.8**　ロジスティックシグモイド関数.

4.5.2 ロジスティック回帰

クラスが $\mathcal{C}_1$, $\mathcal{C}_2$ の 2 クラス分類を考える. ロジスティックシグモイド関数を活性化関数とする一般化線形モデルを導入する. 入力 $\mathbf{x}$ に対して, その一般化線形モデルの出力をクラス $\mathcal{C}_1$ の事後確率とする分類をロジスティック回帰という[2]. すなわち,

$$p(\mathcal{C}_1 \,|\, \mathbf{x}) = \sigma(\mathbf{w}^{\mathrm{T}} \boldsymbol{\phi}(\mathbf{x})),$$

$$p(\mathcal{C}_2 \,|\, \mathbf{x}) = 1 - p(\mathcal{C}_1 \,|\, \mathbf{x}),$$

ただし, ダミー入力 $\phi_0(\mathbf{x}) = 1$ を導入し, $\tilde{\mathbf{w}} = (w_0 \ \mathbf{w}^{\mathrm{T}})^{\mathrm{T}}$, $\tilde{\mathbf{x}} = (1 \ \boldsymbol{\phi}(\mathbf{x})^{\mathrm{T}})^{\mathrm{T}}$ としたうえで, これらをあらためて, $\mathbf{w}$, $\boldsymbol{\phi}(\mathbf{x})$ と置きなおしている. また, わかりやすさを重視し, これまでと同様に, クラスを表わす確率変数を $t \in \{0, 1\}$ とすると, $p(\mathcal{C}_1 \,|\, \mathbf{x}) \equiv p(t = 1 \,|\, \mathbf{x})$, $p(\mathcal{C}_2 \,|\, \mathbf{x}) \equiv p(t = 0 \,|\, \mathbf{x})$ と略記した.

ロジスティック回帰の決定境界は, 2 つのクラスの事後確率が等しくなるところで,

$$p(\mathcal{C}_1 \,|\, \mathbf{x}) = \sigma(\mathbf{w}^{\mathrm{T}} \boldsymbol{\phi}(\mathbf{x})) = \frac{1}{2},$$

すなわち, $\mathbf{w}^{\mathrm{T}} \boldsymbol{\phi}(\mathbf{x}) = 0$ をみたす $\boldsymbol{\phi}(\mathbf{x})$ である. 図 4.9 に, 1 次元の場合の入

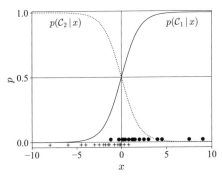

図 **4.9** 1 次元入力の場合のロジスティック回帰による分類. 決定境界が $x = 0.0$ のとき.

---

[2] 「回帰」という名がついているが, 事後確率が大きいほうのクラスを選択するので, 分類手法である.

力空間におけるクラスの事後確率と決定境界を示した.

　ロジスティック回帰は，一般化線形モデルを仮定して，クラスの事後確率を（尤度や事前確率を導入することなく）直接モデル化しており，確率モデルの例となっている.

4.5.3　ロジスティック回帰の学習

　ロジスティック回帰 $y(\mathbf{x}) = \sigma(\mathbf{w}^{\mathrm{T}}\boldsymbol{\phi}(\mathbf{x}))$ の学習では，データからパラメータ $\mathbf{w}$ を決める．$\mathbf{w}$ の次元は，$\boldsymbol{\phi}(\mathbf{x})$ の次元 M と同一である．データを $\mathcal{D} = \{(\mathbf{x}_1, t_1), (\mathbf{x}_2, t_2), \ldots, (\mathbf{x}_N, t_N)\}$ としよう．ただし，$t_n \in \{0, 1\}$, $n = 1, \ldots, N$, である．t_n はクラスラベルであり，$\mathbf{x}_n$ がクラス $\mathcal{C}_1$ に属するときは $t_n = 1$, クラス $\mathcal{C}_2$ に属するときは $t_n = 0$ と解釈する.

■ ロジスティック回帰の尤度関数

　ロジスティック回帰の尤度関数を求めよう．各データは独立に生成されたとする．まず，入力 $\mathbf{x}_n$ に対応する目標変数値 t_n の生成確率は，$y_n \equiv y(\mathbf{x}_n)$ として

$t_n = 1$（$\mathbf{x}_n$ がクラス $\mathcal{C}_1$ に属する）のとき

$$p(t_n = 1 \,|\, \mathbf{x}_n) = p(\mathcal{C}_1 \,|\, \mathbf{x}_n) = y(\mathbf{x}_n) = y_n,$$

$t_n = 0$（$\mathbf{x}_n$ がクラス $\mathcal{C}_2$ に属する）のとき

$$p(t_n = 0 \,|\, \mathbf{x}_n) = p(\mathcal{C}_2 \,|\, \mathbf{x}_n) = 1 - y(\mathbf{x}_n) = 1 - y_n$$

である．これらをまとめてかくと

$$p(t_n \,|\, \mathbf{w}, \mathbf{x}_n) = y_n^{t_n}(1 - y_n)^{1 - t_n}.$$

　仮定により各データは独立に生成されたものであるから，$\mathbf{t} = (t_1 \; \cdots \; t_N)^{\mathrm{T}}$ が生成される確率は

$$p(\mathbf{t} \mid \mathbf{w}, \mathbf{X}) = y_1^{t_1}(1-y_1)^{1-t_1} \times \cdots \times y_N^{t_N}(1-y_N)^{1-t_N} = \prod_{n=1}^{N} y_n^{t_n}(1-y_n)^{1-t_n}$$

となる. ただし,

$$y_n = \sigma(\mathbf{w}^\mathrm{T}\boldsymbol{\phi}(\mathbf{x}_n)), \quad \mathbf{X} = (\mathbf{x}_1 \ \cdots \ \mathbf{x}_N),$$

$$\mathbf{t} = (t_1 \ \cdots \ t_N)^\mathrm{T}, \ \ t_n = \{0, 1\}, \ \ n = 1, \ldots, N.$$

各 y_n は $\mathbf{w}$ の関数であることに注意してほしい.

■ 交差エントロピー誤差関数

尤度関数の対数にマイナスをつけた

$$E(\mathbf{w}) = -\ln p(\mathbf{t} \mid \mathbf{w}) = -\sum_{n=1}^{N} \{t_n \ln y_n + (1-t_n)\ln(1-y_n)\} \tag{4.5.1}$$

を交差エントロピー誤差関数という[3]. ここで, $y_n = \sigma(\mathbf{w}^\mathrm{T}\boldsymbol{\phi}(\mathbf{x}_n))$, $\mathbf{t} = (t_1 \cdots t_N)^\mathrm{T}$, $t_n = \{0, 1\}$, $n = 1, \ldots, N$. 対数関数は単調増加なので, 尤度関数を最大化することは交差エントロピー誤差関数を最小化することと等価である.

交差エントロピー誤差関数の $\mathbf{w}$ に関する勾配(微分)をとると,

$$\nabla E(\mathbf{w}) = \sum_{n=1}^{N} (y_n - t_n)\boldsymbol{\phi}_n, \ \ \boldsymbol{\phi}_n = \boldsymbol{\phi}(\mathbf{x}_n)$$

となる(演習 4.3). ただし関数 $f(\mathbf{x})$ の勾配は,

$$\nabla f(\mathbf{x}) \equiv \left(\frac{\partial f(\mathbf{x})}{\partial x_1} \ \cdots \ \frac{\partial f(\mathbf{x})}{\partial x_D}\right)^\mathrm{T}$$

---

[3] データ $(\mathbf{x}, t)$ に対し, 交差エントロピー誤差損失が

$$l_{ce}(t, y) = t \ln y + (1-t)\ln(1-y), \quad y = \sigma(\mathbf{w}^\mathrm{T}\boldsymbol{\phi}(\mathbf{x})) \tag{4.5.2}$$

として定義される. これは, 1 つのデータ $(\mathbf{x}, t)$ に対する尤度 $p(t \mid \mathbf{w}) = y(\mathbf{x})^t(1-y(\mathbf{x}))^{1-t}$ の対数をとって符号を反転させたものである. 交差エントロピー誤差関数 (4.5.1) は, 交差エントロピー誤差損失の全データに対する総和である.

で定義されるベクトルである.

■ ロジスティック回帰の最尤推定

交差エントロピー誤差関数を最小にする $\mathbf{w}$ が最尤推定解である. これは

$$\nabla E(\mathbf{w}) = \sum_{n=1}^{N} (y_n - t_n)\boldsymbol{\phi}_n = 0$$

をみたす $\mathbf{w}$ である. ただし, $y_n = \sigma(\mathbf{w}^{\mathrm{T}}\boldsymbol{\phi}(\mathbf{x}_n))$, $\mathbf{t} = (t_1 \cdots t_N)^{\mathrm{T}}$, $t_n = \{0, 1\}$, $\boldsymbol{\phi}_n = \boldsymbol{\phi}(\mathbf{x}_n)$, $n = 1, \ldots, N$ (y_n は $\mathbf{w}$ の関数であることに注意). 実際に, 上の方程式をみたす $\mathbf{w}$ を求めるには, ニュートン法を拡張した**反復重みつき最小2乗法**という繰りかえし計算による. 以下で, その計算を紹介しよう.

4.5.4　最適化計算と凸関数

■ 勾配法

多次元ベクトル $\mathbf{x}$ の実数値関数 $f(\mathbf{x})$ が極値をとる点 $\mathbf{x}^*$ (極値点) を求めることを考える. このとき, $f(\mathbf{x})$ を $\mathbf{x}$ で微分して $\mathbf{0}$ とおいた方程式 $\nabla f(\mathbf{x}) = \mathbf{0}$ をとくことは常套手段の1つである. しかし, 一般には, この方程式をといて簡単な形の解をみつけることは困難である.

そこで, $\mathbf{x}$ の初期値としてなんらかの値を設定し, 勾配情報を利用しつつ, $\mathbf{x}$ を少しずつ変化させながら $f(\mathbf{x})$ の極値を求める手法が多く提案されてきた. その中で, $f(\mathbf{x})$ の微分を計算できれば実行可能な**勾配法**はよくもちいられる. 勾配法は, 関数 $f(\mathbf{x})$ の極小値を求めるのに, ①乱数を発生させるなどして $\mathbf{x}$ の初期値を定め, ②更新式

$$\mathbf{x}^{(\mathrm{new})} = \mathbf{x}^{(\mathrm{old})} - \eta \nabla f(\mathbf{x})\big|_{\mathbf{x}=\mathbf{x}^{(\mathrm{old})}}$$

にしたがい, 現在の $\mathbf{x}$ の値をつかって右辺を計算し, それを新たな $\mathbf{x}$ の値とし, ③さらに, その新たな $\mathbf{x}$ を現在の値として右辺を計算する, ということを $\mathbf{x}$ が変化しなくなるまで繰りかえす. ここで, η は学習率とよばれる小さな定数であり, $\nabla f(\mathbf{x})\big|_{\mathbf{x}=\mathbf{x}^{(\mathrm{old})}}$ は, 勾配 $\nabla f(\mathbf{x})$ の $\mathbf{x} = \mathbf{x}^{(\mathrm{old})}$ における値 (ベ

クトル）である．関数 $f(\mathbf{x})$ の勾配は，$f(\mathbf{x})$ の値が増大する方向をむいている[4]ので，上式は，$f(\mathbf{x})$ の値が減少するように $\mathbf{x}$ を変化させている．

　勾配法を適用して，交差エントロピー誤差関数 $E(\mathbf{w})$ の極値点を求めるときには，$\mathbf{w}$ の初期値を決めて

$$\mathbf{w}^{(\text{new})} = \mathbf{w}^{(\text{old})} - \eta \nabla E(\mathbf{w})\big|_{\mathbf{w}=\mathbf{w}^{(\text{old})}}$$

を収束するまで繰りかえす．

　また，確率的勾配降下法（以下では簡単に確率的勾配法という）

$$\mathbf{w}^{(\text{new})} = \mathbf{w}^{(\text{old})} - \eta \nabla E_n(\mathbf{w})\big|_{\mathbf{w}=\mathbf{w}^{(\text{old})}}$$

も誤差関数の極値点を求めるときによくもちいられる．ここで，η は学習率（定数）で，E_n は1つのデータに対する誤差関数を表わし，全データからランダムに1つデータをとってはこの計算をおこなう（勾配法において勾配をとるのは，全データから計算される誤差関数である）．確率的勾配法は，データ選択のランダム性により局所解に落ちにくいといわれている．

　なお，勾配 $\nabla f(\mathbf{x})$ をつかわずに，関数の極値を求める方法も多く知られている．しかし，勾配情報が利用できるときには，それを利用したほうが一般には効率よく極値点を求めることができる．ただし，学習率 η の設定により，繰りかえし計算が収束しない場合がある．また，学習の収束を速めるためには，学習の進行度合いにおうじて学習率 η をかえねばならず，その調整にはさまざまな手法が考案されている．最適化したい関数 $f(\mathbf{x})$ の2階微分（ヘッセ行列とよばれる）を求めることができる場合，つぎに紹介するニュートン法は，勾配法の学習率にかえてヘッセ行列をもちい，$f(\mathbf{x})$ の極値点を高速に見つけだす手法である．

■ ニュートン法

　多次元ベクトル $\mathbf{x}$ の実数値関数 $f(\mathbf{x})$ の2階微分 $\mathbf{H} = \nabla \nabla f(\mathbf{x})$ を $f(\mathbf{x})$ のヘッセ行列とよぶ．すなわち，$f(\mathbf{x})$ のヘッセ行列は

---

[4] 第 III 部 7.4 節「関数の勾配ベクトルの性質」の項参照．

$$\nabla\nabla f(\mathbf{x}) = \frac{d^2 f(\mathbf{x})}{d\mathbf{x}^2} = \begin{pmatrix} \frac{\partial^2 f}{\partial x_1^2} & \frac{\partial^2 f}{\partial x_1 \partial x_2} & \cdots & & \cdots & \frac{\partial^2 f}{\partial x_1 \partial x_D} \\ & \ddots & & & & \vdots \\ \frac{\partial^2 f}{\partial x_i \partial x_1} & \frac{\partial^2 f}{\partial x_i \partial x_2} & \cdots & \frac{\partial^2 f}{\partial x_i \partial x_j} & \cdots & \frac{\partial^2 f}{\partial x_i \partial x_D} \\ \vdots & & & & & \vdots \\ & & & & \ddots & \\ \frac{\partial^2 f}{\partial x_D \partial x_1} & \frac{\partial^2 f}{\partial x_D \partial x_2} & & \cdots & \cdots & \frac{\partial^2 f}{\partial x_D^2} \end{pmatrix}.$$

極値を求めるニュートン法のアルゴリズムは以下のとおりである.

(1) 乱数などを利用して $\mathbf{x}$ の初期値を設定.

(2) 現在の $\mathbf{x}$ の値を

$$\mathbf{x}^{(\text{new})} = \mathbf{x}^{(\text{old})} - \mathbf{H}^{-1} \nabla f(\mathbf{x})|_{\mathbf{x}=\mathbf{x}^{(\text{old})}}$$

　　にしたがって変更する.

(3) 収束するまで (2) を繰りかえす.

ここで，$\mathbf{H}$ は $f(\mathbf{x})$ のヘッセ行列である．一般に，ヘッセ行列は $\mathbf{x}$ の関数なので，上記手順 (2) の計算のつど，そのときの $\mathbf{x}$ の値で $\mathbf{H}$ を計算する必要がある（$\mathbf{x}$ の関数なので，$\mathbf{H}(\mathbf{x})$ とかくべきであるが，簡単のため $\mathbf{H}$ とする文献が多い）．また，(3) の収束判定は，$\mathbf{x}$ かあるいは $f(\mathbf{x})$ の変化が小さくなることでおこなう.

◆ 凸関数

　集合 X 上の実関数 $f(\mathbf{x})$ は，任意の 2 点 $\mathbf{a}$, $\mathbf{b}$ に対し，$f(\mathbf{a})$ と $f(\mathbf{b})$ をむすんだ線分（弦）が $f(\mathbf{x})$ と同じか，それより上にあるとき凸であるといわれる（図 4.10）．すなわち，すべての λ, $0 \leq \lambda \leq 1$, について

$$f(\lambda\mathbf{a} + (1-\lambda)\mathbf{b}) \leq \lambda f(\mathbf{a}) + (1-\lambda)f(\mathbf{b}) \tag{4.5.3}$$

が任意の 2 点 $\mathbf{a}$, $\mathbf{b} \in X$ に対して成りたつとき実関数 $f(\mathbf{x})$ は凸という[5]．たとえば，定数関数 $f(x) = 1$ や x^2 は全域で凸であり，また，$x \ln x$ は，$x > 0$ において凸である．また，弦の両端をのぞいて弦よりも関数値が上にあるとき，すなわち，すべての λ,

---

[5] 点 $\lambda\mathbf{a} + (1-\lambda)\mathbf{b}$ が X の点でなければ $f(\lambda\mathbf{a} + (1-\lambda)\mathbf{b})$ が意味をもたない．そのため，以下では，任意の 2 点 $\mathbf{a}$, $\mathbf{b} \in X$ に対し，すべての λ, $0 \leq \lambda \leq 1$, について，点 $\lambda\mathbf{a} + (1-\lambda)\mathbf{b} \in X$ を仮定する．この性質をみたす X を凸集合という.

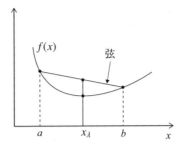

図 4.10 凸関数. 任意の2点 **a**, **b** に対し, $f(\mathbf{a})$ と $f(\mathbf{b})$ をむすんだ線分（弦）が $f(\mathbf{x})$ と同じか, それより上にある. この図では, スカラー変数の関数の場合を表わしている.

$0 < \lambda < 1$, について

$$f(\lambda \mathbf{a} + (1-\lambda)\mathbf{b}) < \lambda f(\mathbf{a}) + (1-\lambda)f(\mathbf{b}) \tag{4.5.4}$$

が成りたつとき**狭義に凸**といわれる. たとえば, 関数 $f(x) = x^2$ は全域で狭義に凸である. しかし, 定数関数は凸であるが, 狭義に凸ではない. 実関数 $f(\mathbf{x})$ が, 凸関数とは反対に弦が $f(\mathbf{x})$ と同じか, それより下にあるとき**凹**であるといわれる. すなわち, $-f(\mathbf{x})$ が凸であるとき, 関数 $f(\mathbf{x})$ は**凹**といわれ, $-f(\mathbf{x})$ が狭義に凸であるとき, $f(\mathbf{x})$ は**狭義に凹**といわれる. たとえば, $-\ln x$ は $x > 0$ で狭義に凸であり, それゆえ $\ln x$ は $x > 0$ で狭義に凹である.

凸関数に関して, よくもちいられる定理を3つのべておこう. いずれの証明も章末の付記にゆずる.

[凸関数の定理 1] X 上で微分可能な関数 $f(\mathbf{x})$ が凸であれば, すべての $\mathbf{x}, \mathbf{y} \in X$ に対し

$$f(\mathbf{y}) \geq f(\mathbf{x}) + (\mathbf{y} - \mathbf{x})^{\mathrm{T}} \nabla f(\mathbf{x}) \tag{4.5.5}$$

が成りたつ. 逆に, すべての $\mathbf{x}, \mathbf{y} \in X$ に対し, 式 (4.5.5) が成りたてば $f(\mathbf{x})$ は凸である. 狭義に凸の関数については, $\mathbf{x} \neq \mathbf{y}$ に対して, 式 (4.5.5) の $\geq$ を $>$ にかえれば同様のことが成りたつ.

2つめの定理をのべる前に, 行列の正定値性を導入する. 対称行列 $\mathbf{A}$ が, すべてのベクトル $\mathbf{x} \neq \mathbf{0}$ に対して, $\mathbf{x}^{\mathrm{T}}\mathbf{A}\mathbf{x} > 0$ をみたすとき, $\mathbf{A}$ は**正定値**, あるいは**正値**であるといわれる. また, すべての $\mathbf{x}$ に対し, $\mathbf{x}^{\mathrm{T}}\mathbf{A}\mathbf{x} \geq 0$ が成りたつとき, 対称行列 $\mathbf{A}$ は**半正定値**, あるいは**半正値**であるといわれる. 同様に, すべてのベクトル $\mathbf{x} \neq \mathbf{0}$ に対して, $\mathbf{x}^{\mathrm{T}}\mathbf{A}\mathbf{x} < 0$ をみたすとき, $\mathbf{A}$ は**負定値**, あるいは**負値**であるといわれる. また, すべての $\mathbf{x}$ に対し, $\mathbf{x}^{\mathrm{T}}\mathbf{A}\mathbf{x} \leq 0$ が成りたつとき, 対称行列 $\mathbf{A}$ は**半負定値**, あるいは**半負値**であるといわれる. なお, $\mathbf{A}$ を対称行列とし, $\mathbf{x}$ をベクトルとしたとき, 2次形式

とよばれる $\mathbf{x}^{\mathrm{T}}\mathbf{A}\mathbf{x}$ は，多次元ガウス分布の指数の肩がこの形をしているので頻出する．

[凸関数の定理2] 関数 $f(\mathbf{x})$ は，X 上で2階連続微分可能とする．このとき，すべての $\mathbf{x} \in X$ に対し $\nabla\nabla f(\mathbf{x})$ が半正定値対称行列であれば，$f(\mathbf{x})$ は凸である（$\nabla\nabla f(\mathbf{x})$ が正定値対称行列であれば，$f(\mathbf{x})$ は狭義に凸である）．凹関数の場合は，主張中の半正定値を半負定値に置きかえれば同様な性質が成りたつ（狭義に凹の場合は，主張中の正定値を負定値に置きかえる）．

[凸関数の定理3] X 上で関数 $f(\mathbf{x})$ が凸ならば，$f(\mathbf{x})$ を極小とする点（極小点）は最小とする点（最小点）である．また，$f(\mathbf{x})$ が狭義に凸ならば，$f(\mathbf{x})$ はただ1つの最小点をもつ．

■ 交差エントロピー誤差関数のヘッセ行列

ロジスティック回帰における交差エントロピー誤差関数 $E(\mathbf{w})$ の極値をとる $\mathbf{w}$ を求めるために，ニュートン法を適用しよう．あとで示すように，極小点が求まればそれが最小点になる．まず，$E(\mathbf{w})$ の勾配とヘッセ行列が必要である．勾配は

$$\nabla E(\mathbf{w}) = \sum_{n=1}^{N}(y_n - t_n)\boldsymbol{\phi}_n = \boldsymbol{\Phi}^{\mathrm{T}}(\mathbf{y}-\mathbf{t}), \quad \boldsymbol{\Phi} = \begin{pmatrix} \boldsymbol{\phi}_1^{\mathrm{T}} \\ \vdots \\ \boldsymbol{\phi}_N^{\mathrm{T}} \end{pmatrix} = \begin{pmatrix} \boldsymbol{\phi}(\mathbf{x}_1)^{\mathrm{T}} \\ \vdots \\ \boldsymbol{\phi}(\mathbf{x}_N)^{\mathrm{T}} \end{pmatrix}$$

である．最後の等式は，右辺を直接計算することでたしかめられる．また，ヘッセ行列は

$$\mathbf{H} = \nabla\nabla E(\mathbf{w}) = \sum_{n=1}^{N} y_n(1-y_n)\boldsymbol{\phi}_n\boldsymbol{\phi}_n^{\mathrm{T}} = \boldsymbol{\Phi}^{\mathrm{T}}\mathbf{R}\boldsymbol{\Phi},$$

ただし，$\mathbf{R}$ は (n, n) 成分が $y_n(1-y_n)$ の対角行列である（演習4.4）．

このヘッセ行列は，対称であり，さらに正定値である．これは，まず，$0 < y_n < 1$ に注意すると $0 < y_n(1-y_n) < 1$ であり，それゆえ，任意の $\mathbf{z} \neq \mathbf{0}$ に対し，

$$\mathbf{z}^{\mathrm{T}}\mathbf{H}\mathbf{z} = \sum_{n=1}^{N} y_n(1-y_n)(\mathbf{z}^{\mathrm{T}}\boldsymbol{\phi})^2 > 0$$

と，示すことができる．よって，凸関数の定理2により，$\mathbf{w}$ の関数である交差エントロピー誤差関数は狭義に凸である．それゆえ，凸関数の定理3により，交差エントロピー誤差関数の極値点（極小点）を求めれば，それが最小点になっている．そこで，つぎに，交差エントロピー誤差関数の極値点を求めるアルゴリズムを紹介する．

■ 反復重みつき最小2乗法

ロジスティック回帰における交差エントロピー誤差関数の極値点を求めるニュートン法は

$$\mathbf{w}^{(\mathrm{new})} = \mathbf{w}^{(\mathrm{old})} - (\mathbf{\Phi}^{\mathrm{T}}\mathbf{R}\mathbf{\Phi})^{-1}\mathbf{\Phi}^{\mathrm{T}}(\mathbf{y} - \mathbf{t})$$

と表現できる．このとき，$\mathbf{R}$ は対角成分が $y_n(1 - y_n)$ の対角行列であり，y_n は $\mathbf{w}$ の関数なので，この式を計算するつど $(\mathbf{\Phi}^{\mathrm{T}}\mathbf{R}\mathbf{\Phi})^{-1}$ を計算する必要がある．また，上式は

$$\begin{aligned}
\mathbf{w}^{(\mathrm{new})} &= \mathbf{w}^{(\mathrm{old})} - (\mathbf{\Phi}^{\mathrm{T}}\mathbf{R}\mathbf{\Phi})^{-1}\mathbf{\Phi}^{\mathrm{T}}(\mathbf{y} - \mathbf{t}) \\
&= (\mathbf{\Phi}^{\mathrm{T}}\mathbf{R}\mathbf{\Phi})^{-1}\{\mathbf{\Phi}^{\mathrm{T}}\mathbf{R}\mathbf{\Phi}\mathbf{w}^{(\mathrm{old})} - \mathbf{\Phi}^{\mathrm{T}}(\mathbf{y} - \mathbf{t})\} \\
&= (\mathbf{\Phi}^{\mathrm{T}}\mathbf{R}\mathbf{\Phi})^{-1}\mathbf{\Phi}^{\mathrm{T}}\mathbf{R}\mathbf{z} \\
&= ((\mathbf{R}^{\frac{1}{2}}\mathbf{\Phi})^{\mathrm{T}}(\mathbf{R}^{\frac{1}{2}}\mathbf{\Phi}))^{-1}(\mathbf{R}^{\frac{1}{2}}\mathbf{\Phi})^{\mathrm{T}}(\mathbf{R}^{\frac{1}{2}}\mathbf{z})
\end{aligned}$$

のように変形できる．ただし，$\mathbf{R}^{\frac{1}{2}}$ は，$(\mathbf{R}^{\frac{1}{2}})^2 = \mathbf{R}$ をみたす (n, n) 成分が $\sqrt{y_n(1 - y_n)}$ の対角行列，また，$\mathbf{z} = \mathbf{\Phi}\mathbf{w}^{(\mathrm{old})} - \mathbf{R}^{-1}(\mathbf{y} - \mathbf{t})$ とおいた．この式より，重み $\mathbf{R}^{\frac{1}{2}}$ つきの最小2乗問題の正規方程式

$$((\mathbf{R}^{\frac{1}{2}}\mathbf{\Phi})^{\mathrm{T}}(\mathbf{R}^{\frac{1}{2}}\mathbf{\Phi}))\mathbf{w} = (\mathbf{R}^{\frac{1}{2}}\mathbf{\Phi})^{\mathrm{T}}(\mathbf{R}^{\frac{1}{2}}\mathbf{z})$$

の解が，更新された $\mathbf{w}$ となることがわかる．ただし，$\mathbf{R}$ は $\mathbf{w}$ に依存しているので，$\mathbf{w}$ が更新されるたびに $\mathbf{R}$ を計算しなおして正規方程式を繰りかえしとかねばならない．そのため，このアルゴリズムは**反復重みつき最小2乗法**とよばれる．

図 4.11 は，ロジスティック回帰による，線形分離可能ではないデータに対

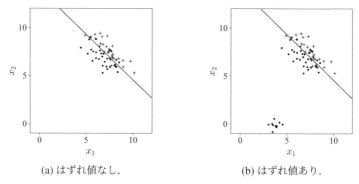

(a) はずれ値なし.　　　　　　(b) はずれ値あり.

図 **4.11**　交差エントロピー誤差関数の最小化によりパラメータを
定めたロジスティック回帰による2クラス分類の決定境界.

する2クラス分類結果である. 図4.11aは, はずれ値がない場合を, 図4.11b
は, はずれ値が存在する場合の決定境界を示している. ロジスティック回帰
は, はずれ値に大きくは影響されないことがみてとれる（ロジスティック回帰
は, はずれ値に対して頑健であるという）.

4.5.5　ロジスティック回帰の最尤推定の問題点

　ロジスティック回帰の最尤推定では, 線形分離可能なデータに対して過学習
を起こす. 以下でこれを説明しよう. まず, データは線形分離可能なので, デ
ータを完全に分離する決定境界 $\mathbf{w}^{\mathrm{T}}\boldsymbol{\phi}(\mathbf{x}) = 0$ が存在する. このとき, 一般性
をうしなうことなく,

$$\text{すべての } \mathbf{x}_n \in \mathcal{C}_1(t_n = 1) \text{ に対し, } \mathbf{w}^{\mathrm{T}}\boldsymbol{\phi}(\mathbf{x}_n) > 0,$$
$$\text{すべての } \mathbf{x}_n \in \mathcal{C}_2(t_n = 0) \text{ に対し, } \mathbf{w}^{\mathrm{T}}\boldsymbol{\phi}(\mathbf{x}_n) < 0$$

が成りたつとすることができる. すると, k を正のスカラーとして $k\mathbf{w}$ を考え
ても同じ不等式が成りたつ. よって, $k \to \infty$ とすると,

$$\mathbf{x}_n \in \mathcal{C}_1(t_n = 1) \text{ に対し, } k\mathbf{w}^{\mathrm{T}}\boldsymbol{\phi}(\mathbf{x}_n) \to +\infty,$$
$$\mathbf{x}_n \in \mathcal{C}_2(t_n = 0) \text{ に対し, } k\mathbf{w}^{\mathrm{T}}\boldsymbol{\phi}(\mathbf{x}_n) \to -\infty.$$

$\displaystyle\lim_{x\to\infty}\sigma(x)=1,\ \lim_{x\to-\infty}\sigma(x)=0$ なので, $k\to\infty$ で

$$\mathbf{x}_n\in\mathcal{C}_1(t_n=1)\ \text{に対し},\ y_n=\sigma(k\mathbf{w}^\mathrm{T}\boldsymbol{\phi}(\mathbf{x}_n))\to1,$$

$$\mathbf{x}_n\in\mathcal{C}_2(t_n=0)\ \text{に対し},\ y_n=\sigma(k\mathbf{w}^\mathrm{T}\boldsymbol{\phi}(\mathbf{x}_n))\to0$$

となる. この結果から $k\to\infty$ で

$$E(k\mathbf{w})=-\ln p(\mathbf{t}\,|\,k\mathbf{w})=-\sum_{n=1}^{N}\{t_n\ln y_n+(1-t_n)\ln(1-y_n)\}\to0$$

となることがわかり, 交差エントロピー誤差関数は 0, すなわち, 尤度は無限大の「最大値」をとる.

さて, この $\mathbf{w}$ に対し, 任意の $\mathbf{x}$ について $\mathbf{w}^\mathrm{T}\boldsymbol{\phi}(\mathbf{x})>0$ または $\mathbf{w}^\mathrm{T}\boldsymbol{\phi}(\mathbf{x})<0$ のどちらかが成りたつ (= 0 はきわめてまれなので無視する) ので, やはり, $k\to\infty$ で, $\sigma(k\mathbf{w}^\mathrm{T}\boldsymbol{\phi}(\mathbf{x}))\to1$ か, $\sigma(k\mathbf{w}^\mathrm{T}\boldsymbol{\phi}(\mathbf{x}))\to-1$ である. すなわち, この大きさ無限大の $\mathbf{w}'=\lim_{k\to\infty}k\mathbf{w}$ で定まる平面を決定境界とするロジスティック回帰は, どんな入力 $\mathbf{x}$ に対しても, どちらかのクラスに属する確率を 1 としてしまう. この意味で, 線形分離可能なデータに対し, ロジスティック回帰の最尤推定は過学習を起こす.

さらに, 線形分離可能なデータに対しては, $\mathbf{w}$ を求める繰りかえし計算の初期値ごとに決定境界が異なり, ロジスティック回帰は, どの決定境界がよい境界であるかを決めることができないという問題もはらむ.

線形分離可能なデータに対して過学習をふせぐためには, たとえば, 交差エントロピー誤差関数 (4.5.1) に 2 乗ノルム正則化項をくわえた正則化誤差関数

$$E(\mathbf{w})=-\sum_{n=1}^{N}\{t_n\ln y_n+(1-t_n)\ln(1-y_n)\}+\frac{\lambda}{2}||\mathbf{w}||^2 \qquad(4.5.6)$$

を最小化して $\mathbf{w}$ を定めればよい. ここで, λ はパラメータである. ただし, このパラメータ λ を定めるために交差検証が必要となる.

以上で, 確率的識別モデルによる 2 クラス分類を終える.

4.6　確率的生成モデルによる2クラス分類

　確率的生成モデルによる分類にうつろう．特徴空間で表現するとかなり式が複雑となるので，本節では，ふたたび，入力空間に値をとる確率変数 $\mathbf{x}$ をもちいてモデルや事後確率などを表現する．$\mathbf{x}$ を基底関数 $\boldsymbol{\phi}(\mathbf{x})$（ベクトル）に置きかえれば，以下は特徴空間での議論として通用する．以下では，入力ベクトルを $\mathbf{x} \in \boldsymbol{R}^D$ とする．

　確率的生成アプローチでは，

(1) クラスごとのデータの生成分布 $p(\mathbf{x} \,|\, \mathcal{C}_k)$ と，

(2) クラスの事前分布 $p(\mathcal{C}_k)$

の両者をモデル化して，

(3) ベイズの定理から事後確率 $p(\mathcal{C}_1 \,|\, \mathbf{x}) = \dfrac{p(\mathbf{x} \,|\, \mathcal{C}_1) p(\mathcal{C}_1)}{p(\mathbf{x})}$, $k = 1, 2,$

を求める．

4.6.1　クラスの事後確率：一般化線形モデルで表現できる場合

　クラスごとのデータ $\mathbf{x}$ の生成分布として，共通の共分散行列 $\boldsymbol{\Sigma}$ をもつガウス分布

$$p(\mathbf{x} \,|\, \mathcal{C}_k) = \frac{1}{(2\pi)^{D/2}} \frac{1}{|\boldsymbol{\Sigma}|^{1/2}} \exp\left\{ -\frac{1}{2}(\mathbf{x} - \boldsymbol{\mu}_k)^{\mathrm{T}} \boldsymbol{\Sigma}^{-1}(\mathbf{x} - \boldsymbol{\mu}_k) \right\}, \quad k = 1, 2,$$

を仮定しよう．

　このとき，以下で示すように，クラス $\mathcal{C}_1$ の事後確率は

$$p(\mathcal{C}_1 \,|\, \mathbf{x}) = \frac{p(\mathbf{x} \,|\, \mathcal{C}_1) p(\mathcal{C}_1)}{p(\mathbf{x})} = \sigma(\mathbf{w}^{\mathrm{T}} \mathbf{x} + w_0)$$

となる．これは，ロジスティックシグモイド関数を活性化関数とする一般化線形モデル，ロジスティック回帰である．

　実際，ベイズの定理をつかって，クラス $\mathcal{C}_1$ の事後確率を計算すると，

$$p(\mathcal{C}_1 \mid \mathbf{x}) = \frac{p(\mathbf{x} \mid \mathcal{C}_1)p(\mathcal{C}_1)}{p(\mathbf{x})} = \frac{p(\mathbf{x} \mid \mathcal{C}_1)p(\mathcal{C}_1)}{p(\mathbf{x} \mid \mathcal{C}_1)p(\mathcal{C}_1) + p(\mathbf{x} \mid \mathcal{C}_2)p(\mathcal{C}_2)}$$

$$= \frac{1}{1 + \dfrac{p(\mathbf{x} \mid \mathcal{C}_2)p(\mathcal{C}_2)}{p(\mathbf{x} \mid \mathcal{C}_1)p(\mathcal{C}_1)}} = \frac{1}{1 + \exp(-a)}$$

$$= \sigma(a) \tag{4.6.1}$$

となる. ただし, $a = \ln \frac{p(\mathbf{x} \mid \mathcal{C}_1)p(\mathcal{C}_1)}{p(\mathbf{x} \mid \mathcal{C}_2)p(\mathcal{C}_2)}$ とした. さらに, この a を計算しよう.

$$a = \ln \frac{p(\mathbf{x} \mid \mathcal{C}_1)p(\mathcal{C}_1)}{p(\mathbf{x} \mid \mathcal{C}_2)p(\mathcal{C}_2)}$$

$$= \ln \frac{\exp\left\{-\dfrac{1}{2}(\mathbf{x} - \boldsymbol{\mu}_1)^{\mathrm{T}}\boldsymbol{\Sigma}^{-1}(\mathbf{x} - \boldsymbol{\mu}_1)\right\} p(\mathcal{C}_1)}{\exp\left\{-\dfrac{1}{2}(\mathbf{x} - \boldsymbol{\mu}_2)^{\mathrm{T}}\boldsymbol{\Sigma}^{-1}(\mathbf{x} - \boldsymbol{\mu}_2)\right\} p(\mathcal{C}_2)}$$

$$= -\frac{1}{2}(\mathbf{x} - \boldsymbol{\mu}_1)^{\mathrm{T}}\boldsymbol{\Sigma}^{-1}(\mathbf{x} - \boldsymbol{\mu}_1) + \frac{1}{2}(\mathbf{x} - \boldsymbol{\mu}_2)^{\mathrm{T}}\boldsymbol{\Sigma}^{-1}(\mathbf{x} - \boldsymbol{\mu}_2) + \ln \frac{p(\mathcal{C}_1)}{p(\mathcal{C}_2)}$$

$$= \mathbf{x}^{\mathrm{T}}\boldsymbol{\Sigma}^{-1}(\boldsymbol{\mu}_1 - \boldsymbol{\mu}_2) - \frac{1}{2}\boldsymbol{\mu}_1^{\mathrm{T}}\boldsymbol{\Sigma}^{-1}\boldsymbol{\mu}_1 + \frac{1}{2}\boldsymbol{\mu}_2^{\mathrm{T}}\boldsymbol{\Sigma}^{-1}\boldsymbol{\mu}_2 + \ln \frac{p(\mathcal{C}_1)}{p(\mathcal{C}_2)}$$

$$= \mathbf{w}^{\mathrm{T}}\mathbf{x} + w_0.$$

ここで,

$$\mathbf{w} = \boldsymbol{\Sigma}^{-1}(\boldsymbol{\mu}_1 - \boldsymbol{\mu}_2),$$

$$w_0 = -\frac{1}{2}\boldsymbol{\mu}_1^{\mathrm{T}}\boldsymbol{\Sigma}^{-1}\boldsymbol{\mu}_1 + \frac{1}{2}\boldsymbol{\mu}_2^{\mathrm{T}}\boldsymbol{\Sigma}^{-1}\boldsymbol{\mu}_2 + \ln \frac{p(\mathcal{C}_1)}{p(\mathcal{C}_2)}$$

である.

　以上の理解をふかめるため, 入力空間が 2 次元のときの 2 クラスのガウス分布を考えよう. 図 4.12a は, 共通の共分散行列をもつ 2 つの 2 次元ガウス分布の例を示す. また, クラスの事後確率 $p(\mathcal{C}_1 \mid \mathbf{x})$ の等高線を図 4.12b に示す. クラス $\mathcal{C}_2$ の事後確率は $1 - p(\mathcal{C}_1 \mid \mathbf{x})$ であり, 図 4.12b の白黒の濃淡を逆転させたものになる.

　なお, クラスの事後確率の比の対数

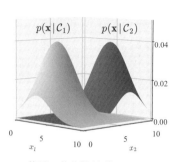

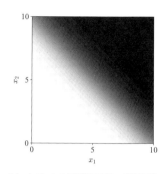

(a) 共通の共分散行列をもつ 2 つ
のガウス分布.

(b) クラスの事後確率の等高線.
クラスの事後確率におうじて濃淡
をかえている.

図 **4.12**　2 クラスのデータ生成分布が，共通の共分散行列をもつガウス分布 $p(\mathbf{x}\,|\,\boldsymbol{\mu}_1, \boldsymbol{\Sigma})$, $p(\mathbf{x}\,|\,\boldsymbol{\mu}_2, \boldsymbol{\Sigma})$ にしたがうときの，(a) 分布の例，(b) クラス $\mathcal{C}_1$ の事後確率 $p(\mathcal{C}_1\,|\,\mathbf{x})$ の等高線．クラス $\mathcal{C}_2$ の事後確率は，$p(\mathcal{C}_2\,|\,\mathbf{x}) = 1 - p(\mathcal{C}_1\,|\,\mathbf{x})$ で，白黒の濃淡を逆転させたものになる．

$$a = \ln \frac{p(\mathcal{C}_1\,|\,\mathbf{x})}{p(\mathcal{C}_2\,|\,\mathbf{x})} = \ln \frac{p(\mathbf{x}\,|\,\mathcal{C}_1)p(\mathcal{C}_1)}{p(\mathbf{x}\,|\,\mathcal{C}_2)p(\mathcal{C}_2)}$$

は対数オッズとよばれる．

4.6.2　決定境界

　誤分類率を最小にする決定境界は，2 クラスの事後確率が等しいところである．いまのモデルでは，クラスの事後確率は

$$p(\mathcal{C}_1\,|\,\mathbf{x}) = \sigma(\mathbf{w}^{\mathrm{T}}\mathbf{x} + w_0), \quad p(\mathcal{C}_2\,|\,\mathbf{x}) = 1 - p(\mathcal{C}_1\,|\,\mathbf{x})$$

であるので，決定境界は

$$\sigma(\mathbf{w}^{\mathrm{T}}\mathbf{x} + w_0) = \frac{1}{2} \;\Leftrightarrow\; \mathbf{w}^{\mathrm{T}}\mathbf{x} + w_0 = 0$$

となる．$\mathbf{x}$ が 1 次元のときは，決定境界は $x = 0.5$ であり（図 4.9 参照），$\mathbf{x}$ が 2 次元のときは，決定境界は $w_1 x_1 + w_2 x_2 + w_0 = 0$ である（図 4.13）．

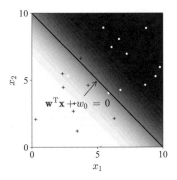

図 4.13 クラスごとのデータ生成分布の共分散行列が等しいときの 2 クラス分類の決定境界：2 次元の場合．決定境界は直線 $w_1 x_1 + w_2 x_2 + w_0 = 0$.

4.6.3 クラスの事前確率の影響

クラスの事後確率 $p(\mathcal{C}_1 \,|\, \mathbf{x}) = \sigma(\mathbf{w}^{\mathrm{T}}\mathbf{x} + w_0)$ において，事前確率が現われているのは

$$w_0 = -\frac{1}{2}\boldsymbol{\mu}_1^{\mathrm{T}}\boldsymbol{\Sigma}^{-1}\boldsymbol{\mu}_1 + \frac{1}{2}\boldsymbol{\mu}_2^{\mathrm{T}}\boldsymbol{\Sigma}^{-1}\boldsymbol{\mu}_2 + \ln\frac{p(\mathcal{C}_1)}{p(\mathcal{C}_2)}$$

の最後の項だけである．よって，$\mathbf{w}$ をかえずに w_0 をかえれば決定境界 $\mathbf{w}^{\mathrm{T}}\mathbf{x} + w_0 = 0$ が平行移動することがわかる（図 4.14）．すなわち，2 つのクラスの事前確率の比のちがいは，決定境界の平行移動となって現われる．

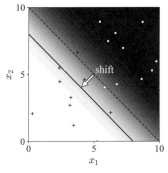

図 4.14 決定境界の平行移動．クラスの事前分布の比のちがいが決定境界の平行移動を引きおこす．

4.6.4　確率的生成モデルの学習

クラスの事前確率と，クラスのデータの生成分布は，一般にはわからないので，データから推定する必要がある．推定すべきものは，

(1) クラスの事前確率　$p(\mathcal{C}_1)$, $p(\mathcal{C}_2)$,
(2) クラスで条件づけられた $\mathbf{x}$ の確率密度関数

$$p(\mathbf{x}\,|\,\mathcal{C}_k) = \frac{1}{(2\pi)^{D/2}} \frac{1}{|\boldsymbol{\Sigma}|^{1/2}} \exp\left\{-\frac{1}{2}(\mathbf{x} - \boldsymbol{\mu}_k)^{\mathrm{T}} \boldsymbol{\Sigma}^{-1}(\mathbf{x} - \boldsymbol{\mu}_k)\right\},\ k = 1,\,2,$$

の平均 $\boldsymbol{\mu}_1$, $\boldsymbol{\mu}_2$ と，共通の共分散 $\boldsymbol{\Sigma}$

である．これらを最尤推定しよう．

■ 尤度：確率的生成モデル

目標変数 $t = 1$ はクラス $\mathcal{C}_1$ を，$t = 0$ はクラス $\mathcal{C}_2$ を表わすとする．クラスの事前確率をパラメータ π で表現し，

$$p(\mathcal{C}_1) = p(t = 1) = \pi,\quad p(\mathcal{C}_2) = p(t = 0) = 1 - \pi$$

とする．このとき，$(\mathbf{x}, t = 1)$ が生成される確率は

$$p(\mathbf{x}, t = 1) = p(\mathbf{x}, \mathcal{C}_1) = p(\mathcal{C}_1)p(\mathbf{x}\,|\,\mathcal{C}_1) = \pi\mathcal{N}(\mathbf{x}\,|\,\boldsymbol{\mu}_1, \boldsymbol{\Sigma})$$

である．同様に，$(\mathbf{x}, t = 0)$ が生成される確率は

$$p(\mathbf{x}, t = 0) = p(\mathbf{x}, \mathcal{C}_2) = p(\mathcal{C}_2)p(\mathbf{x}\,|\,\mathcal{C}_2) = (1 - \pi)\mathcal{N}(\mathbf{x}\,|\,\boldsymbol{\mu}_2, \boldsymbol{\Sigma})$$

である．よって，あたえられたデータを

$$\mathcal{D} = \{(\mathbf{x}_1, t_1), (\mathbf{x}_2, t_2), \ldots, (\mathbf{x}_N, t_N)\},\quad t_n \in \{0, 1\},\quad n = 0, \ldots, N,$$

としたとき，データは独立同分布にしたがうと仮定すると，尤度関数は

$$p(\mathcal{D}\,|\,\pi, \boldsymbol{\mu}_1, \boldsymbol{\mu}_2, \boldsymbol{\Sigma}) = \prod_{n=1}^{N} [\pi\mathcal{N}(\mathbf{x}_n\,|\,\boldsymbol{\mu}_1, \boldsymbol{\Sigma})]^{t_n} [(1 - \pi)\mathcal{N}(\mathbf{x}_n\,|\,\boldsymbol{\mu}_2, \boldsymbol{\Sigma})]^{1-t_n}$$

である．

■ π の最尤推定：確率的生成モデル

まず，π に関する最大化を考える．そのため，尤度の対数をとって π に依存する項をまとめると，

$$\sum_{n=1}^{N}\{t_n \ln \pi + (1 - t_n)\ln(1 - \pi)\}$$

となる．π に関して微分し，その結果を 0 とおいて π についてとくと

$$\pi = \frac{1}{N}\sum_{n=1}^{N}t_n = \frac{N_1}{N} = \frac{N_1}{N_1 + N_2}.$$

ここで，N_1 はクラス $\mathcal{C}_1$ のデータの総数であり，N_2 はクラス $\mathcal{C}_2$ のデータの総数である．π に関する最尤推定結果は，クラス $\mathcal{C}_1$ のデータの個数の割合となり，納得しやすい．

■ μ_1, μ_2 の最尤推定：確率的生成モデル

μ_1 に関する最大化を考える．対数尤度から μ_1 に依存する項をまとめると

$$\sum_{n=1}^{N}t_n \ln \mathcal{N}(\mathbf{x}_n \mid \mu_1, \boldsymbol{\Sigma}) = -\frac{1}{2}\sum_{n=1}^{N}t_n(\mathbf{x}_n - \mu_1)^{\mathrm{T}}\boldsymbol{\Sigma}^{-1}(\mathbf{x}_n - \mu_1) + \mathrm{const.}$$

となる．μ_1 に関して微分し，その結果を 0 とおいて整理すると

$$\mu_1 = \frac{1}{N_1}\sum_{n=1}^{N}t_n \mathbf{x}_n$$

となる．これは，クラス $\mathcal{C}_1$ に割りあてられるすべての入力ベクトル $\mathbf{x}_n$ の平均で，これも納得しやすい．同様に，μ_2 に関しても

$$\mu_2 = \frac{1}{N_2}\sum_{n=1}^{N}(1 - t_n)\mathbf{x}_n$$

となる．

■ $\boldsymbol{\Sigma}$ の最尤推定：確率的生成モデル

$\boldsymbol{\Sigma}$ に関する最大化を考えよう．対数尤度から $\boldsymbol{\Sigma}$ に依存する項をまとめると

$$-\frac{1}{2}\sum_{n=1}^{N} t_n \ln|\boldsymbol{\Sigma}| - \frac{1}{2}\sum_{n=1}^{N} t_n (\mathbf{x}_n - \boldsymbol{\mu}_1)^{\mathrm{T}} \boldsymbol{\Sigma}^{-1}(\mathbf{x}_n - \boldsymbol{\mu}_1)$$
$$-\frac{1}{2}\sum_{n=1}^{N} (1-t_n) \ln|\boldsymbol{\Sigma}| - \frac{1}{2}\sum_{n=1}^{N} (1-t_n)(\mathbf{x}_n - \boldsymbol{\mu}_2)^{\mathrm{T}} \boldsymbol{\Sigma}^{-1}(\mathbf{x}_n - \boldsymbol{\mu}_2)$$
$$= -\frac{N}{2}\ln|\boldsymbol{\Sigma}| - \frac{N}{2}\mathrm{Tr}\{\boldsymbol{\Sigma}^{-1}\mathbf{S}\}$$

となる．ただし，

$$\mathbf{S} = \frac{N_1}{N}\mathbf{S}_1 + \frac{N_2}{N}\mathbf{S}_2,$$

$$\mathbf{S}_1 = \frac{1}{N_1}\sum_{n \in C_1}(\mathbf{x}_n - \boldsymbol{\mu}_1)(\mathbf{x}_n - \boldsymbol{\mu}_1)^{\mathrm{T}}, \quad \mathbf{S}_2 = \frac{1}{N_2}\sum_{n \in C_2}(\mathbf{x}_n - \boldsymbol{\mu}_2)(\mathbf{x}_n - \boldsymbol{\mu}_2)^{\mathrm{T}}$$

であり，和における C_1 は，クラス $\mathcal{C}_1$ に属するデータの添字集合で，C_2 は，クラス $\mathcal{C}_2$ に属するデータの添字集合である．最後の等式では，$\mathbf{x}^{\mathrm{T}}\boldsymbol{\Sigma}^{-1}\mathbf{x} = \mathrm{Tr}(\boldsymbol{\Sigma}^{-1}\mathbf{x}\mathbf{x}^{\mathrm{T}})$ をもちいた（第 II 部末付録 B のトレース関係の項参照）．この式の両辺を $\boldsymbol{\Sigma}$ に関して微分し，その結果を 0 とおいて整理すると，$\boldsymbol{\Sigma} = \mathbf{S}$ となる．これは，各クラスのデータの個数の割合を重みとする，各クラスの共分散行列の重みつき平均を意味する．

4.6.5　確率的生成モデルから導かれたロジスティック回帰の一般性

以上では，クラスで条件づけた $\mathbf{x}$ の分布を $p(\mathbf{x}|\mathcal{C}_k)$ として分散が同一のガウス分布を仮定した．一般には，$\mathbf{x}$ の分布を $p(\mathbf{x}|\mathcal{C}_k)$ として，ガウス分布をふくむ指数型分布族のある部分クラスのメンバーを仮定すれば，クラスの事後確率 $p(\mathcal{C}_1|\mathbf{x})$ を一般化線形モデル

$$p(\mathcal{C}_1|\mathbf{x}) = \sigma(\mathbf{w}^{\mathrm{T}}\mathbf{x} + w_0)$$

として表現することができる．

ここでは，各成分が離散 2 値の 0 か 1 をとる D 次元確率変数 $\mathbf{x}$ を考え，以

下のクラスで条件づけた分布を $\mathbf{x}$ がもつ場合について議論しよう.

$$p(\mathbf{x} \,|\, \mathcal{C}_k) = \prod_{i=1}^{D} \mu_{ki}^{x_i} (1 - \mu_{ki})^{(1-x_i)}, \quad k = 0, 1, \tag{4.6.2}$$

ただし, $0 < \mu_{ki} < 1, k = 1, 2, i = 1, \ldots, D$. 上式を直感的にいえば, 表がで
る確率が $\mu_{11}, \ldots, \mu_{1D}$ の D 枚のコインと, $\mu_{21}, \ldots, \mu_{2D}$ の D 枚のコインの2
組を考え, それぞれの組のコイン D 枚を投げたときにでる表裏のパターンの
確率に対応する. 式 (4.6.2) で表現されるモデルのように, 確率変数 (ベクト
ル) $\mathbf{x}$ の成分が, クラスで条件づけたもとで独立であると仮定するモデルをナ
イーブベイズという.

さて, ベイズの定理から一般的に成りたつ式 (4.6.1) に対し, 上記モデルに
おける対数オッズ

$$a = \ln \frac{p(\mathbf{x} \,|\, \mathcal{C}_1) p(\mathcal{C}_1)}{p(\mathbf{x} \,|\, \mathcal{C}_2) p(\mathcal{C}_2)}$$

を求めよう. 簡単な計算により, $a = \mathbf{w}^{\mathrm{T}} \mathbf{x} + w_0$ となる. ただし,

$$\mathbf{w} = \begin{pmatrix} w_1 & \cdots & w_D \end{pmatrix}^{\mathrm{T}},$$

$$w_i = \ln \frac{\mu_{1i}(1 - \mu_{2i})}{\mu_{2i}(1 - \mu_{1i})}, \quad i = 1, \cdots, D,$$

$$w_0 = \sum_{i=1}^{D} \ln \frac{1 - \mu_{1i}}{1 - \mu_{2i}} + \ln \frac{p(\mathcal{C}_1)}{p(\mathcal{C}_2)}$$

である. これで, 式 (4.6.2) で表現されるモデルの場合も, クラスの条件つき
確率が, ロジスティックシグモイド関数を活性化関数とする一般化線形モデル
で表わされることが示された.

4.6.6 識別モデル vs. 生成モデル:ロジスティック回帰

確率的識別モデルとしてのロジスティック回帰は, 基底関数 (入力) の次元
を M とすると, 重み $\mathbf{w}$ の次元も M である. よって, パラメータ数は M で,
つぎにのべる確率的生成モデルから定めたロジスティック回帰のパラメータよ
りも少ない. さらに, 確率的生成モデルでは, クラスで条件づけた $\mathbf{x}$ の分布

$p(\mathbf{x}\,|\,\mathcal{C}_k)$ が必要であり，それは真の分布のよい近似となっていなければならない．それに対し，確率的識別モデルでは，$p(\mathbf{x}\,|\,\mathcal{C}_k)$ は不要である．しかし，さきにみたように，線形分離可能なデータに対しては過学習を起こす．

一方，確率的生成モデルから導かれるロジスティック回帰は，クラスの事後確率を求めるために，$p(\mathbf{x}\,|\,\mathcal{C}_k)$ の平均と共通の共分散，さらに $p(\mathcal{C}_k)$ の比の値を必要とする．平均 $\boldsymbol{\mu}_1, \boldsymbol{\mu}_2$ はそれぞれパラメータ数 $2M$ で，$\boldsymbol{\Sigma}$ はパラメータ数 $M(M+1)/2$ である．また，$p(\mathcal{C}_k)$ の比は1つのパラメータである．よって，すべてのパラメータ数は $M(M+5)/2+1$ となり，確率的識別モデルよりも，決定すべきパラメータが多い．確率的生成モデルでは，周辺確率 $p(\mathbf{x})$ を求めればデータを生成できるという利点がある．また，線形分離可能なデータに対しても，極端な過学習を起こすことはない．

4.7　確率的識別モデルによる多クラス分類

多クラス分類問題へのアプローチと分類手法は，2クラス分類の場合と本質的に同じである．しかし，分類すべきクラス数が多くなるとともに計算量も増加する．また，2クラス分類のときにはロジスティックシグモイド関数が主役を演じたのに対し，多クラス分類のときにはソフトマックス関数がそれにとってかわる．

4.7.1　ソフトマックス関数

K 個の変数からなるベクトル変数 $\mathbf{x} = (x_1 \cdots x_K)^{\mathrm{T}}$ に対し，ベクトル値をとる関数

$$\boldsymbol{\sigma}(\mathbf{x}) = \left(\frac{\exp(x_1)}{\sum_{j=1}^{K}\exp(x_j)} \quad \frac{\exp(x_2)}{\sum_{j=1}^{K}\exp(x_j)} \quad \cdots \quad \frac{\exp(x_K)}{\sum_{j=1}^{K}\exp(x_j)} \right)^{\mathrm{T}}$$

をソフトマックス関数という．ソフトマックス関数は以下の性質をもつ．すなわち，$\boldsymbol{\sigma}(\mathbf{x})$ の第 k 成分を

$$\sigma_k(\mathbf{x}) = \frac{\exp(x_k)}{\displaystyle\sum_{j=1}^{K} \exp(x_j)}, \quad k = 1, \ldots, K,$$

とすると,

(1) $\sigma_k(\mathbf{x})$ は, $\boldsymbol{R}$ 全域で定義され, 変数 x_k に対して単調増加である.

(2) $0 < \sigma_k(\mathbf{x}) < 1, \quad k = 1, \ldots, K.$

(3) $\displaystyle\sum_{k=1}^{K} \sigma_k(\mathbf{x}) = 1.$

(4) $\sigma_k(\mathbf{x})$ はなめらか(何回でも微分可能であり, 微分した結果は連続)である.

これらのうち, (2) と (3) の性質は, $\sigma_k(\mathbf{x})$ が確率としての意味をもつことを表わしている. さらに,

(5) 大きな x_k に対して $\sigma_k(\mathbf{x})$ は 1 に近くなる.

(6) 小さな x_k に対して $\sigma_k(\mathbf{x})$ は 0 に近くなる.

この 2 つの性質は, ソフトマックス関数が $(0, 1)$ に正規化された $\max(\mathbf{x})$ の近似になっていることを表わしている.

4.7.2 多クラスロジスティック回帰モデル

クラス数 K の分類問題において, $\mathbf{x}$ がクラス k に所属する確率が, ソフトマックス関数をつかって, その k 番めの成分

$$y_k(\mathbf{x}) = \frac{\exp(\mathbf{w}_k^{\mathrm{T}} \boldsymbol{\phi}(\mathbf{x}))}{\displaystyle\sum_{j=1}^{K} \exp(\mathbf{w}_j^{\mathrm{T}} \boldsymbol{\phi}(\mathbf{x}))}, \quad k = 1, \ldots, K,$$

であたえられる分類モデルを**多クラスロジスティック回帰モデル**という. このモデルは, ソフトマックス関数を活性化関数とした一般化線形モデルである. クラスごとに線形関数 $a_k = \mathbf{w}_k^{\mathrm{T}} \boldsymbol{\phi}(\mathbf{x})$ があることに注意してほしい.

4.7.3 多クラスロジスティック回帰モデルの学習

■ 尤度：多クラスロジスティック回帰モデル

$\mathbf{x}_n$ の所属クラスを one-hot 表現で表わし，それを $\mathbf{t}_n$ とする．すなわち，

$$\mathbf{t}_n = (t_{n1} \cdots t_{nK})^{\mathrm{T}},\quad t_{n1}, \ldots, t_{nK} \in \{0, 1\},\quad t_{n1} + \cdots + t_{nK} = 1$$

である．さらに，$\mathbf{t}_n$ をならべた行列を $\mathbf{T} = (\mathbf{t}_1\,\mathbf{t}_2\cdots\mathbf{t}_N)$ とする．このとき，多クラスロジスティック回帰モデルの尤度関数は，

$$p(\mathbf{T} \mid \mathbf{w}_1, \ldots, \mathbf{w}_K) = \prod_{n=1}^{N}\prod_{k=1}^{K} p(\mathcal{C}_k \mid \boldsymbol{\phi}_n)^{t_{nk}} = \prod_{n=1}^{N}\prod_{k=1}^{K} y_{nk}^{t_{nk}},\quad \boldsymbol{\phi}_n = \boldsymbol{\phi}(\mathbf{x}_n)$$

となる．この負の対数をとると交差エントロピー誤差関数

$$E(\mathbf{w}_1, \ldots, \mathbf{w}_K) = -\ln p(\mathbf{T} \mid \mathbf{w}_1, \ldots, \mathbf{w}_K) = -\sum_{n=1}^{N}\sum_{k=1}^{K} t_{nk}\ln y_{nk}$$

となる．

■ 最尤推定：多クラスロジスティック回帰モデル

交差エントロピー誤差関数をパラメータ $\mathbf{w}_j$ で微分して $\mathbf{0}$ とおくと

$$\nabla_{\mathbf{w}_j} E(\mathbf{w}_1, \ldots, \mathbf{w}_K) = \sum_{n=1}^{N} (y_{nj} - t_{nj})\boldsymbol{\phi}_n = \mathbf{0},\quad j = 1, \ldots, K$$

となり，この K 個の連立方程式の解が $\mathbf{w}_j$ の最尤推定解である．2クラスロジスティック回帰のときと同じように，最尤推定解を求めるために，反復重みつき最小2乗法を適用するには，交差エントロピー誤差関数のヘッセ行列が必要である．このヘッセ行列は，$M \times M$（M は $\mathbf{w}$ の次元）の行列をブロックとする $M \times K$ の正方行列である．具体的には，ブロック j, k は

$$\nabla_{\mathbf{w}_k}\nabla_{\mathbf{w}_j} E(\mathbf{w}_1, \ldots, \mathbf{w}_K) = \sum_{n=1}^{N} y_{nk}(\mathbf{I}_{kj} - y_{nj})\boldsymbol{\phi}_n\boldsymbol{\phi}_n^{\mathrm{T}}$$

である（演習 4.5）．ただし $\mathbf{I}_{kj}$ は $M \times M$ の単位行列 $\mathbf{I}$ の (k, j) 成分である．

4.8 確率的生成モデルによる多クラス分類

4.8.1 クラスの事後確率

クラスごとのデータ $\mathbf{x}$ の生成確率密度として以下を仮定する.

$$p(\mathbf{x} \mid \mathcal{C}_k) = \frac{1}{(2\pi)^{D/2}} \frac{1}{|\boldsymbol{\Sigma}|^{1/2}} \exp\left\{ -\frac{1}{2}(\mathbf{x} - \boldsymbol{\mu}_k)^{\mathrm{T}} \boldsymbol{\Sigma}^{-1}(\mathbf{x} - \boldsymbol{\mu}_k) \right\}, \ k = 1, \ldots, K.$$

クラス数 $K = 3$ の場合の例を図 4.15 に示す.

ここで,$a_k \equiv \ln(p(\mathbf{x} \mid \mathcal{C}_k)p(\mathcal{C}_k))$, $k = 1, \ldots, K$, と定義する.この a_k に対し,$a'_k = a_k - \mathbf{x}^{\mathrm{T}} \boldsymbol{\Sigma}^{-1}\mathbf{x}$ とおくと,クラス $\mathcal{C}_k$ の事後確率は,ソフトマックス関数をもちいて

$$p(\mathcal{C}_k \mid \mathbf{x}) = \frac{\exp(a_k)}{\sum_{j=1}^{K} \exp(a_j)} = \frac{\exp(a'_k)}{\sum_{j=1}^{K} \exp(a'_j)} = \frac{\exp(\mathbf{w}_k^{\mathrm{T}}\mathbf{x} + w_{k0})}{\sum_{j=1}^{K} \exp(\mathbf{w}_j^{\mathrm{T}}\mathbf{x} + w_{j0})}$$

となる.ただし,$\mathbf{w}_k = \boldsymbol{\Sigma}^{-1}\boldsymbol{\mu}_k$, $w_{k0} = -\frac{1}{2}\boldsymbol{\mu}_k^{\mathrm{T}}\boldsymbol{\Sigma}^{-1}\boldsymbol{\mu}_k + \ln p(\mathcal{C}_k)$ とおいた.

このようにどのクラスも共分散が共通のガウス分布であるとき,ソフトマックス関数を活性化関数とした一般化線形モデルでクラスの事後確率が表現される.

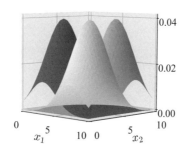

図 4.15 ガウス分布にしたがう 3 クラスのそれぞれの分布.

4.8.2 決定境界

誤分類率を最小にする決定境界は,K クラス中の 2 クラスのすべての組みあわせについて,クラス $\mathcal{C}_i$ と $\mathcal{C}_j$ の事後確率密度が等しいところの密度値

$p(\mathcal{C}_i \,|\, \mathbf{x}) = p(\mathcal{C}_j \,|\, \mathbf{x})$ が，ほかのクラス $\mathcal{C}_k$ の事後確率密度 $p(\mathcal{C}_k \,|\, \mathbf{x})$ よりも大きくなる $\mathbf{x}$ である．1 次元の場合を図 4.16 に示す．

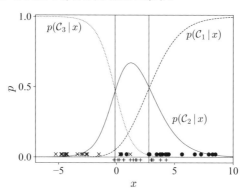

図 **4.16**　3 クラスの場合の決定境界．クラス $\mathcal{C}_i$ と $\mathcal{C}_j$ の事後確率密度が等しいところの密度値 $p(\mathcal{C}_i \,|\, \mathbf{x}) = p(\mathcal{C}_j \,|\, \mathbf{x})$ が，ほかのクラス $\mathcal{C}_k$ の事後確率密度 $p(\mathcal{C}_k \,|\, \mathbf{x})$ よりも大きくなる $\mathbf{x}$ が決定境界である．

4.8.3　共分散行列が異なる場合

クラスの分布の共分散行列が異なる場合には，識別（判別）関数 $a_k = \ln(p(\mathbf{x}\,|\,\mathcal{C}_k)p(\mathcal{C}_k))$ に対し，共通の共分散の場合に定義した a'_k を導入することができない．そのため決定境界は平面にはならない（図 4.17）．

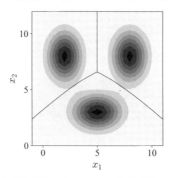

図 **4.17**　データが生成される 3 つの 2 次元ガウス分布の等高線と決定境界．3 つの分布のうち 1 つだけがほかと異なる共分散行列をもつ．決定境界は，クラスの事後確率の大きいもの 2 つの確率密度関数値が等しい線．共分散行列が等しい 2 つの分布の間の決定境界は直線である．それに対し，異なる共分散行列をもつ分布の間の決定境界は 2 次関数となる．

付記　凸関数に関する定理の証明

[凸関数の定理 1] X 上で微分可能な関数 $f(\mathbf{x})$ が凸であれば，すべての $\mathbf{x}, \mathbf{y}$ $\in X$ に対し

$$f(\mathbf{y}) \geq f(\mathbf{x}) + (\mathbf{y} - \mathbf{x})^{\mathrm{T}} \nabla f(\mathbf{x}) \tag{4.5.5}$$

が成りたつ．逆に，すべての $\mathbf{x}, \mathbf{y} \in X$ に対し，式 (4.5.5) が成りたてば $f(\mathbf{x})$ は凸である（狭義に凸の関数については，$\mathbf{x} \neq \mathbf{y}$ に対して，式 (4.5.5) の $\geq$ を $>$ にかえれば同様のことが成りたつ）．

証明は以下のとおりである．まず，すべての $\mathbf{x}, \mathbf{y} \in X$ に対し，式 (4.5.5) が成りたつとしよう．このとき，任意の $\mathbf{a}, \mathbf{b} \in X$ に対し，すべての $0 \leq \lambda \leq 1$ について，$\mathbf{x} = \lambda \mathbf{a} + (1 - \lambda)\mathbf{b}$ としたとき，

$$f(\mathbf{a}) \geq f(\mathbf{x}) + (\mathbf{a} - \mathbf{x})^{\mathrm{T}} \nabla f(\mathbf{x}),$$
$$f(\mathbf{b}) \geq f(\mathbf{x}) + (\mathbf{b} - \mathbf{x})^{\mathrm{T}} \nabla f(\mathbf{x})$$

である．このうちの上の式に λ をかけ，下の式に $1 - \lambda$ をかけて辺べんを足しあわせると

$$\lambda f(\mathbf{a}) + (1 - \lambda)f(\mathbf{b}) \geq f(\mathbf{x}) + (\lambda \mathbf{a} + (1 - \lambda)\mathbf{b} - \mathbf{x})^{\mathrm{T}} \nabla f(\mathbf{x}) = f(\mathbf{x}) \tag{4.8.1}$$

を得る．これは，$f(\mathbf{x})$ が凸であることを示す．

逆に，$f(\mathbf{x})$ が凸であると仮定する．任意の 2 点 $\mathbf{x}, \mathbf{y} \in X$ に対し，$0 < \lambda < 1$ で定義される関数

$$g(\lambda) = \frac{f(\mathbf{x} + \lambda(\mathbf{y} - \mathbf{x})) - f(\mathbf{x})}{\lambda} \tag{4.8.2}$$

を考える．この $g(\lambda)$ が単調増加関数（正確には単調非減少関数）であることを示そう．そのため，任意の $\lambda_1, \lambda_2, 0 < \lambda_1 < \lambda_2 < 1$ に対し，

$$\bar{\lambda} \equiv \frac{\lambda_1}{\lambda_2}, \quad \bar{\mathbf{y}} \equiv \mathbf{x} + \lambda_2(\mathbf{y} - \mathbf{x}) \tag{4.8.3}$$

とおく．すると，$f(\mathbf{x})$ は凸と仮定しているので

$$f(\mathbf{x} + \bar{\lambda}(\bar{\mathbf{y}} - \mathbf{x})) \leq \bar{\lambda} f(\bar{\mathbf{y}}) + (1 - \bar{\lambda})f(\mathbf{x})$$

が成りたつ．これを変形して

$$\frac{f(\mathbf{x} + \bar{\lambda}(\bar{\mathbf{y}} - \mathbf{x})) - f(\mathbf{x})}{\bar{\lambda}} \leq f(\bar{\mathbf{y}}) - f(\mathbf{x}) \tag{4.8.4}$$

となる．式 (4.8.3) を式 (4.8.4) に代入すると

$$\frac{f(\mathbf{x} + \lambda_1(\mathbf{y} - \mathbf{x})) - f(\mathbf{x})}{\lambda_1} \leq \frac{f(\mathbf{x} + \lambda_2(\mathbf{y} - \mathbf{x})) - f(\mathbf{x})}{\lambda_2}$$

を得る．これは $g(\lambda_1) \leq g(\lambda_2)$ である．よって，$g(\lambda)$ は単調増加関数である．
さて，$g(\lambda)$ の定義 (4.8.2) の右辺において $\lambda \to +0$ の極限を考えると，それは
合成関数の微分となり $(\mathbf{y} - \mathbf{x})^{\mathrm{T}} \nabla f(\mathbf{x})$ となる．よって，$g(\lambda)$ の単調増加性に
より

$$(\mathbf{y} - \mathbf{x})^{\mathrm{T}} \nabla f(\mathbf{x}) = \lim_{\lambda \to +0} g(\lambda) \leq g(1) = f(\mathbf{y}) - f(\mathbf{x})$$

となる．これは示したかった結果である．証明終わり．

[凸関数の定理2] 関数 $f(\mathbf{x})$ は，X 上で2階連続微分可能とする．このとき，
すべての $\mathbf{x} \in X$ に対し $\nabla^2 f(\mathbf{x}) \equiv \nabla\nabla f(\mathbf{x})$ が半正定値対称行列であれば，
$f(\mathbf{x})$ は凸である（$\nabla^2 f(\mathbf{x})$ が正定値対称行列であれば，$f(\mathbf{x})$ は狭義に凸であ
る）．

これを証明しよう．関数 $f(\mathbf{x})$ は2階連続微分可能であるから，2次のテー
ラー展開ができ，任意の $\mathbf{x}, \mathbf{y} \in X$ に対し，ある $0 \leq \lambda \leq 1$ が存在して

$$f(\mathbf{y}) = f(\mathbf{x}) + (\mathbf{y} - \mathbf{x})^{\mathrm{T}} \nabla f(\mathbf{x}) + (\mathbf{y} - \mathbf{x})^{\mathrm{T}} \nabla^2 f(\mathbf{x} + \lambda(\mathbf{y} - \mathbf{x}))(\mathbf{y} - \mathbf{x})$$

である．それゆえ，$\nabla^2 f(\mathbf{x})$ が半正定値であることをつかうと

$$f(\mathbf{y}) \geq f(\mathbf{x}) + (\mathbf{y} - \mathbf{x})^{\mathrm{T}} \nabla f(\mathbf{x})$$

を得る．凸関数の定理1により，この式は $f(\mathbf{x})$ が凸であることを示してい
る．証明終わり．

凹関数の場合は，主張中の半正定値を半負定値に置きかえれば同様な性質が
成りたつ（狭義に凹の場合は，主張中の正定値を負定値に置きかえる）．

[凸関数の定理3] X 上で関数 $f(\mathbf{x})$ が凸ならば，$f(\mathbf{x})$ を極小とする点（極小

点) は最小とする点 (最小点) である. また, $f(\mathbf{x})$ が狭義に凸ならば, $f(\mathbf{x})$ はただ 1 つの最小点をもつ.

　証明は以下のとおりである. まず, $\mathbf{x}$ を $f(\mathbf{x})$ の最小点ではなく極小点であると仮定しよう. すると, $f(\mathbf{y}) < f(\mathbf{x})$ となる $\mathbf{y} \neq \mathbf{x}$ が存在する. 関数 $f(\mathbf{x})$ は凸であるから, すべての $0 \leq \lambda < 1$ について

$$f(\lambda \mathbf{x} + (1 - \lambda)\mathbf{y}) \leq \lambda f(\mathbf{x}) + (1 - \lambda)f(\mathbf{y}) < f(\mathbf{x})$$

となる. これは $\mathbf{x}$ が極小点であることに矛盾する.

　つぎに, $f(\mathbf{x})$ が狭義に凸とする. このとき, 2 つの異なる最小点 $\mathbf{x}, \mathbf{y}$ が存在すると仮定する. このとき, それらの平均 $(\mathbf{x}+\mathbf{y})/2$ に対する $f((\mathbf{x} + \mathbf{y})/2)$ は, $f(\mathbf{x})$ が狭義に凸であることにより, $f(\mathbf{x})$ より小さな値をとる. これは矛盾である.

演習問題

演習 4.1 ($y(\mathbf{x})$ の値)　$\mathbf{x}$ の線形関数を $y(\mathbf{x}) = \mathbf{w}^\mathrm{T}\mathbf{x} + w_0$ とし, $y(\mathbf{x}) = 0$ を決定面とする. ただし, $\mathbf{w}$ は重みベクトル, w_0 はバイアスパラメータである. このとき, 決定面から点 $\mathbf{x}$ への直交距離が $r = \dfrac{|y(\mathbf{x})|}{\|\mathbf{w}\|}$ であることを示せ.

　ヒント:$\mathbf{x}_\perp$ を $\mathbf{x}$ の決定面上への直交射影とすると, $\mathbf{x} = \mathbf{x}_\perp + r\dfrac{\mathbf{w}}{\|\mathbf{w}\|}$ であることをもちいよ (図 ex.4.1).

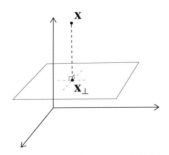

図 ex.4.1　$\mathbf{x}$ の決定面への直交射影 $\mathbf{x}_\perp$.

演習 4.2（ロジスティックシグモイド関数）　ロジスティックシグモイド関数 $\sigma(x) = \frac{1}{1+\exp(-x)}$ について以下の問いに答えよ.

(1) ロジスティックシグモイド関数 $\sigma(x) = \frac{1}{1+e^{-x}}$ の微分は $\sigma(1-\sigma)$, すなわち,
$$\frac{d\sigma}{dx} = \sigma(1-\sigma) = \sigma(x)\{1-\sigma(x)\}$$
を示せ.

(2) $\sigma(-x) = 1 - \sigma(x)$ を示せ.

(3) 増減表を作成して x を横軸として図示せよ.

(4) 逆関数が $\sigma^{-1}(y) = \ln\{y/(1-y)\}$ であることを示せ.

演習 4.3（交差エントロピー誤差関数の勾配）　データを, $\{(\mathbf{x}_1, t_1),\ (\mathbf{x}_2, t_2),\ \ldots, (\mathbf{x}_N, t_N)\}$ とし, $y_n = y(\mathbf{x}_n)$ とする. ロジスティック回帰 $y(\mathbf{x}) = \sigma(\mathbf{w}^{\mathrm{T}}\boldsymbol{\phi}(\mathbf{x}))$ の交差エントロピー誤差関数
$$E(\mathbf{w}) = -\sum_{n=1}^{N}\{t_n \ln y_n + (1-t_n)\ln(1-y_n)\}$$
の $\mathbf{w}$ での微分が
$$\sum_{n=1}^{N}(y_n - t_n)\boldsymbol{\phi}_n,\ \ \boldsymbol{\phi}_n = \boldsymbol{\phi}(\mathbf{x}_n)$$
であることを示せ.

演習 4.4（交差エントロピー誤差関数のヘッセ行列）　あたえられたデータを $\{(\mathbf{x}_1, t_1), (\mathbf{x}_2, t_2), \ldots, (\mathbf{x}_N, t_N)\}$ とし, $y_n = y(\mathbf{x}_n)$ とする. ロジスティック回帰 $y(\mathbf{x}) = \sigma(\mathbf{w}^{\mathrm{T}}\boldsymbol{\phi}(\mathbf{x}))$ の交差エントロピー誤差関数
$$E(\mathbf{w}) = -\sum_{n=1}^{N}\{t_n \ln y_n + (1-t_n)\ln(1-y_n)\}$$
の勾配 $\nabla E(\mathbf{w}) = \displaystyle\sum_{n=1}^{N}(y_n - t_n)\boldsymbol{\phi}(\mathbf{x}_n)$ を微分することにより, $E(\mathbf{w})$ のヘッセ行列が
$$\mathbf{H} = \nabla\nabla E(\mathbf{w}) = \sum_{n=1}^{N}y_n(1-y_n)\boldsymbol{\phi}(\mathbf{x}_n)\boldsymbol{\phi}(\mathbf{x}_n)^{\mathrm{T}} = \boldsymbol{\Phi}^{\mathrm{T}}\mathbf{R}\boldsymbol{\Phi}$$
であることを示せ. ここで, $\mathbf{R}$ は (n, n) 成分が $y_n(1-y_n)$ の対角行列である. ロジスティックシグモイド関数 $\sigma(x) = \frac{1}{1+e^{-x}}$ の微分が $\sigma(1-\sigma)$ であることをもちいよ.

演習 4.5（最尤推定：多クラスロジスティック回帰モデル）　$\mathbf{x}$ がクラス k に所属する確率をソフトマックス関数値

$$y_k(\mathbf{x}) = \frac{\exp(\mathbf{w}_k^{\mathrm{T}}\boldsymbol{\phi}(\mathbf{x}))}{\sum_{i=1}^{K}\exp(\mathbf{w}_i^{\mathrm{T}}\boldsymbol{\phi}(\mathbf{x}))}$$

とする K クラス分類モデルを考える. $\mathbf{w}$ と $\boldsymbol{\phi}(\mathbf{x})$ は M 次元とする. データ $\mathbf{x}_n$ の所属クラスを one-hot 表現で表わし, それを $\mathbf{t}_n$ とする. すなわち, $\mathbf{t}_n = (t_{n1} \cdots t_{nK})^{\mathrm{T}}$, $t_{n1}, \ldots, t_{nK} \in \{0, 1\}$, $t_{n1} + \cdots + t_{nK} = 1$ である. さらに, $\mathbf{t}_n$ をならべた行列を $\mathbf{T} = (\mathbf{t}_1\,\mathbf{t}_2\,\cdots\,\mathbf{t}_N)$ とする.

(1) $a_k = \mathbf{w}_k^{\mathrm{T}}\boldsymbol{\phi}(\mathbf{x})$ としたとき,

$$\frac{\partial y_k}{\partial a_j} = y_k(\mathbf{I}_{kj} - y_j), \quad j, k = 1, \ldots, M,$$

を示せ. ただし, $\mathbf{I}_{kj}$ は $M \times M$ の単位行列 $\mathbf{I}$ の (k, j) 成分である.

(2) 交差エントロピー誤差関数

$$E(\mathbf{w}_1, \ldots, \mathbf{w}_K) = -\ln p(\mathbf{T} \mid \mathbf{w}_1, \ldots, \mathbf{w}_K) = -\sum_{n=1}^{N}\sum_{k=1}^{K} t_{nk}\ln y_{nk}$$

を $\mathbf{w}_j$ で微分すると

$$\nabla_{\mathbf{w}_j} E(\mathbf{w}_1, \ldots, \mathbf{w}_K) = \sum_{n=1}^{N}(y_{nj} - t_{nj})\boldsymbol{\phi}_n$$

となることを示せ. ただし, N はデータ数で, $\boldsymbol{\phi}_n = \boldsymbol{\phi}(\mathbf{x}_n)$, また, $y_{nk} = y_k(\mathbf{x}_n)$ である.

(3) 交差エントロピー誤差関数のヘッセ行列のブロック j, k は

$$\nabla_{\mathbf{w}_k}\nabla_{\mathbf{w}_j} E(\mathbf{w}_1, \ldots, \mathbf{w}_K) = \sum_{n=1}^{N} y_{nk}(\mathbf{I}_{kj} - y_{nj})\boldsymbol{\phi}_n\boldsymbol{\phi}_n^{\mathrm{T}}$$

であることを示せ.

第5章　ニューラルネットワーク：
　　　　非線形パラメトリックモデル

5.1　はじめに

　第3章で学んだ線形回帰モデルは，モデルパラメータである重み w に関して線形であり，また，一般化線形モデルによる分類でも決定境界は線形となる．そのため，それらのモデルでは，パラメータの学習は容易であるが，基底関数の種類と数は固定されているため表現力にとぼしく，モデルが複雑になるにつれ，必要となるデータ数が爆発的に増加する．

　本章で紹介するニューラルネットワークは，基底関数の数こそ固定であるが，基底関数自身をデータに適応的にかえていき，非線形な関数や境界を表現する記述力をもつ．ニューラルネットワークは，多数の神経細胞と，神経細胞どうしをむすぶ軸索からなる脳の機構と機能を単純化した数学的モデルである．

　図 5.1 は，3層パーセプトロン[1]とよばれるニューラルネットワークの機構を表現しており，ユニットと，ユニットとユニットをむすぶリンクからなっている．

　リンクは，リンクごとに異なった重みをもつ．1番左側にならんだユニットのあつまりを入力層といい，真ん中にならんだユニットのあつまりを中間層（隠れ層ともいう），1番右側にならんでいるユニット群を出力層という．1つのニューラルネットワークは，特定の関数 F を計算する．すなわち，ベクト

---

[1] 入力ユニットのあつまりは1つの層とは考えないこともあり，その場合には2層のニューラルネットワークである．本書では，入力ユニットのあつまりも1つの層とみなす．

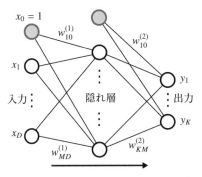

図 5.1　3層パーセプトロンとよばれるニューラルネットワークの構造図．それぞれが丸で示されたユニットのあつまりである入力層・中間層（隠れ層）・出力層と，それぞれの層のユニットをむすんだリンクとよばれる線で構成されている．リンクには重みとよばれる実数が付随している．灰色のユニットはダミーユニットで，入力はなく，出力は 1 に固定されている．

ル **x** を入力層が受けとり，**x** におうじたベクトル **y** = **F**(**x**) を出力層が出力する．中間層は，入力層からリンクを伝わってきた情報をもとに単純な計算をおこない，その結果をリンクをつかって出力層にわたす．

　中間層を 1 つ以上もつニューラルネットワークは，**多層パーセプトロン**とよばれる．とりわけ，層が深い（層の数が多い）多層パーセプトロンは**深層ニューラルネットワーク**といわれる．**深層学習**とは，深層ニューラルネットワークをつかった機械学習の枠組みのことである．

5.2　3層パーセプトロン：ニューラルネットワークの基礎

　本節では，おもに，中間層が 1 つだけの 3 層パーセプトロンを中心に，ニューラルネットワークがおこなう計算と学習の基本的事項を解説する．中間層が 2 つ以上あるニューラルネットワークの計算と学習は，本質的には 3 層パーセプトロンのそれと同じである．3 層パーセプトロンでは，入力層と中間層のすべてのユニット間と，中間層と出力層のすべてのユニット間にはリンクがあり，かつリンクの重みがすべて独立である．このように，となりあう層のすべてのユニット間にリンクがあり，リンクの重みが独立なとき，**全結合ニューラルネットワーク**という．

　まず，異なる重みや異なる構造（中間層の数とユニットの総数）をもつニューラルネットワークは，基本的には異なる関数を計算することを強調しておく．逆にいうと，重みと構造をかえることによって，ニューラルネットワークの枠組みの中でさまざまな関数が表現できる．

5.2.1　前向きの計算：関数としてのニューラルネットワーク

　以下，各層でおこなう計算を具体的に示そう．

入力層　（図5.2a）　入力層には，入力ベクトル $\mathbf{x}$ の次元数 D と同数のユニットがあり，i 番めのユニット i は，$\mathbf{x}$ の第 i 成分 x_i を受けとる．ユニット i は，右にでているリンクをとおして中間層のすべてのユニットに，入力された x_i とリンクの重みとをかけたものをわたす．すなわち，中間層のユニット j には，入力層のユニット i からのリンクの重み $w_{ji}^{(1)}$ と x_i をかけたものがわたされる．

中間層　（図5.2b）　中間層のユニット j は，入力層のおのおののユニットから受けとった $w_{ji}^{(1)}x_i$ の和 $\sum_{i=1}^{D} w_{ji}^{(1)}x_i$ をとり，さらにバイアスパラメータとよばれる $w_{j0}^{(1)}$ をくわえた活性

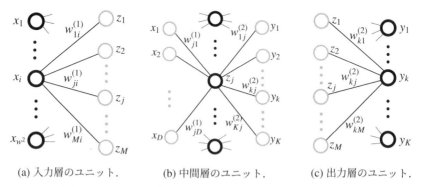

(a) 入力層のユニット.　　　(b) 中間層のユニット.　　　(c) 出力層のユニット.

図 **5.2**　ニューラルネットワークの層ごとのユニットとリンク.

$$u_j = \sum_{i=1}^{D} w_{ji}^{(1)} x_i + w_{j0}^{(1)}, \quad j = 1, \ldots, M$$

を求めて，**活性化関数**とよばれる関数 f_1 の u_j に対する値

$$z_j = f_1(u_j), \quad j = 1, \ldots, M$$

を計算する．ここで，M は，バイアスパラメータに関するユニットをのぞいた中間層のユニット数である．さらに，でているリンクから，そのリンクの重み $w_{kj}^{(2)}$ に z_j をかけたものを出力層のすべてのユニットにわたす．

出力層　（図 5.2c）　出力層のユニットは，出力ベクトル **y** の次元数 K と同数ある．出力層のユニット k は，中間層の各ユニットからきた $z_j w_{kj}^{(2)}$ を受けとり，それらの和 $\sum_{j=1}^{M} w_{kj}^{(2)} z_j$ にバイアスパラメータ $w_{k0}^{(2)}$ をくわえて活性

$$u_k = \sum_{j=1}^{M} w_{kj}^{(2)} z_j + w_{k0}^{(2)}, \quad j = 1, \ldots, K$$

を求め，活性化関数 f_2 の u_k に対する値

$$y_k = f_2(u_k), \quad j = 1, \ldots, K$$

を出力する．

　回帰のときには，K 個のユニットは，出力ベクトルのそれぞれの成分を出力する．2 クラス分類のときには，$K = 1$，すなわち，出力層のユニットが 1 つだけの場合には，普通の 2 クラス分類の結果として，1 つのクラスの確率を出力する．$K > 1$，つまり出力層のユニットが 2 つ以上あるときには，マルチクラス分類とよばれる K 個の 2 クラス分類の結果（確率）をそれぞれのユニットが出力する．たとえば，入力された画像中の物体の 2 クラス分類として，ユニット 1 は車か車でないか，ユニット 2 は飛行機か飛行機でないか，といった具合である．多クラス分類（K クラス分類）では，普通，それぞれのユニットは，K 個の

　　物体のうちのいずれかである確率を出力する．たとえば，画像中の物体
　　が，車である確率をユニット1は出力し，飛行機である確率をユニッ
　　ト2は出力し，...，自転車である確率をユニット K は出力する．

　4.4.4項で紹介した単純なパーセプトロンは，中間層をもたず，入力層と出
力層だけからなるニューラルネットワークとみなすことができる．単純なパー
セプトロンでは，活性化関数は不連続なステップ関数が仮定された．それに対
し，中間層を1つ以上もつ多層パーセプトロンでは，中間層でもちいる活性
化関数として，微分可能なロジスティックシグモイド関数やtanh関数[2]がも
ちいられることが多い．ただし，中間層の数が多い深層学習では，重みの学習
のとき，勾配が消失して学習がすすまなくなるのを防ぐため，連続ではある
が原点で微分不可能な **ReLU 関数**

$$
\mathrm{ReLU}(x) \equiv \begin{cases} 0, & x < 0, \\ x, & x \geq 0 \end{cases}
$$

が多用される．ReLU 関数は，ロジスティックシグモイド関数（やtanh関
数）と異なり，出力が有界ではなく，入力が大きければ出力も大きくなる．
　出力層でもちいる活性化関数としては，通常，回帰では恒等関数がもちいら
れ，2クラス分類ではロジスティックシグモイド関数，多クラス分類ではソフ
トマックス関数がもちいられる．
　さて，上でのべた3層パーセプトロンの入出力の関数を書きくだすと，

$$
y_k(\mathbf{x}) = f_2\left(\sum_{j=1}^{M} w_{kj}^{(2)} f_1\left(\sum_{i=1}^{D} w_{ji}^{(1)} x_i + w_{j0}^{(1)}\right) + w_{k0}^{(2)}\right), \quad k = 1, \ldots, K
$$

(5.2.1)

となる．この式 (5.2.1) は，一見すると複雑で理解しにくいかもしれない．
　そこで理解をたすけるため，まず，単純なロジスティック回帰モデルと比較
しよう．ニューラルネットワークとして，中間層と出力層の活性化関数がロジ

---

[2] $\tanh(x) \equiv \dfrac{e^x - e^{-x}}{e^x + e^{-x}}$.

スティックシグモイド関数である3層パーセプトロンを考える．このニューラルネットワークの出力層のユニット k の出力は，式 (5.2.1) において，$f_1 = f_2 = \sigma$ とおいた

$$y_k(\mathbf{x}) = \sigma \left(\sum_{j=1}^{M} w_{kj}^{(2)} \sigma \left(\sum_{i=1}^{D} w_{ji}^{(1)} x_i + w_{j0}^{(1)} \right) + w_{k0}^{(2)} \right) \tag{5.2.2}$$

である．ここで，ロジスティックシグモイド回帰は，基底関数を $\phi_j(\mathbf{x})$, $j = 1, \ldots, M$, とすると

$$y = \sigma \left(\sum_{j=1}^{M} w_j \phi_j(\mathbf{x}) + w_0 \right)$$

であることを思いだそう．この式と，式 (5.2.2) を見くらべると，ニューラルネットワークの出力層のユニットの出力は，ロジスティックシグモイド回帰の基底関数 $\phi_j(\mathbf{x})$ を

$$\sigma \left(\sum_{i=1}^{D} w_{ji}^{(1)} x_i + w_{j0}^{(1)} \right)$$

で置きかえたものであることがわかる．重み $w_{ji}^{(1)}$ は，データから学習するので，ニューラルネットワークは，ロジスティック回帰の基底関数をデータに適応させたものと解釈できる．

つぎに，ニューラルネットワークの各層ごとのユニットがおこなっている計算に着目してみる．中間層のユニット j は，入力層からの出力を受けとって

$$z_j = \sigma \left(\sum_{i=1}^{D} w_{ji}^{(1)} x_i + w_{j0}^{(1)} \right), \quad j = 1, \ldots, M \tag{5.2.3}$$

を出力する．これは入力ベクトルを $\mathbf{x}$ とし，重みを $w_{j1}^{(1)}$, $w_{j2}^{(1)}$, $\ldots$, $w_{jD}^{(1)}$ としたロジスティック回帰モデルそのものである．つまり，中間層は，M 個のロジスティック回帰モデルからなるとみなせる．また，出力層のユニット k は，中間層からの出力を受けとって

$$y_k = \sigma \left(\sum_{j=1}^{M} w_{kj}^{(2)} z_j + w_{k0}^{(2)} \right), \quad k = 1, \ldots, K \tag{5.2.4}$$

を出力する．これは入力ベクトルを $\mathbf{z} = (z_1 \ldots z_M)^{\mathrm{T}}$ とし，重みを $w_{k1}^{(2)}, w_{k2}^{(2)},$ $\ldots, w_{kM}^{(2)}$ としたロジスティック回帰モデルである．すなわち，出力層もまた，K 個のロジスティック回帰モデルからなるとみなせる．このように，多層パーセプトロンは，複数のロジスティック回帰モデルを多段に重ねあわせたモデルとみることができる．

　なお，ニューラルネットワークは，中間層のユニットの個数を無限に増やせば，ある種の不連続関数をふくむ任意の関数を表現できることが知られている．これは，たとえば，任意の連続関数が，べき関数を基底関数とする多項式関数で近似できること（ワイエルシュトラスの定理）や，ある種の不連続関数をふくむ任意の関数が，三角関数を基底関数とするフーリエ級数で表現できることから類推されよう．

5.2.2　ニューラルネットワークの学習

　ニューラルネットワーク中の重みをすべてあつめたベクトルを $\mathbf{w}$ としよう．3 層ニューラルネットワークでは，$\mathbf{w}$ は式 (5.2.1) 中のすべての $w_{ji}^{(1)}$ と $w_{kj}^{(2)}$ を成分とするベクトルである．ニューラルネットワークでも，線形回帰モデルやロジスティックシグモイド回帰モデルと同様に，あたえられたデータに対し，重み $\mathbf{w}$ を決定することが学習である．ニューラルネットワークの学習でも，やはり，データに対する誤差を最小にする方略をとる．そこで，ニューラルネットワークの学習でよくもちいられる誤差をのべよう．以下では，ニューラルネットワークが計算する関数を，それが重みに依存することを明示して $\mathbf{y}(\mathbf{x}, \mathbf{w})$ とかく．これはベクトルであり，その第 k 成分がニューラルネットワークの出力層の k 番めのユニットの出力にあたる．また，データは

$$\mathcal{D} = \{(\mathbf{x}_1, \mathbf{t}_1), \ldots, (\mathbf{x}_N, \mathbf{t}_N)\}$$

とする．ただし，ラベルとしてあたえられる $\mathbf{t}_n$ は，入力 $\mathbf{x}_n$ に対する目標変数値であり，回帰のときは K 次元実ベクトル，K 個の 2 クラス分類では，成

分を0または1とする K 次元ベクトル，K クラス分類のときには K 次元の one-hot 表現である．

■ 誤差関数

まず，回帰では，最も単純な2乗和誤差，すなわち

$$E(\mathbf{w}) = \frac{1}{2} \sum_{n=1}^{N} \|\mathbf{y}(\mathbf{x}_n, \mathbf{w}) - \mathbf{t}_n\|^2$$

がもちいられる[3]．

単純な2クラス分類では，一般化線形モデルなどによる分類と同様にニューラルネットワークでも，目標変数 t がとる値は0か1のどちらかで，$t = 1$ のときにはクラス $\mathcal{C}_1$ を，$t = 0$ のときはクラス $\mathcal{C}_2$ を表わすとする．さきにのべたように，クラス分類の場合には，通常，出力層のユニットの活性化関数としてロジスティックシグモイド関数を採用し，とくに，単純な2クラス分類のためのニューラルネットワークはただ1つの出力ユニットをもち，その出力 $\mathbf{y}(\mathbf{x}, \mathbf{w})$ は，確率 $p(\mathcal{C}_1 \,|\, \mathbf{x})$ を表わしていると解釈し，$p(\mathcal{C}_2 \,|\, \mathbf{x})$ は $1 - \mathbf{y}(\mathbf{x}, \mathbf{w})$ であたえられるとする．したがって，入力 $\mathbf{x}$ に対する目標変数 t の条件つき確率はベルヌイ分布

$$p(t \,|\, \mathbf{x}, \mathbf{w}) = y(\mathbf{x}, \mathbf{w})^t \{1 - y(\mathbf{x}, \mathbf{w})\}^{1-t}$$

で表現される．独立同分布にしたがうデータ $\mathcal{D} = \{(\mathbf{x}_1, t_1), \ldots, (\mathbf{x}_N, t_N)\}$ に対し，尤度関数は

$$\prod_{n=1}^{N} y(\mathbf{x}_n, \mathbf{w})^{t_n} \{1 - y(\mathbf{x}_n, \mathbf{w})\}^{1-t_n}$$

となり，これの負の対数をとれば，交差エントロピー誤差関数

---

[3] ニューラルネットワークの出力を平均とし，精度パラメータを λ とするガウス分布を仮定して，尤度を最大とする $\mathbf{w}$ を求めることと（精度パラメータの決定をのぞけば）同値である．

$$E(\mathbf{w}) = -\sum_{n=1}^{N} \{t_n \ln y_n + (1 - t_n) \ln(1 - y_n)\}$$

となる．ここで，$y_n = y(\mathbf{x}_n, \mathbf{w})$ とおいた．

　K 個の異なる2クラス分類では，ニューラルネットワークは K 個のユニットからなる出力層をもち，そのおのおののユニットの活性化関数をロジスティックシグモイド関数とする．出力層の k 番めのユニットは，入力 $\mathbf{x}$ に対し，目標変数（クラスラベル）t_k が 1 をとる確率と解釈できる $y_k(\mathbf{x}, \mathbf{w})$ を出力する．K 個の目標変数 $t_k, k = 1, \ldots, K$, が独立であると仮定すると，入力 $\mathbf{x}$ に対し，目標変数 $\mathbf{t} = (t_1 \cdots t_K)^{\mathrm{T}}$ の条件つき分布は

$$p(\mathbf{t} \,|\, \mathbf{x}, \mathbf{w}) = \prod_{k=1}^{K} y_k(\mathbf{x}, \mathbf{w})^{t_k} \left[1 - y_k(\mathbf{x}, \mathbf{w})\right]^{1-t_k}$$

となる．したがって，独立同分布にしたがうと仮定したデータ $\mathcal{D} = \{(\mathbf{x}_1, \mathbf{t}_1), \ldots, (\mathbf{x}_N, \mathbf{t}_N)\}$, $\mathbf{t}_n = (t_{n1} \cdots t_{nk})^{\mathrm{T}}$ に対し，尤度関数は，

$$\prod_{n=1}^{N} \prod_{k=1}^{K} y_k(\mathbf{x}_n, \mathbf{w})^{t_{nk}} \{1 - y_k(\mathbf{x}_n, \mathbf{w})\}^{1-t_{nk}}$$

となり，これの負の対数をとると交差エントロピー誤差関数

$$E(\mathbf{w}) = -\sum_{n=1}^{N} \sum_{k=1}^{K} \{t_{nk} \ln y_{nk} + (1 - t_{nk}) \ln(1 - y_{nk})\}$$

となる．ただし，$y_{nk} = y_k(\mathbf{x}_n, \mathbf{w})$ である．

　最後に，K 個の異なるクラスに対する多クラス分類を考えよう．ニューラルネットワークは，K 個のユニットからなる出力層をもち，入力 $\mathbf{x}$ に対し，目標変数（クラスラベル）$\mathbf{t}$ は，ベクトル成分の t_1 から t_K のうち1つだけが値1を，のこりは0をとる．出力層ユニットの活性化関数は，通常，ソフトマックス関数が選ばれ，出力層の k 番めのユニットの出力は，$y_k(\mathbf{x}, \mathbf{w}) = p(t_k = 1 | \mathbf{x})$ と解釈される（ただし，ソフトマックス関数が計算できるためには，k 番めのユニットの活性だけではなく，出力層のほかのユニットの活性も

必要である）．このとき，誤差関数は，交差エントロピー誤差関数

$$E(\mathbf{w}) = -\sum_{n=1}^{N} \sum_{k=1}^{K} t_{nk} \ln y_k(\mathbf{x}_n, \mathbf{w})$$

となる．

■ パラメータの学習

あたえられたデータ $\mathcal{D}$ に対し，前項でのべた誤差関数 $E(\mathbf{w})$ を最小にする重み $\mathbf{w}^*$ が所望の重みである．勾配をつかわずに，関数の極値を求める方法が多く知られている．しかし，勾配情報が利用できるときには，それを利用したほうが，一般には効率よく極値を求めることができる．ニューラルネットワークの学習においても，誤差関数の勾配 $\nabla E(\mathbf{w})$ が通常利用される．原理的には，誤差関数を最小にする $\mathbf{w}^*$ では，$E(\mathbf{w})$ の $\mathbf{w}$ による微分，すなわち，勾配 $\nabla E(\mathbf{w})\big|_{\mathbf{w}=\mathbf{w}^*}$ [4)] が $\mathbf{0}$ となる．しかし，誤差関数は高次元ベクトルである重みに関して複雑な形をしており，方程式 $\nabla E(\mathbf{w}) = \mathbf{0}$ をといて $\mathbf{w}^*$ を簡単な形で求めることはできない．

そこで，数値計算による最適化をおこなう．ただし，一般に，ニューラルネットワークは非常に多くのパラメータをもち，誤差関数の各パラメータによる2階微分であるヘッセ行列をもちいることは実際上不可能であり，ニュートン法などの高速な最適化手法は利用できない．そのため，確率的勾配降下法がもちいられる．とりわけ，並列計算環境がある場合，高速化に有利なミニバッチ学習とよばれる確率的勾配法がもちいられることが多い．ミニバッチ学習では，学習データをミニバッチとよばれる B（たとえば，100）個のデータにわけ，それをひとかたまりとして，回帰であればミニバッチ内のデータに対する2乗和誤差

$$E_{mb}(\mathbf{w}) = \sum_{i=1}^{B} \|\mathbf{y}(\mathbf{x}_i, \mathbf{w}) - \mathbf{t}_i\|^2$$

[4)] $\nabla E(\mathbf{w})\big|_{\mathbf{w}=\mathbf{w}^*}$ は，勾配 $\nabla E(\mathbf{w})$ の $\mathbf{w} = \mathbf{w}^*$ における値（ベクトル）である．

が減る方向に $\mathbf{w}$ を少し変化させる．すなわち，乱数をふるなどして決めた初期値 $\mathbf{w}_0$ からはじめて，

$$\mathbf{w}^{(\tau+1)} = \mathbf{w}^{(\tau)} - \eta \nabla E_{mb}(\mathbf{w})\big|_{\mathbf{w}=\mathbf{w}^{(\tau)}}$$

のように，重み $\mathbf{w}^{(\tau)}$ を $\mathbf{w}^{(\tau+1)}$ に変化させる．ここで，η は小さい定数（学習率）である．この重みの変更をミニバッチごとにおこない，さらに，誤差が変化しなくなるまで全学習データに対し繰りかえす．全学習データに対し，一巡することをエポックとよぶ．なお，勾配 $\nabla E_{mb}(\mathbf{w})$ の計算は，データごとに独立におこなうことができ，簡単に並列化できる．そのため，GPU などによる並列計算環境がある場合には，適切な大きさのミニバッチをもちいることが計算上有利となる．

　やっかいなことに，$E(\mathbf{w})$ は $\mathbf{w}^*$ の非線形関数であるため，最小値をとる $\mathbf{w}^*$ 以外にも，極値をとる複数の $\mathbf{w}$ が $\nabla E(\mathbf{w}) = \mathbf{0}$ をみたす（図 5.3）．そのため，確率的勾配法で求めた $\hat{\mathbf{w}}$ が誤差関数を最小とする $\mathbf{w}^*$ であるとはかぎらない．実用的には，求めた $\hat{\mathbf{w}}$ が，必ずしも最適解である必要はなく，十分に誤差を小さくするものであればよい．そのような $\hat{\mathbf{w}}$ を見つけだすために，初期値 $\mathbf{w}_0$ をふりなおして，確率的勾配法を複数回おこない，その中で誤差が最小となったときの重みを採用する．

　さて，勾配を利用して最適解をみつける方法では，勾配 $\nabla E(\mathbf{w})$ を繰りかえし計算する必要がある．そのため $\nabla E(\mathbf{w})$ の高速な計算が重要となる．歴史的には，次項で紹介する誤差逆伝播とよばれる勾配の高速計算法がみつかったため，ニューラルネットワークの学習が実用的になり，現在の深層学習もまたしかりである．誤差逆伝播を紹介する前に，本項の最後に，単純な勾配計算では計算量が大きくなってしまうことをのべよう．

　勾配 $\nabla E(\mathbf{w})$ は，重みベクトル $\mathbf{w}$ の各成分 w_{ji} で $E(\mathbf{w})$ を偏微分したものをならべたベクトルである．すなわち，

$$\nabla E(\mathbf{w}) = \left(\frac{\partial E(\mathbf{w})}{\partial w_{11}} \frac{\partial E(\mathbf{w})}{\partial w_{21}} \cdots \frac{\partial E(\mathbf{w})}{\partial w_{ji}} \cdots \frac{\partial E(\mathbf{w})}{\partial w_{MK}} \right)^{\mathrm{T}}.$$

いま，縦に 100，横に 100 の画素からなる画像の 10 クラス分類をおこなう 3 層パーセプトロンを考えてみよう．その 3 層パーセプトロンの入力層は，画

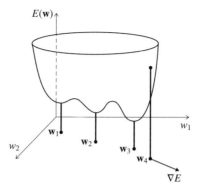

図 **5.3** 重みの空間上で曲面として表現される誤差関数 $E(\mathbf{w})$. 一般的に，極値はいくつもあり，勾配 $\nabla E(\mathbf{w})$ は，重みの空間中の誤差関数の等高面に直交するベクトルであり，また，極値においては勾配 $\nabla E(\mathbf{w})$ は **0** となる.

素数の $100 \times 100 = 10{,}000$ 個のユニットからなり，出力層はクラス数の 10 個のユニットからなる．簡単のため，中間層も入力層と同じ $10{,}000$ 個のユニットがあるとすると，重みは，$10{,}000 \times 10{,}000 \times 10 = 1{,}000{,}000{,}000$ (10 億) 個ある．したがって，勾配 $\nabla E(\mathbf{w})$ も 10 億次元のベクトルとなる．前項でのべた確率的勾配法をもちいた最適計算の繰りかえしごとに，これだけの偏微分計算をおこなう必要がある.

　偏微分 $\frac{\partial E(\mathbf{w})}{\partial w_{ji}}$ は，w_{ji} 以外の重みの値を固定し，w_{ji} をわずかに変化させた変化量に対する $E(\mathbf{w})$ の変化量の比（の極限）である．これをもう少し詳しくみてみよう．たとえば，ミニバッチ学習における誤差 $E_{mb}(\mathbf{w})$ は，ミニバッチ内の B 個の学習データを，ニューラルネットワークにそれぞれ入力したときの，それぞれの出力と正解（ラベル）との誤差の総和である．したがって，偏微分の定義にしたがった $\frac{\partial E_{mb}(\mathbf{w})}{\partial w_{ji}}$ の素朴な計算法としては，まず，ミニバッチの B 個の学習データをニューラルネットワークに入力したときの誤差の総和 $E_{mb}(\mathbf{w})$ を計算し，つづいて，重み w_{ji} すべてについて，1 つずつわずかに変化させて，同じ B 個の学習データを入力したときの誤差の総和 $E_{mb}(\mathbf{w} + \Delta w_{ji})$ を求め，$E_{mb}(\mathbf{w} + \Delta w_{ji}) - E_{mb}(\mathbf{w})$ を求めることが考えられる.

　この素朴な勾配計算法の計算量を見つもるため，ここでは，ユニットにおける活性計算の乗算の回数をかぞえる．リンクは，となりあう層のユニットの組みあわせだけあるので，重みの数はユニットの数よりも圧倒的に多いことが普通である．それゆえ重みに関する乗算をかぞえれば十分である．重みの総数を W とすると，学習データ1つにつき，誤差 $E_n(\mathbf{w})$ の計算で W 回の乗算が必要で，また，重み w_{ji} ごとに誤差 $E_n(\mathbf{w} + \Delta w_{ji})$ の計算で W 回の乗算が必要である．すべての W 個の重みすべてについて同様の計算が必要なので，学習データ1つあたりの乗算の回数はざっと見つもって $W + W^2$ となる．画像の10クラス分類をおこなう3層パーセプトロンの例では，W は10億なので，乗算の回数は10億の2乗のオーダーとなってしまう．

■ 誤差逆伝播

　本項では，$\mathbf{w}$ の最適化のために，学習データ1つごとに誤差関数値を計算し，$\mathbf{w}$ を変更する確率的勾配法を想定する．そのため，1つの学習データ $\mathbf{x}_n$, $\mathbf{t}_n$ の組に対する誤差 $E_n(\mathbf{w})$ をあつかうが，簡単のため添字 n を落として $E(\mathbf{w})$（あるいは E）とかく．

　誤差逆伝播（誤差のバックプロパゲーション）による誤差関数の勾配計算では，各ユニット j における「誤差」といわれる量 δ_j がもちいられる．具体的には，重み w_{ji} のリンクでむすばれたユニット j と i に対し，「誤差」δ_j と，ユニット i の出力 z_i をかけた $\delta_j z_i$ が勾配の成分 $\frac{\partial E(\mathbf{w})}{\partial w_{ji}}$ となる．誤差のバックプロパゲーションでは，入力 $\mathbf{x}$ に対する出力 y_k の誤差 $\delta_k = y_k - t_k$ を出力ユニット k の誤差として，出力層から入力層にむかってユニットの誤差を伝播させながら，1つ前の層のユニットの誤差を計算する．

　その誤差であるが，ユニット j の誤差は，

$$\delta_j \equiv \frac{\partial E}{\partial u_j} \tag{5.2.5}$$

で定義される．ここで，u_j は，さきに定義したユニット j の活性で，たとえば，j が中間層のユニットなら

$$u_j = \sum_{i=0}^{D} w_{ji}^{(1)} x_i, \quad j = 1, \ldots, M$$

である．ただし，出力が1に固定された入力ユニット0（すなわち $x_0 = 1$）を導入して，バイアス $w_{j0}^{(1)}$ を和の中にふくめた．この定義の形式上の注意をあとでのべることとし，この定義にもとづくと，出力層のユニットの誤差 δ_k が $y_k - t_k$ となることをまず示そう．出力層のユニット k の活性は，出力が1に固定された中間層のユニット $0(z_0 = 1)$ を導入してバイアスを和の中にふくめると

$$u_k = \sum_{j=0}^{M} w_{kj}^{(2)} z_j, \quad k = 1, \ldots, K$$

であり，出力は

$$y_k = f_2(u_k), \quad k = 1, \ldots, K$$

であった．回帰のときには，出力ユニットの活性化関数を f_2 として恒等関数を仮定すると，

$$y_k = u_k, \quad k = 1, \ldots, K$$

であり，さらに，誤差関数として2乗和誤差関数を仮定すれば

$$E(\mathbf{w}) = \frac{1}{2} \sum_{k=1}^{K} (y_k - t_k)^2 = \frac{1}{2} \sum_{k=1}^{K} (u_k - t_k)^2$$

なので，

$$\frac{\partial E}{\partial u_k} = u_k - t_k = y_k - t_k$$

となる．分類のときも，出力ユニットの活性化関数としてロジスティックシグモイド関数を仮定し，誤差関数として交差エントロピー誤差関数

$$E(\mathbf{w}) = -\sum_{k=1}^{K} \{t_k \ln y_k + (1 - t_k) \ln(1 - y_k)\}, \quad y_k = \sigma(u_k)$$

を採用すれば，この場合も，$\sigma'(u_k) = \sigma(u_k)(1 - \sigma(u_k)) = y_k(1 - y_k)$ をつかうと

$$\frac{\partial E}{\partial u_k} = \frac{\partial E}{\partial y_k} \frac{\partial y_k}{\partial u_k} = -\left(\frac{t_k}{y_k} - \frac{1 - t_k}{1 - y_k}\right) y_k(1 - y_k)$$

$$= -t_k(1 - y_k) + (1 - t_k)y_k = y_k - t_k$$

となる．同様に，多クラス分類のときも，出力ユニットの活性化関数としてソフトマックス関数を，誤差関数として交差エントロピー誤差関数を仮定すれば，出力層のユニット k について $\delta_k = y_k - t_k$ を示すことができる．これで，出力層のユニットに対して δ が誤差の意味をもつことがわかった[5]．それゆえ，そのほかの層のユニットに対しても δ を誤差という．

さて，このユニット j の誤差 δ_j をつかうと勾配の成分が簡単に計算できる．それを示そう．勾配の成分 $\frac{\partial E}{\partial w_{ji}}$ は，ユニット i からユニット j へのリンクの重み w_{ji} 以外の重みを固定して，w_{ji} だけをわずかに変化させたときの E の変化率である．誤差関数 E の計算で，w_{ji} が現われるのはユニット j の活性

$$u_j = w_{j1}z_1 + w_{j2}z_2 + \cdots + w_{ji}z_i + \cdots + w_{jI}z_I \tag{5.2.6}$$

だけであり，それゆえ，w_{ji} の変化にともなう E の変化量は，活性 u_j の変化量で決まる．すなわち，w_{ji} 以外の重みの集合を固定すると，u_j は w_{ji} の関数 $u_j = u_j(w_{ji})$ とみることができ，誤差関数は合成関数 $E(u_j(w_{ji}))$ とみなせる．そのため，合成関数の微分則により

$$\frac{\partial E}{\partial w_{ji}} = \frac{\partial E}{\partial u_j} \frac{\partial u_j}{\partial w_{ji}} \tag{5.2.7}$$

が成立する．式 (5.2.6) から

---

[5] ただし，誤差関数（と活性化関数）によっては，出力層のユニットにおいて，$\delta_k = y_k - t_k$ が成りたつとはかぎらない．これについては本節の最後でまたふれる．

$$\frac{\partial u_j}{\partial w_{ji}} = z_i$$

であり，また，ユニット j の誤差の定義 (5.2.5) をもちいると，式 (5.2.7) は

$$\frac{\partial E}{\partial w_{ji}} = \delta_j z_i \tag{5.2.8}$$

となる．すなわち，ユニットの誤差 δ と，そのユニットにつながっている入力側のユニットの出力 z をかけあわせるだけで，勾配の成分が得られる．

　各ユニットの出力 z は，入力 $\mathbf{x}$ をニューラルネットワークに入力して出力を求める順方向の計算の途中で求まる．また，その計算の出力層のユニット k の出力を y_k とすれば，各ユニットの誤差 δ は，出力層のユニット k の誤差 δ_k からはじめて，入力層へむけた逆方向の計算により順次求めることができる．その誤差を逆方向に求めていく誤差の逆伝播について解説しよう．

　そのために，まず，ユニットの誤差の定義 (5.2.5) にかえり，その形式的側面をみておく．もともとは，誤差関数 $E(\mathbf{w})$ は重み（の集合）$\mathbf{w}$ の関数である．ところが，重み w_{ji} は，活性 u_j をとおしてのみ E の値に影響するので，w_{ji} 以外の重みを固定すれば u_j で E の値が定まる．逆に，w_{ji} 以外の重みを固定すれば，E の値から u_j が定まる．すなわち，w_{ji} 以外の重みの集合を $\mathbf{w}_{-ji}$ とかくと，誤差関数 E は，$\mathbf{w}_{-ji}$ と u_j の関数 $E(\mathbf{w}_{-ji}, u_j)$ とみなせる．ユニットの誤差 (5.2.5) の偏微分は，このように誤差関数をみて，$\mathbf{w}_{-ji}$ を固定し，変数 u_j だけを変化させたときの偏微分である．

　さて，ユニット j の誤差 δ_j は，$\mathbf{w}_{-ji}$ を固定し，j の活性 u_j をわずかに変化させたときの誤差関数 E の変化率である．ユニット j の出力側につながっているユニットを $k_1, \ldots, k_L$ とし，それらの活性を $u_{k_1}, \ldots, u_{k_L}$ とする（図

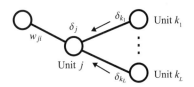

図 **5.4**　誤差の逆伝播．ユニット j の誤差 δ_j は，出力側につながっているユニットの誤差の重みづけ和になる．

5.4). 活性 u_j の変化は，ユニット $k_1, \ldots, k_L$ の活性を変化させる. 逆に，重み $\mathbf{w}_{-ji}$ を固定したもとでは，ユニット $k_1, \ldots, k_L$ への入力で変化するのはユニット j からの出力だけである. さらに，重み $\mathbf{w}_{-ji}$ を固定したときには，活性 u_j の変化により生じる E の変化は，u_j の変化が引きおこす $u_{k_1}, \ldots, u_{k_L}$ の変化により生じると考えることができる. これは，$\mathbf{w}_{-ji}$ を固定したもとでは，活性 u_{k_l} が u_j の関数であり，誤差関数が合成関数 $E(u_{k_1}(u_j), \ldots, u_{k_L}(u_j))$ とみなせることを意味する（$\mathbf{w}_{-ji}$ は省略した）. そこで，合成関数 $h(y_1(x), \ldots, y_L(x)), y_1 = g_1(x), \ldots, y_L = g_L(x)$ の x による微分が，合成関数の微分則により

$$\frac{dh(x)}{dx} = \sum_{l=1}^{L} \frac{\partial h(y_1, \ldots, y_L)}{\partial y_l} \frac{dy_l}{dx}$$

であることをつかうと

$$\delta_j = \frac{\partial E}{\partial u_j} = \sum_{l=1}^{L} \frac{\partial E}{\partial u_{k_l}} \frac{\partial u_{k_l}}{\partial u_j} \tag{5.2.9}$$

となる. ただし，和は，ユニット j の出力側につながっているユニットすべてについておこなう（図5.4）. さらに，$u_{k_l} = \sum_j w_{k_l j} z_j$ と，活性化関数を f として $z_j = f(u_j)$ であることをつかうと

$$\delta_j = f'(u_j) \sum_{l=1}^{L} w_{k_l j} \delta_{k_l} \tag{5.2.10}$$

を得る（演習5.2）. これが誤差の逆伝播公式（バックプロパゲーション公式）である. この公式は，図5.4 に示すように，ユニットの誤差 δ の値が，出力側のユニットから δ を逆向きに伝播させて得られることを意味している. 出力層のユニット k の誤差 δ_k から出発して，逆伝播公式 (5.2.10) を入力側にむかって適用することにより，すべてのユニットの誤差 δ を求めることができる. なお，活性化関数 f がロジスティックシグモイド関数 σ のときは，

$$f'(u) = \sigma'(u) = \sigma(u)(1 - \sigma(u)), \tag{5.2.11}$$

tanh 関数のとき，

$$f'(u) = \tanh'(u) = 1 - \tanh^2(u), \tag{5.2.12}$$

ReLU 関数のときは，

$$f'(u) = \begin{cases} 0, & x < 0, \\ 1, & x \geq 0 \end{cases} \tag{5.2.13}$$

である．

以上をまとめよう．活性化関数を f で代表させてかくと，

(1) 学習データの入力 $\mathbf{x}_n$ をニューラルネットワークにいれ，すべてのユニットについて，活性 $u_j = \sum_i w_{ji} z_i$ と出力 $z_j = f(u_j)$ を順方向に求める．

(2) 出力層のユニット k の誤差 δ_k を $\frac{\partial E}{\partial u_k}$ より求める（本文中でのべたように，2乗和誤差関数を誤差関数とし，出力層ユニットの活性化関数を恒等関数とするときなどでは $\delta_k = y_k - t_k$）．

(3) 誤差の逆伝播公式 (5.2.10) により，ユニットの誤差を逆伝播させて，すべてのユニットの誤差 δ_j を求める．ただし，入力層の誤差は勾配計算には無関係なため，それは不要である．

(4) 勾配 $\dfrac{\partial E}{\partial w_{ji}} = \delta_j z_i$ を求める．

図 5.5 は，17 歳の男子 20 名と女子 20 名の身長と体重の 2 次元データ[6]に対し，3 層パーセプトロンで男女を分類した決定境界を示す．

また，第 III 部の 8.3 節に掲載した図 8.6 には，人工データに対する 3 層パーセプトロンの決定境界を，同じ人工データに対し，第 III 部の 6.4 節で紹介する k 近傍法で分類したときの決定境界と，7.4 節で取りあげる SVM による分類決定境界とともにあげた．

誤差の逆伝播を利用した勾配計算の計算量を見つもるため，すべての重みの個数を W とし，ユニットにおける活性計算における重みに関する乗算の回

---

[6] http://www.mext.go.jp/b_menu/toukei/chousa05/hokcn/1268826.htm

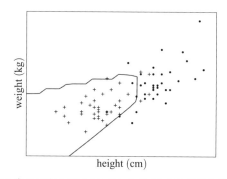

図 **5.5**　17 歳の日本人男子 20 名と女子 20 名の身長と体重の 2 次
元データ（横軸が身長で，縦軸が体重）と，3 層パーセプトロンで
男女を分類したときの決定境界を示す．中間層のユニット数は 100
とした．データは，日本政府統計ポータルサイトにある学校保健統
計調査 2018 年のデータ（政府統計コード: 00400002）をもとに作成.

数をかぞえよう．各ユニット j の活性は $u_j = \sum_i w_{ji}z_i$ であるから学習デー
タ 1 つにつき，すべてのユニットの活性計算には W のオーダーの乗算が必要
である．また，誤差の逆伝播公式を利用した各ユニットの誤差の計算でも，式
(5.2.10) からわかるように，W のオーダーの乗算を必要とする．結局，W の
オーダーの乗算で勾配が求まることがわかる．単純な勾配計算では，W^2 のオ
ーダーの乗算が必要であったことを考えると，誤差の逆伝播による勾配計算は
とても効率的である．

　なお，上記では，学習データ一つひとつについての誤差 E_n を考えたが，た
とえば，ミニバッチ学習では，ミニバッチごとの勾配は，ミニバッチ内の学習
データについての勾配の和

$$\frac{\partial E_{mb}}{\partial w_{ji}} = \sum_{n=1}^{B} \frac{\partial E_n}{\partial w_{ji}}$$

とすればよい．

　最後に，誤差に関する注意をのべよう．さきに脚注でふれたように，出力層
のユニット k において，$\delta_k = y_k - t_k$ がつねに成りたつとはかぎらない．目
標変数の分布を指数分布族とよばれる分布からとり，誤差関数をその分布で

決まる対数尤度とし，出力層の活性化関数をその分布に対する正準連結関数と
よばれる関数にとったときに，$\delta_k = y_k - t_k$ が成りたつことが知られている．
たとえば，本文でのべたような2乗和誤差関数と恒等関数や，交差エントロ
ピー誤差関数とロジスティックシグモイド関数の組みあわせのときには $\delta_k = y_k - t_k$ となる．そうではない場合は，たとえば，誤差関数 $E(\mathbf{w})$ を，出力 y_k
のエントロピー関数

$$-\sum_k \{y_k \ln y_k + (1 - y_k) \ln(1 - y_k)\}$$

とし，活性化関数をロジスティックシグモイド関数 $\sigma(u_k)$ としたときは，出
力ユニット k の誤差 δ_k は

$$\delta_k = \frac{\partial E}{\partial u_k} = \sigma(u_k)(1 - \sigma(u_k)) \ln\left(\frac{1 - y_k}{y_k}\right)$$

となる．

5.3　たたみこみニューラルネットワーク

　画像認識において高性能をだしたニューラルネットワークとして，たたみこ
みニューラルネットワーク (convolutional neural network; CNN) が有名であ
る．3層パーセプトロンは，中間層のユニットを増やした極限では，「どのよ
うな」関数も表現できる．しかし，これはあくまでも極限での話で，重みは，
中間層のユニット数の2乗に比例して増えるため，実現可能な大きさの3層
パーセプトロンで，さまざまな画像を精度高く認識できるとはかぎらない．そ
こで，画像中の物体，たとえば，テーブルは天板と脚からなり，それらはある
形をした図形として表現され，それぞれの図形には輪郭があり，輪郭は局所的
な線分のつながりである，といった特徴の階層構造をしているという知識を反
映させ，ニューラルネットワークを多層化する．多層ニューラルネットワーク
により，入力画像からまずは線分といった単純な特徴を抽出し，出力に近づく
につれてより複雑で構造的な特徴を抽出して，最後に，取りだされた特徴をも
ちいて小さな3層パーセプトロンで分類をおこなう．これが CNN の設計思想
である．中間層のユニット数を増やすのとは異なり，層を積みかさねても，層
の数に対して重みは線形に増えるだけで，実現可能なニューラルネットワー

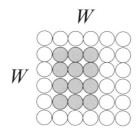

図 **5.6**　画素から構成される画像．この図の画像は $W \times W = 6 \times 6$ 個の画素からなっている．

クとなる．ただし，多層化にともなって学習には困難が生じ，それに対処するため，たとえば，活性化関数として ReLU 関数を採用したり，のちほど紹介するドロップアウトなどの技法がつかわれる．高性能を実現する実際の CNN は，深層ニューラルネットワークの代表例であるが，構造も内部の処理も複雑で，本書のあつかう範囲をこえているので，本章では，とくに重要と思われる事項にかぎり，画像を入力とする単純化した CNN を解説する．ここで，画像に関連する用語を簡単にまとめておく．

　画像（デジタル画像）は，普通 0 から 255 までの整数値をとる規則的にならんだ多数の**画素**（または**ピクセル**）からなる．画像が，横 M 個，縦 N 個の画素で構成されているとき，画素の総数は MN 個であり，このとき，横 M 画素・縦 N 画素の画像，あるいは $M \times N$ サイズの画像とよぶ（図 5.6）．以下では，簡単のため，画像とフィルタ（後述）は正方形とする．また，画素の数値を**画素値**とよぶ．よく耳にする**グレースケール画像**とは，画像中の位置に対応する明るさを画素値が表わすような（白黒）画像である．画素値 0 が黒を，255 が白を表現し，その間の値は灰色で，値が大きくなるにしたがって黒から白に近づく（画素値 255 が黒を，0 が白を表現する場合もある）．カラー画像については，後述の「チャネルとマップ」の項目で簡単にふれる．

　CNN は，最後の 3 層が全結合の 3 層パーセプトロンで，入力層と 3 層パーセプトロンとの間に，たたみこみ層とプーリング層とよばれる 2 つの層の対が繰りかえされる深層構造をもつ（図 5.7）．ただし，直後にプーリング層がないたたみこみ層もある．画像認識をおこなうためのニューラルネットワーク

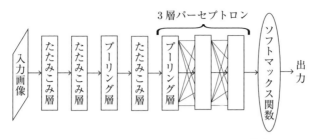

図 **5.7** たたみこみニューラルネットワークの構成例.

の入力層には，画像の画素数と同じ数の入力ユニットが平面状にならべられ，
1つの画素の画素値が1つの入力ユニットへあたえられる．たたみこみ層とプーリング層のユニットも平面状にならべられる．

　出力層のユニットは，K クラス分類であれば K 個のユニットからなり，k 番めのユニットの活性化関数はソフトマックス関数の第 k 成分である．

　たたみこみ層の役割は，ある特定の方向の線分といった画像中の局所的な特徴の抽出である．プーリング層は，たたみこみ層で抽出された特徴に対し，画像中の特徴の局所的な位置不変性を保証する．画像中の物体や動物などの認識に対しては，識別に重要となる特徴量がいくつも知られている．CNN は，入力された画像の特徴をたたみこみ層とプーリング層で取りだし，取りだされた特徴を入力とする3層パーセプトロンでクラス分類する分類器と考えることができる．より具体的には，画素数分の高次元で表現される画像に対し，複数のフィルタをもつたたみこみ層とプーリング層からなるブロックで複数の特徴を取りだし，それらを次元圧縮して特徴を尖鋭化する．これを繰りかえして十分に不要な情報を落とし，最後に，過学習を起こしにくい比較的小さな全結合層で識別や回帰をおこなう．

　また，画像には，一般に，画像中の物体の認識のためには妨げとなるノイズが多く存在する．単純な3層パーセプトロンでは，中間層で，識別のための特徴とノイズとを区別しなければならず，学習がノイズにより阻害されたり，テスト画像中のノイズのために分類器としての性能が低下することが起きうる．それに対し，CNN では，たたみこみ層を訓練し，プーリング層で情報圧

縮することで，ノイズと特徴とを峻別し，ノイズが排除されたより正確な特徴
を最後の3層パーセプトロンに入力することで分類性能を高めていると考え
られる．以下，たたみこみ層とプーリング層について詳述する．

5.3.1 たたみこみ層

■ たたみこみ演算

　画像のサイズが $W \times W$ のグレースケール画像を考えよう．画素は，縦横
に順にならんでおり，(i, j) でインデックスづけされているとし，画素 (i, j)
の画素値を x_{ij} とかく．ここで，$i, j = 0, \ldots, W-1$ とする．この画像とは別
に，フィルタとよばれるサイズが $H \times H$ である小さな画像を考え，フィルタ
の画素は (p, q) でインデックスづけされているとし，画素 (p, q) の画素値を
h_{pq} とする．ただし，$p, q = 0, \ldots, H-1$ とする（図5.8）．

　インデックスが W 以上の場合，たとえば，$i = W+1$ のときには x_{ij} は定
義されていないが，簡単のため以下では $x_{ij} = 0$ としておく[7]．画像のフィル
タによるたたみこみは，

$$u_{ij} = \sum_{p=0}^{H-1} \sum_{q=0}^{H-1} x_{i+p, j+q} h_{pq}, \quad i, j = 0, \ldots, W-1 \tag{5.3.1}$$

で定義される画像とフィルタの積和計算である[8]．画像とフィルタのたたみこ
みの結果は，画素 (i, j) の画素値を u_{ij} とする $W \times W$ の画像となる．

　いま，i, j を固定して考えると，画像の画素 (i, j) を左上とし，画素 $(i+H-1, j+H-1)$ を右下とする小さな部分画像は，フィルタとぴたりと重ね
あわせることができる．たたみこみの値 u_{ij} は，重ねたうえで対応するフィル

---

[7] たたみこみの結果がもとの画像と同じ大きさとなるように，もとの画像に「ふち」をつける
　ことをパディングという．「ふち」に0をいれる**0**パディングのほかに，画像をはし（は
　じ：端）の各辺で折りかえした画素値としたり，はしの画素値をそのままいれたりなど，い
　くつかの方法がある．

[8] 信号処理や，より一般に数学では，2次元のたたみこみ演算は

$$\sum_{p=0}^{H-1} \sum_{q=0}^{H-1} x_{i-p, j-q} h_{pq} \tag{5.3.2}$$

として定義される．画像のたたみこみ (5.3.1) は，フィルタを上下と左右の両方とも反転
してから画像と数学的なたたみこみ (5.3.2) をほどこしたものになっている．

図 **5.8** フィルタ. この図のフィルタは, $H \times H = 3 \times 3$ 個の
画素からなっている.

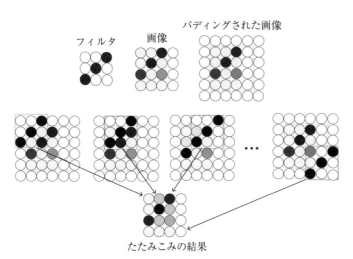

図 **5.9** フィルタによる画像のたたみこみ. たたみこみの結果はもと
の画像と同じ大きさの画像となる.

タと部分画像の画素値どうしをかけて足しあわせたものである (図5.9).

白の画素値は大きく, 黒の画素値は小さいとしよう. たとえば, フィルタに
は黒地に白い線分が1本描かれていたとすると, もし, フィルタと重ねあわ
せた部分画像のフィルタと同じ位置に, 同じような白い線分があれば, u_{ij} の
値は大きくなる. たたみこみは, 左上が $(0, 0)$ の部分画像とフィルタとの積
和演算からはじめて, 1画素ずつずらしながら部分画像とフィルタとの積和演
算を繰りかえす. そのため, 画像中にフィルタと同様の濃淡パターンがあれ
ば, その濃淡パターンをふくむ部分画像に対応する u_{ij} の値が大きくなる. す
なわち, たたみこみ演算は, 画像とフィルタの間の相関を表わし, 画像からフ

ィルタが表現する濃淡パターンを抽出する役割を演じる．このように，特徴に
おうじたフィルタを画像にたたみこむことによって，画像から特定のパターン
を抽出することができる．CNN では，あとでのべるように，フィルタを訓練
データから学習する．

■ 重み共有

　画像のたたみこみ (5.3.1) の実現は簡単である．パディングされて広げられ
た画像の画素値をもつ入力層と，たたみこみの結果である出力層の 2 層を考
えよう．出力層のユニット (i, j) が，入力層のユニット (i, j) を左はしとした
$H \times H$ 個の部分のユニット $(i+p, j+q)$, $p, q = 0, \ldots, H-1$, とだけ，重
み $h_{i+p, j+q}$ でむすばれたリンクをもてば，出力層のユニット (i, j) への入力
はたたみこみ u_{ij} となる．フィルタの画素値をリンクの重みとするところが肝
要である．ここで注意したいことは，出力層のどのユニットも，対応する入力
層の $H \times H$ 個のユニットとのリンクが同じ重み $h_{i+p, j+q}$ をもつことである．
すなわち，出力層のユニットは共通の重みをもち，これを**重み共有**という（図
5.10）．重み共有のため，この 2 層ニューラルネットワークの部分の独立な重
みは H^2 個だけである．

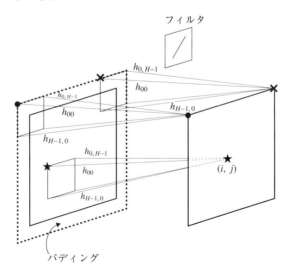

図 5.10 重み共有によるフィルタをもちいた画像のたたみこみの実現．

それに対し，（パディングを無視すると）入力層と出力層にはともに W^2 個のユニットがあり，リンクが独立な重みをもつとすると，重みの総数は $W^2 \times W^2 = W^4$ となる．一般に，重み共有よりパラメータ（重み）の数が少なくなれば，比較的少数のデータでもニューラルネットワークは過学習を起こしにくくなる．ただし，後述するように，重み共有のため，学習における勾配計算の誤差逆伝播をわずかに変更する必要がある．なお，フィルタを導入した場合，その学習というのは，たとえば，画像中の局所的な右上がりの直線を検出するためのフィルタであれば，左上と右下の画素を 0 に固定して，のこりの重みをデータから決めることにあたる．そうすることにより，データに即した右上がり直線検出がおこなえるようになる．

■ チャネルとマップ

さて，CNN では，画像認識のための特徴は複数あり，それぞれの特徴を異なったフィルタにより抽出する．そのため，たたみこみ層では，複数のフィルタによる複数のたたみこみ演算が並行しておこなわれる（図 5.11）．フィルタが M 種あれば，M 個のたたみこみ演算が並行しておこなわれ，その結果も M 枚の「画像」となる．さらに，その結果を活性化関数で変換した「画像」がたたみこみ層の出力である．もとの画像の特徴を表現する「画像」を出力するため，たたみこみ層は**特徴マップ**あるいは**マップ**とよばれることが多い．式でかけば，フィルタ m によるマップのユニット (i, j) の入力 u_{ijm} は

$$u_{ijm} = \sum_{p=0}^{H-1} \sum_{q=0}^{H-1} x_{i+p,\,j+q} h_{pqm} \tag{5.3.3}$$

で，出力 z_{ijm} は

$$z_{ijm} = f(u_{ijm}) \tag{5.3.4}$$

となる．ただし，f は活性化関数であり，また，h_{pqm} は，フィルタ m に対応するたたみこみ層のユニット (i, j) と，入力画像の $H \times H$ 個の部分のユニット $(i+p, j+q)$ の間のリンクの重みである．この z_{ijm} の値が大きいということは，フィルタ m が表現する特徴（パターン）が，入力画像の (i, j) からは

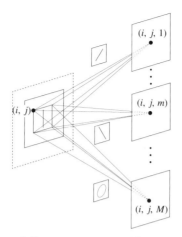

図 **5.11**　複数のフィルタによる画像のたたみこみ.

じまる大きさ $H \times H$ の領域に存在することを表わす.

　ここで，カラー画像の処理についてふれておこう．一般に，赤・緑・青の3つの原色を，それぞれ適当な量で混合することにより，あらゆる色の光を表わすことができることが知られている．そこで，画素値が原色の量を表現する赤・緑・青の3つの画素を画像中の位置に対応させればカラー画像が表現できる．画像中の位置に対応した赤・緑・青の3つの画素値で表現された画像を **RGB** カラー画像という．多くの場合（もちろん，ニューラルネットワークでも），RGB カラー画像（以下，カラー画像）を処理するときには，赤・緑・青の3つの画素を別べつにあつかい，赤成分・緑成分・青成分を表現する3つの画像に分解する．3つに分解された画像を，それぞれ **R** チャネル・**G** チャネル・**B** チャネルという．1枚のカラー画像に対し，RGB の3つに分解された3つのチャネル（画像）がニューラルネットワークへ入力される.

　カラー画像の RGB チャネルの概念は，以下のように一般化される．すなわち，さきにのべたように，たたみこみ層では，1枚の画像に対し，並行して複数のフィルタによるたたみこみをおこない，その結果は，フィルタと同数のマップへの入力になる．それぞれのマップは，あとでのべるプーリング層を経たのち（プーリング層がない場合は直接），つぎの1群のフィルタとたたみこま

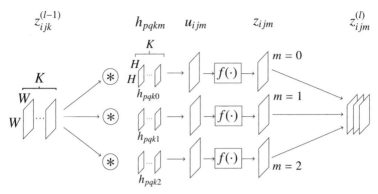

図 5.12 $l-1$ 段めのマップから l 段めのマップへの計算. $l-1$ 段めにおける複数のチャネルは,たたみこみのあとに画素ごとに合算され,まとめられる.

れ,この処理が何回か繰りかえされる.各段階において,フィルタによりたたみこまれる複数画像の一つひとつをチャネルという.もちろん,入力層で表現された 3 つの RGB 画像はそれぞれがチャネルである.

さて,各段のたたみこみ層は,①入力された複数のチャネルを,別べつに,各フィルタごとに並行してたたみこみ,②その結果を,すべてのチャネルにわたって画素ごとに合算してチャネル方向に情報を集約し,③活性化関数で合算画像を変換し出力する(図 5.12).すなわち,M を,l 段めのたたみこみ層のフィルタ数とし,$l-1$ 段めのチャネル数を K(カラー画像を入力とするときは $K=3$),チャネル k のユニット (i, j) の値を $z_{ijk}^{(l-1)}$ とすると,フィルタ $m, m = 0, \ldots, M-1$,による l 段めのユニット (i, j) の入力 u_{ijm} は,

$$u_{ijm} = \sum_{k=0}^{K-1} \sum_{p=0}^{H-1} \sum_{q=0}^{H-1} z_{i+p, j+q, k}^{(l-1)} h_{pqkm} + b_m \qquad (5.3.5)$$

となり,出力 $z_{ijm}^{(l)}$ は

$$z_{ijm}^{(l)} = f(u_{ijm}) \qquad (5.3.6)$$

となる.ただし,h_{pqkm} は,フィルタ m に対応する l 段めのユニット (i, j) と,$l-1$ 段めにおけるチャネル k の $H \times H$ 部分のユニット $(i+p, j+q)$

のリンクの重みである．また，入力においてはバイアス b_m を導入した．バイアスは，フィルタごとに，ユニット間で共通とすることが一般的なので，ここでもそうした．なお，$l+1$ 段め（あるいは最後の全結合3層）へのチャネル数も M となることに注意してほしい．すなわち，M 個のフィルタで取りだされたそれぞれの特徴を表現する M 個のチャネルが $l+1$ 段への入力となる．

　1つのフィルタでは，入力画像のある方向の直線など，局所的な特徴をとらえることができる．それにくわえ，複数のチャネルをもちいることにより，入力画像にある特定の形の図形があるか否かなど，チャネル間のちがいを取りだすことができる．

　CNN では，大きさ 1×1 のフィルタによるたたみこみもよく利用される．それは，空間方向の情報は集約せずに，チャネル方向の情報を集約し，チャネル数を減らしたいときにもちいられる．また，計算量削減や CNN を小さくするため，チャネル方向にすべての和をとるのではなく，いくつかのグループにチャネルをわけ，グループごとに和を計算することもおこなわれる．

5.3.2　プーリング層

　物体の画像認識では，たとえば，画像中の輪郭は認識にとって重要な特徴であり，輪郭を構成する短い曲線もまた重要な特徴の構成要素である．位置や方向がわずかに異なる2つの曲線を「同一」の曲線であると仮定して情報を集約して処理すれば，ニューラルネットワークの重みを減らすことができ，それは過学習をふせぐことにつながる．また，学習ずみのニューラルネットワークは，わずかにずれた曲線や小塊どうしを同一のものとみなすという意味での位置に対する不変性を獲得したものになるであろう．

　プーリング層は，たたみこみ層で抽出された局所的な特徴の位置不変性を担保するように，通常，たたみこみ層の直後におかれる．プーリング層のユニットは，チャネルごとにたたみこみ層のかぎられた連続領域とつながり，たたみこみ層のその領域中のユニットの出力を1つの値にまとめあげる．すなわち，チャネル k のプーリング層のユニット (i, j) に対し，チャネル k のたたみこみ層における，$H \times H$ 個のユニットの連続領域を P_{ijk} としたとき，チャネル k のプーリング層のユニットの活性 u_{ijk} は，P_{ijk} 中のユニットの出力を1つ

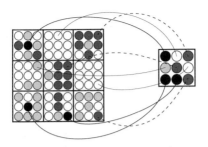

図 **5.13** 最大プーリング. 小さな領域を 2 画素以上のスライド幅でスライドさせながら, 領域中のユニットの最大値を選択する. この図では, 白を最小の 0, 黒を最大の 255 とした.

の値で代表させたものである. いくつかのまとめかたが知られており, 代表的なものに, 最大プーリング

$$u_{ijk} = \max_{(p,\,q) \in P_{ijk}} z_{pqk}$$

がある (図 5.13). このプーリングでは, P_{ijk} の中で最大の出力を選ぶ.

また, 平均プーリング

$$u_{ijk} = \frac{1}{H^2} \sum_{(p,\,q) \in P_{ijk}} z_{pqk}$$

は, P_{ijk} の各ユニットの出力の平均をとる. 最大プーリングでは, たたみこみ層のユニット領域 P_{ijk} において, たたみこみで抽出された特徴の位置がわずかに変化しても, P_{ijk} の中で最大値をとるユニットはかわるが, 最大値そのものは不変となる. 平均プーリング, あるいはそのほかのプーリングの場合でも同様に, たたみこみ層で取りだされた特徴の位置不変性が担保される.

大域平均プーリングは, プーリングの対象領域 P_{ijk} のサイズを入力サイズと同じ $W \times W$ とする平均プーリングである. 入力のチャネル数を k とすると, 出力のサイズは $1 \times 1 \times k$ となる. 大域平均プーリングは, CNN の出力層に近いところ, とりわけ, 3 層パーセプトロンの入力層にあたる層でもちいられることが多い.

平均プーリングの実現は簡単である. プーリング層のユニット (i, j) と, 直

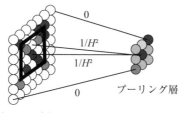

図 **5.14** 平均プーリングのニューラルネットワークによる実現.

前のたたみこみ層のユニットとのリンクの重みを均等ないしは0とすればよい．すなわち，たたみこみ層のチャネル k の $H \times H$ 個からなるユニット領域 P_{ijk} の各ユニットと，プーリング層のユニット (i, j) とのリンクの重みを $\frac{1}{H^2}$ とし，領域 P_{ijk} 以外のユニットとユニット (i, j) のリンクの重みを0とすればよい（図5.14）．

それに対し，最大プーリングは，たたみこみ層とプーリング層との間の重みを調整して実現することはできず，ニューラルネットワークの外に，領域 P_{ijk} の最大値を判定する機構を用意しなければならない．

さらに，入力画像（たたみこみ層の出力）のはしでも正方形 P_{ijk} をとることができるように，たたみこみ層の出力にパディングをほどこしたものがプーリング層にわたされる．また，プーリング層では，2画素以上の複数画素ずつずらしながらプーリングをおこなう．これは，プーリングの役割が情報縮約であることに鑑みると妥当な操作といえる．ずらす画素数のことをスライドとよぶ[9]．プーリング層への入力画像のサイズを $W \times W$ とし，スライドを s とすると，プーリング層のユニット数はおおよそ W^2/s となる．通常，プーリング層のユニットは，非線形な活性化関数をもちいることなく，u_{ijk} をそのまま出力する．

なお，$s > 1$ なるスライドのたたみこみで，プーリングを代用することも多い．

CNN では，画素数分の高次元で表現される画像に対し，複数のフィルタを

---

[9] たたみこみ層においては，入力画像をたたみこむときには，入力画像の1画素ごとにずらしながらフィルタでたたみこむことが多い．ただし，たたみこみ層におけるたたみこみでも，スライドを2画素以上とすることもある．

もつたたみこみ層で複数の特徴を取りだし，プーリング層で次元圧縮して，各特徴を一つひとつのチャネルで表現する．それを繰りかえすことで必要な情報だけをのこし，その情報を最終の全結合層の入力とする．これにより，全結合層は，過学習を起こさない程度の比較的小さな3層パーセプトロンですむ．

5.3.3 CNN の学習

特徴におうじたフィルタを画像にたたみこむことによって，画像から特定のパターン（特徴）を抽出することができる．とりわけ，CNN では，特定の特徴を抽出するのに適したフィルタを訓練データから学習する．CNN の学習でも，通常のニューラルネットワークの学習と同様に，データに対する誤差を最小とする重みを求めるため，誤差関数の勾配を計算する．ただし，たたみこみ層へのリンクの重み h_{pqkm} は，複数のリンクで共有されており，勾配計算がわずかに異なってくる．

通常のニューラルネットワークの重み w_{ij} はリンクごとに独立で，$\frac{\partial E}{\partial w_{ij}}$ の計算では，1つのリンク以外のリンクの値は固定する．それに対し，CNN のたたみこみ層では，l 段めのユニット (i, j) と，$l-1$ 段めのユニット $(i+p, j+q)$ のリンクの重みは，$i, j = 0, ..., W-1$ についてすべて共通の h_{pqkm} である（図 5.10 参照）．そのため，重み h_{pqkm} をわずかに変化させると，l 段めのマップのすべての入力 $u_{ijm}^{(l)}$, $i, j = 0, ..., W-1$, が変化する．よって，

$$\frac{\partial E}{\partial h_{pqkm}} = \sum_{i,j=0}^{W-1} \frac{\partial E}{\partial u_{ijm}^{(l)}} \frac{\partial u_{ijm}^{(l)}}{h_{pqkm}}$$

となる．ただし，W は，l 層のユニット数である．ここで，誤差 $\delta_{abm}^{(l)} \equiv \frac{\partial E}{\partial u_{abm}^{(l)}}$ を導入し，また，式 (5.3.5) から

$$\frac{\partial u_{ijm}^{(l)}}{\partial h_{pqkm}} = z_{i+p,j+q,k}^{(l-1)}$$

であるから

$$\frac{\partial E}{\partial h_{pqkm}} = \sum_{i,j=0}^{W-1} \delta_{ijm}^{(l)} z_{i+p,j+q,k}^{(l-1)} \tag{5.3.7}$$

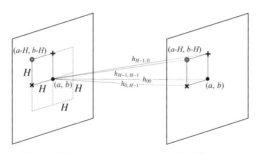

図 **5.15**　第 $l-1$ 層のユニット (a, b) は，第 l 層のユニット (a, b) を右下すみとする $H \times H$ の正方形領域のユニットとつながっている．したがって，誤差の逆伝播もこの正方形領域のユニットの誤差を考えればよい．

を得る．たたみこみ層における勾配は重み共有による和をとった形になっている（通常のニューラルネットワークの勾配の式 (5.2.8) とくらべてみよ）．

　誤差の逆伝播を考えよう．第 $l-1$ 層の k チャネルのユニット (a, b) は，第 l 層のフィルタ m に対応するマップ中で (a, b) を右下すみ（$(a - H, b - H)$ が左上すみ）とする $H \times H$ の正方形領域とだけリンクをもつ（図 5.15；演習 5.3）．これは，その正方形領域の外にある（第 l 層の）ユニット (i, j) への（第 $l-1$ 層からの）入力が，第 $l-1$ 層のユニット (a, b) の出力とは無関係であることからわかる（図 5.10 参照）．したがって，誤差の逆伝播もこの正方形領域のユニットの誤差を考えればよい．

　また，第 $l-1$ 段めには，チャネル数 K のマップがあり，l 段めは，フィルタ m ごとにマップがある．そのため，$l-1$ 段めのチャネル k ごとに誤差を求める必要があり，それらは，l 段めのフィルタ m についての「誤差」の和をとることによって得られる（図 5.16）．よって，誤差 $\delta_{abm}^{(l)}$ の逆伝播は，合成関数の微分則により，

$$\delta_{abk}^{(l-1)} \equiv \frac{\partial E}{\partial u_{abk}^{(l-1)}} = \sum_{m=0}^{M-1} \sum_{i=a-H}^{a} \sum_{j=b-H}^{b} \frac{\partial E}{\partial u_{ijm}^{(l)}} \frac{\partial u_{ijm}^{(l)}}{\partial z_{abk}^{(l-1)}} f'(u_{abk}^{(l-1)})$$

となる．

　さらに，式 (5.3.5) から

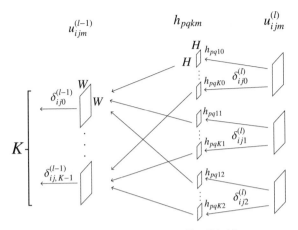

図 **5.16** CNN における誤差の逆伝播.

$$\frac{\partial u_{ijm}^{(l)}}{\partial z_{abk}^{(l-1)}} = h_{a-i,\,b-j,\,km}$$

であるから，

$$\delta_{abk}^{(l-1)} = f'(u_{abk}^{(l-1)}) \sum_{m=0}^{M-1} \sum_{i=a-H}^{a} \sum_{j=b-H}^{b} \delta_{ijm}^{(l)} h_{a-i,\,b-j,\,km} \tag{5.3.8}$$

となる．これが，たたみこみ層における誤差の逆伝播公式である．

プーリング層では，学習により重みをかえることはなく，固定した値がつかわれる．そのため，プーリング層では勾配計算は不要である．ただし，誤差の逆伝播は必要である．平均プーリングでは，プーリング層のユニット (i,j) と，直前のたたみこみ層チャネル k のユニットとの間のリンクの重みが，ユニット領域 P_{ijk} の各ユニットでは $\frac{1}{H^2}$ で，領域 P_{ijk} 以外のユニットでは 0 とした通常のニューラルネットワークの逆伝播公式 (5.2.10) がそのままつかえる．最大プーリングでは，プーリング処理のために選択した領域 P_{ijk} 中で最大値をとったユニットを，ニューラルネットワークの外に記憶しておく必要がある．この記憶しておいた情報をつかって，逆伝播のときにはプーリング層のユニット (i,j) と，最大値をとった領域 P_{ijk} のユニットとのリンクの重み

を 1 とし，そのほかのリンクをすべて 0 にして，逆伝播公式 (5.2.10) をつかう．

5.4　学習の促進

4 層以上の深層構造をもつニューラルネットワークでは，パラメータの数が層数に比例して増加する．そのため，少ないデータに対しては過学習が起きやすくなる．CNN の特性である重み共有は，重みの数を減らす正則化技術の 1 つである．重みの多い深層学習では，正則化が重要な役割りをはたす．また，なんらかの工夫をしない多層のニューラルネットワークでは，誤差の逆伝播において誤差が消失（勾配消失）し，学習がすすまなくなる現象が起きる．本節では，勾配消失に対応する残差接続と，過学習に対処するためによくもちいられている広義の正則化を 2 つ，さらに，データ拡張について簡単に紹介する．

■ 残差接続

3 層パーセプトロンでは問題にならないが，多層になると，誤差逆伝播における活性化関数の勾配（微分）が，出力層から入力層にむかって伝播するにしたがってゼロに急速に近づくあるいは大きくなり，学習がすすまなくなるという勾配消失が問題となる．勾配消失問題が起きるのは以下の理由による．すなわち，誤差逆伝播の式 (5.2.10) は，誤差 δ に対し線形であり，線形計算を合成して繰りかえす計算も線形であるから，小さい誤差はさらに小さくなり 0 につぶれ，大きい誤差はさらに大きくなり発散する．そのため，ある程度学習がすすんで出力の誤差が小さくなると，伝播される誤差も小さく，確率的勾配降下法でつかわれる勾配も小さい値となり，重みの更新がはかどらなくなる．あるいは，逆に誤差が大きいと，勾配も大きくなり，その結果，確率的勾配降下法は不安定で重み計算が収束しない．

その対策として，さまざまな技法が考案されており，すぐあとで説明するバッチ正規化をおこなうことや，活性化関数として ReLU 関数（あるいはその亜種）を採用することも有効な手段である．ここでは，より強力な勾配消失対策である残差接続について解説しよう．**残差接続**とは，1 つ以上の層を迂回するバイパス路を設け，層をとおって計算された結果と，バイパス路を伝播する

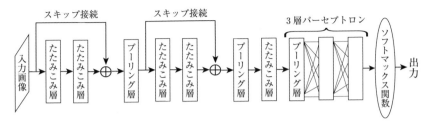

図 **5.17**　残差接続をもつ CNN の構成例. はじめの 2 つのたたみこみ層と, 3 番めと 4 番めのたたみこみ層にスキップ接続がある.

計算結果とを加算させるネットワーク構造である. 図 5.17 に, 2 つの残差接続をもつ CNN の構成例を示した. 残差接続を導入することにより, 複数の層をとおるときに勾配が消失しても, スキップ接続が入力層側の勾配情報を伝達するので勾配消失を防ぐことができる. 勾配消失のほかにも, 前向きの計算と学習における残差接続の効用が知られている. なお, 残差接続におけるバイパス路は**スキップ接続**とよばれる.

■　ドロップアウト

　重みの数が多いことが過学習に直結するので, 学習時に, ミニバッチごとに, 入力層と中間層のユニットをランダムに選んで「削除」してしまい, もとよりも小さなニューラルネットワークに対して重みの更新をおこなうのがドロップアウトである. 具体的には, 削除するユニットの割合 r を定め, 時刻 t のミニバッチを B_t とすると, 学習終了条件がみたされるまで $t = 1$ から以下を繰りかえす.

(1) 入力層と中間層から r におうじた数だけ, ランダムにユニットを選択し, その出力を強制的に 0 に設定する.

(2) ミニバッチ B_t に対して, 重みの更新をおこなう.

(3) 強制的に 0 出力としたユニットの強制を解除する. ただし, 解除対象のユニットのリンクの重みを時刻 $t - 1$ のものとする.

ユニットを削除する割合 r は, 層ごとに異なっていてもよく, 通常は, 中間

層では1/2に，入力層では1/5程度とすることが多い．

　学習後の新たな入力に対しては，削除されたユニットがないニューラルネットワークで順方向の計算をおこなう．ただし，学習時に割合 r で削除されたユニットの出力を $(1 - r)$ 倍する．このような方略をとると，ニューラルネットワークが，第 III 部第8章で紹介するアンサンブル学習による分類器や回帰モデルの近似になり，予測性能が高くなることが知られている．しかし，学習が収束するまでの時間は長くなる．

■ バッチ正規化

　GPU による並列計算を利用し，中間層のユニットの出力を，ミニバッチに対して標準化するのがバッチ正規化である．正確にのべよう．ミニバッチ B のデータを $\mathbf{x}_1, \ldots, \mathbf{x}_{|B|}$ とし，第 l 層のユニット j のデータ $\mathbf{x}_b$ に対する（活性化関数にとおす）入力を $u_{bj}^{(l)}$ としたとき，平均

$$\mu_j^{(l)} = \frac{1}{|B|} \sum_{b=1}^{|B|} u_{bj}^{(l)}$$

と分散

$$(\sigma_j^{(l)})^2 = \frac{1}{|B|} \sum_{b=1}^{|B|} (u_{bj}^{(l)} - \mu_j^{(l)})^2$$

をつかって，各データに対する入力 $u_j^{(l)}$ を

$$\hat{u}_j^{(l)} = \frac{u_j^{(l)} - \mu_j^{(l)}}{\sqrt{(\sigma_j^{(l)})^2 + \varepsilon}}$$

と標準化する．ただし，$|B|$ はバッチ B の大きさ（データ数）である．さらに，標準化した入力を

$$\tilde{u}_j^{(l)} = \gamma_j^{(l)} \hat{z}_j^{(l)} + \beta_j^{(l)}$$

と線形変換し，これを，バッチ B の学習時におけるユニット j の入力とするのがバッチ正規化である．ここで，ε は小さな定数で，これの導入により分母

が 0 に極端に近くなることを回避している．また，$\beta_j^{(l)}$ と $\gamma_j^{(l)}$ は学習で定めるパラメータである．標準化した $\hat{u}_j^{(l)}$ を直接もちいると，中間層の出力が強力に制約されるためその表現力が落ちる．そのため，$\beta_j^{(l)}$ と $\gamma_j^{(l)}$ を導入して $\hat{u}_j^{(l)}$ を線形変換し，中間層が表現できる自由度を確保している．

バッチ正規化には，学習を安定させ，収束を早める効果があることがわかっている．

■ データ拡張

たとえば，得られた画像に対し，回転や反転，平行移動をほどこしたり，ランダムノイズをのせるなどして，画像の水増しをおこない，学習データを増やすことをデータ拡張という．回転やランダムノイズをのせるといった比較的おだやかなデータ拡張のほか，ランダムに決めた大きさの灰色の矩形を画像中のランダムな位置にかぶせたり，「犬」の画像と「車」の画像を重ねあわせた画像を合成するなど，よりはげしいデータ拡張が考案されている．

実際の学習では，ミニバッチを構成する元データ一つひとつに対し，データ拡張をおこない，拡張されたデータでミニバッチを構成しなおして重みの更新をおこなう．一般に，データ拡張により学習したニューラルネットワークの予測性能はあがることが知られている．しかし，学習対象ごとに，拡張の方法はよく吟味する必要がある．たとえば，文字認識モデルを構築したい場合には，反転や，回転角度が大きい回転といったデータ拡張はおこなうべきではない．また，データ拡張をおこなった場合には，学習の収束時間が長くなる．

演習問題

演習 5.1（-1 から 1 までの出力）　目標値 t が，$t \in \{0, 1\}$ のとき，入力 $\mathbf{x}$ に対し，0 から 1 までの値 $y(\mathbf{x}, \mathbf{w})$ を出力する単一出力のニューラルネットワークでは，出力ユニットの活性化関数としてロジスティックシグモイド関数を選択すると，誤差関数は交差エントロピー誤差関数となった．この問題では，目標値 t を $t \in \{-1, 1\}$ とし，-1 から 1 までの値 $y(\mathbf{x}, \mathbf{w})$ を出力する単一出力のニューラルネットワークを考える．このニューラルネットワークの出力ユニットの活性化関数と誤差関数を求めよう．

(1) ロジスティックシグモイド関数 $\sigma(z)$ をもちいて，-1 から 1 までの値をとるなめ

らかな関数を求めよ. ただし, 求める関数は, 単調増加でロジスティックシグモイド関数の 1 次式とする.

(2) 1 で求めた関数が, $\tanh(z/2)$ に等しいことを示せ.

(3) N 個の訓練データ $\{(\mathbf{x}_1, t_1), \ldots, (\mathbf{x}_N, t_N)\}$ が得られたとする. 訓練データは独立同分布にしたがって生成されたと仮定し, 出力ユニットの活性化関数を 1 で求めた関数としたとき, 誤差関数を求めよ.

演習 5.2（誤差の逆伝播公式） ユニット j の誤差は

$$\delta_j = \frac{\partial E}{\partial u_j} = \sum_{l=1}^{L} \frac{\partial E}{\partial u_{k_l}} \frac{\partial u_{k_l}}{\partial u_j}$$

とかくことができる. ただし, 和は, ユニット j の出力側につながっている L 個のユニット k_l, $l = 1, \ldots, L$, すべてについておこなう. ユニット j の活性は $u_{k_l} = \sum_j w_{k_l j} z_j$ であり, また, 活性化関数を f として, ユニット j の出力が $z_j = f(u_j)$ であることをつかって

$$\delta_j = f'(u_j) \sum_{l=1}^{L} w_{k_l j} \delta_{k_l}$$

であることを示せ.

演習 5.3（CNN の誤差の逆伝播） 第 $l-1$ 層の k チャネルのユニット (a, b) は, サイズ $H \times H$ のフィルタ m に対応する第 l 層のマップ中で (a, b) を右下すみ（$(a-H, b-H)$ が左上すみ）とする $H \times H$ の正方形領域とだけリンクをもつことを示せ（図 ex.5.1）. これを示すには, その正方形領域の外にある（第 l 層の）ユニット (i, j) への（第 $l-1$ 層からの）入力が, 第 $l-1$ 層のユニット (a, b) の出力とは無関係であることを示せばよい.

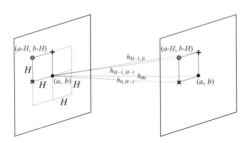

図 **ex.5.1**　第 $l-1$ 層のユニット (a, b) は, 第 l 層のユニット (a, b) を右下すみとする $H \times H$ の正方形領域のユニットとつながっている.

第II部の付録

A　ガンマ関数

ガンマ関数は

$$\Gamma(x) \equiv \int_0^\infty u^{x-1} e^{-u} du$$

で定義される．ガンマ関数の重要な性質としては以下があげられる（図 A.1）.

(1) x の連続関数である.

(2) $\Gamma(1) = 1$.

(3) $\Gamma(x+1) = x\Gamma(x)$.

(4) x が整数であれば，$\Gamma(x+1) = x$.

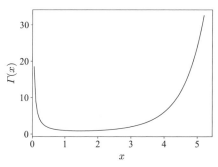

図 **A.1**　ガンマ関数．正の領域についての値を示す．x が整数 n のとき，$\Gamma(n) = (n-1)!$ であることに注意．

これらの性質により，ガンマ関数は階乗の実数への一般化であることがわかる．

B　行列，アドバンスト要点

B.1　行列の重要な性質

■ 逆行列関係

I1) $(\mathbf{AB})^{-1} = \mathbf{B}^{-1}\mathbf{A}^{-1}$.

I2) $(\mathbf{A} + \mathbf{CBD})^{-1} = \mathbf{A}^{-1} - \mathbf{A}^{-1}\mathbf{C}(\mathbf{B}^{-1} + \mathbf{DA}^{-1}\mathbf{C})^{-1}\mathbf{DA}^{-1}$.

これは，ウッドベリー (Woodbury) の公式とよばれる．$\mathbf{C}$ の行の数は多いが，列の数が少なく，$\mathbf{D}$ はその逆のときに，右辺の第 2 項のカッコの行列は，左辺の行列より小さくなり評価しやすい．

I2a) $(\mathbf{A} + \mathbf{B})^{-1} = \mathbf{A}^{-1} - \mathbf{A}^{-1}(\mathbf{B}^{-1} + \mathbf{A}^{-1})^{-1}\mathbf{A}^{-1}$.

I3) $\mathbf{A}$ が対称行列であれば，$\mathbf{A}^{-1}$ も対称行列である．

分散共分散行列 $\mathbf{\Sigma}$ は対称行列であり，$\mathbf{\Sigma}^{-1}$ は頻出する．

■ 転置行列関係

T1) $(\mathbf{A}^{\mathrm{T}})^{\mathrm{T}} = \mathbf{A}$.

T2) $(\mathbf{AB})^{\mathrm{T}} = \mathbf{B}^{\mathrm{T}}\mathbf{A}^{\mathrm{T}}$.

ここで，$\mathbf{A}^{\mathrm{T}}$ は，行列 $\mathbf{A}$ の転置であり，$m \times n$ 行列 $\mathbf{A}$ の行と列を入れかえてできる $n \times m$ 行列である．

■ トレース関係

行列のトレースは $\mathrm{Tr}(\mathbf{A}) \equiv a_{11} + a_{22} + \cdots + a_{mm}$ で定義される．$\mathbf{x}$ の 2 次形式 $\mathbf{x}^{\mathrm{T}}\mathbf{A}^{-1}\mathbf{x}$ は，$\mathbf{x}^{\mathrm{T}}\mathbf{A}^{-1}\mathbf{x} = \mathrm{Tr}(\mathbf{A}^{-1}\mathbf{x}\mathbf{x}^{\mathrm{T}})$ のようによく変形される．これはスカラーである．トレースの基本的な性質として，

T_r1) $\mathrm{Tr}(k \cdot \mathbf{A}) = k \cdot \mathrm{Tr}(\mathbf{A})$,　k はスカラー，

T_r2) $\mathrm{Tr}(\mathbf{A} + \mathbf{B}) = \mathrm{Tr}(\mathbf{A}) + \mathrm{Tr}(\mathbf{B})$,

T_r3) $\mathrm{Tr}(\mathbf{A}^{\mathrm{T}}) = \mathrm{Tr}(\mathbf{A})$

があげられる．さらに，

T$_i$1) $\mathrm{Tr}(\mathbf{AB}) = \mathrm{Tr}(\mathbf{BA}) = \mathrm{Tr}(\mathbf{B}^{\mathrm{T}}\mathbf{A}^{\mathrm{T}}) = \mathrm{Tr}(\mathbf{A}^{\mathrm{T}}\mathbf{B}^{\mathrm{T}})$.

T$_i$2) $\mathrm{Tr}(\mathbf{ABC}) = \mathrm{Tr}(\mathbf{CAB}) = \mathrm{Tr}(\mathbf{BCA})$.

T$_i$3) $\mathrm{Tr}(\mathbf{AB}^{\mathrm{T}}) = \mathrm{Tr}(\mathbf{B}^{\mathrm{T}}\mathbf{A}) = \displaystyle\sum_{i=1}^{m}\sum_{j=1}^{n} a_{ij}\, b_{ij}$.

T$_i$3a) $\mathrm{Tr}(\mathbf{AA}^{\mathrm{T}}) = \mathrm{Tr}(\mathbf{A}^{\mathrm{T}}\mathbf{A}) = \displaystyle\sum_{i=1}^{m}\sum_{j=1}^{n} a_{ij}^2$. これは行列のノルムの1つである．

B.2　行列の微分

以下の3つのタイプの微分を紹介する．

A) 行列（あるいはベクトル）をスカラーで微分 $\dfrac{d\mathbf{A}}{dx}$,

B) スカラーを行列（あるいはベクトル）で微分 $\dfrac{dx}{d\mathbf{A}}$,

C) ベクトルをベクトルで微分 $\dfrac{d\mathbf{a}}{d\mathbf{b}}$.

A) 行列をスカラーで微分

行列 $\mathbf{A}$ の各成分 a_{ij} は，スカラー x を独立変数とする関数 $a_{ij}(x)$ とする．このとき，$\mathbf{A}$ の x による微分は

$$\frac{d\mathbf{A}}{dx} \equiv \begin{pmatrix} \dfrac{da_{11}}{dx} & \cdots & \dfrac{da_{1n}}{dx} \\ \vdots & & \vdots \\ \dfrac{da_{m1}}{dx} & \cdots & \dfrac{da_{mn}}{dx} \end{pmatrix}$$

で定義される．特別な場合として，ベクトルのスカラーによる微分が

$$\frac{d\mathbf{a}}{dx} \equiv \begin{pmatrix} \frac{da_1}{dx} \\ \vdots \\ \frac{da_m}{dx} \end{pmatrix}$$ で定義される．

● 行列をスカラーで微分：特殊ケース

とくに，$\mathbf{A}$ の各成分 a_{ij} を，それ自身を独立変数とする関数と考えれば，成分 a_{ij} で行列 $\mathbf{A}$ を偏微分すると，(i, j) 成分だけが 1 で，ほかは 0 の $\mathbf{A}$ と同じ大きさの行列となる．すなわち，

$$
\frac{\partial \mathbf{A}}{\partial a_{ij}} = \begin{pmatrix} \dfrac{\partial a_{11}}{\partial a_{ij}} & \dfrac{\partial a_{12}}{\partial a_{ij}} & \cdots & & \cdots & \dfrac{\partial a_{1n}}{\partial a_{ij}} \\ \vdots & \ddots & & & & \vdots \\ \dfrac{\partial a_{i1}}{\partial a_{ij}} & \dfrac{\partial a_{i2}}{\partial a_{ij}} & \cdots & & \dfrac{\partial a_{ij}}{\partial a_{ij}} & \cdots & \dfrac{\partial a_{in}}{\partial a_{ij}} \\ \vdots & & & & & & \vdots \\ & & & & & \ddots & \\ \dfrac{\partial a_{m1}}{\partial a_{ij}} & \dfrac{\partial a_{m2}}{\partial a_{ij}} & & \cdots & & \cdots & \dfrac{\partial a_{mn}}{\partial a_{ij}} \end{pmatrix}
$$

$$
= \begin{pmatrix} 0 & 0 & \cdots & & 0 & & \cdots & 0 \\ \vdots & \ddots & & & \vdots & & & \vdots \\ & & & & 0 & & & \\ 0 & 0 & \cdots & & 0 & 1 & 0 & \cdots & 0 \\ & & & & 0 & & & \\ \vdots & & & & \vdots & & & \vdots \\ & & & & & & \ddots & \\ 0 & 0 & \cdots & & 0 & & \cdots & 0 \end{pmatrix} = \mathbf{u}_i \mathbf{u}_j^{\mathrm{T}}.
$$

ここで，$\mathbf{u}_i$ は第 i 成分が 1 で，ほかは 0 のベクトル $\mathbf{u}_i = (0 \ \cdots \ 0\, 1\, 0 \ \cdots \ 0)^{\mathrm{T}}$ である．

● 行列をスカラーで微分：公式 1

A1) $\dfrac{d(\mathbf{AB})}{dx} = \dfrac{d\mathbf{A}}{dx}\mathbf{B} + \mathbf{A}\dfrac{d\mathbf{B}}{dx}.$

● 行列をスカラーで微分：公式 2

A2) $\dfrac{d\mathbf{A}^{-1}}{dx} = -\,\mathbf{A}^{-1}\dfrac{d\mathbf{A}}{dx}\mathbf{A}^{-1}.$

- 行列をスカラーで微分（行列変数経由の合成関数の微分）：公式 **3**

行列 $\mathbf{A}$ の成分は，スカラー x を独立変数とする関数とする．また，行列 $\mathbf{A}$ を独立変数とするスカラー値関数を $f(\mathbf{A})$ とする．このとき，$f(\mathbf{A})$ は，スカラー変数 x を独立変数とする合成関数 $f(\mathbf{A}(x))$ と考えることができ，これを x で微分すると

A3) $\dfrac{df(\mathbf{A})}{dx} = \mathrm{Tr}\left(\left(\dfrac{df}{d\mathbf{A}}\right)^{\mathrm{T}} \dfrac{d\mathbf{A}}{dx}\right)$

となる．ここで，$\dfrac{df}{d\mathbf{A}}$ はスカラー値関数の行列 $\mathbf{A}$ による微分である（つぎにのべる「B) スカラーを行列で微分」を参照）．

とくに，独立変数がベクトル $\mathbf{a}$ の場合は，その各成分 a_i が変数 x の関数であるとき，合成関数 $f(\mathbf{a}(x))$ の x による微分は $\left(\frac{df}{d\mathbf{a}}\right)^{\mathrm{T}} \frac{d\mathbf{a}}{dx}$ がスカラーであるので，行列のトレースをとることは不要で

A3') $\dfrac{df(\mathbf{a})}{dx} = \left(\dfrac{df}{d\mathbf{a}}\right)^{\mathrm{T}} \dfrac{d\mathbf{a}}{dx} = (\nabla f)^{\mathrm{T}} \dfrac{d\mathbf{a}}{dx}.$

たとえば，$f(\mathbf{a}) = \frac{1}{2}\mathbf{a}^{\mathrm{T}}\mathbf{a}$ とすると，$\nabla f = \mathbf{a}$ だから

$$\frac{d}{dx}\mathbf{a}^{\mathrm{T}}\mathbf{a} = \mathbf{a}^{\mathrm{T}}\frac{d\mathbf{a}}{dx}.$$

（「B) スカラーを行列で微分：公式 2」の「ベクトル $\mathbf{x}$ の 2 次形式の微分」参照）．

- 行列をスカラーで微分：公式 **4**

また，$\mathbf{A}$ を正方行列として，A3 において $f(\mathbf{A}) = \ln|\mathbf{A}|$ のとき

A4) $\dfrac{d}{dx}\ln|\mathbf{A}| = \mathrm{Tr}\left(\mathbf{A}^{-1}\dfrac{d\mathbf{A}}{dx}\right).$

B) スカラーを行列で微分

x は，行列 $\mathbf{A}$ の各要素 a_{ij} を独立変数とするスカラー関数 $x(a_{11}, \ldots, a_{mn})$ とする．このとき，行列 $\mathbf{A}$ による x の微分は

$$\frac{dx}{d\mathbf{A}} \equiv \begin{pmatrix} \dfrac{\partial x}{\partial a_{11}} & \cdots & \dfrac{\partial x}{\partial a_{1n}} \\ \vdots & & \vdots \\ \dfrac{\partial x}{\partial a_{m1}} & \cdots & \dfrac{\partial x}{\partial a_{mn}} \end{pmatrix}$$

で定義される．特別な場合として，ベクトル $\mathbf{a}$ による x の微分が

$$\frac{dx}{d\mathbf{a}} \equiv \nabla x \equiv \begin{pmatrix} \dfrac{\partial x}{\partial a_1} \\ \vdots \\ \dfrac{\partial x}{\partial a_m} \end{pmatrix}$$

で定義され，∇x をナブラ x とよぶ．

以下，ダッシュがついているラベルの公式は，式中の複数の文字のうち，微分する文字以外の文字が定数と明示されている場合である．たとえば，つぎの B1') は，$\mathbf{a}$ が定数ベクトルと明示されている場合の公式である．

- スカラーを行列で微分：公式 **1**

  ベクトル $\mathbf{x}$ の 1 次形式の微分

  B1) $\dfrac{\partial}{\partial \mathbf{x}} (\mathbf{x}^{\mathrm{T}} \mathbf{a}) = \dfrac{\partial}{\partial \mathbf{x}} (\mathbf{a}^{\mathrm{T}} \mathbf{x}) = \mathbf{a}$.　　B1') $\dfrac{d}{d\mathbf{x}} (\mathbf{x}^{\mathrm{T}} \mathbf{a}) = \dfrac{d}{d\mathbf{x}} (\mathbf{a}^{\mathrm{T}} \mathbf{x}) = \mathbf{a}$.

- スカラーを行列で微分：公式 **2**

  ベクトル $\mathbf{x}$ の 2 次形式の微分

  B2) $\dfrac{1}{2} \dfrac{\partial}{\partial \mathbf{x}} (\mathbf{x}^{\mathrm{T}} \mathbf{A} \mathbf{x}) = \mathbf{A}\mathbf{x}$.　　B2') $\dfrac{1}{2} \dfrac{d}{d\mathbf{x}} (\mathbf{x}^{\mathrm{T}} \mathbf{A} \mathbf{x}) = \mathbf{A}\mathbf{x}$.

- スカラーを行列で微分：公式 **3**

  B3a) $\dfrac{\partial}{\partial \mathbf{A}} \mathrm{Tr}(\mathbf{A}\mathbf{B}) = \mathbf{B}^{\mathrm{T}}$.　　B3a') $\dfrac{d}{d\mathbf{A}} \mathrm{Tr}(\mathbf{A}\mathbf{B}) = \mathbf{B}^{\mathrm{T}}$.

  B3b) $\dfrac{\partial}{\partial \mathbf{A}} \mathrm{Tr}(\mathbf{A}^{\mathrm{T}}\mathbf{B}) = \mathbf{B}$.　　B3b') $\dfrac{d}{d\mathbf{A}} \mathrm{Tr}(\mathbf{A}^{\mathrm{T}}\mathbf{B}) = \mathbf{B}$.

B3c) $\dfrac{d}{d\mathbf{A}}\,\mathrm{Tr}(\mathbf{A}) = \mathbf{I}$.

- スカラーを行列で微分：公式 **4**

B4) $\dfrac{\partial}{\partial\mathbf{A}}\mathrm{Tr}(\mathbf{A}^{-1}\mathbf{B}) = -(\mathbf{A}^{-1}\mathbf{B}\mathbf{A}^{-1})^{\mathrm{T}}$.

B4') $\dfrac{d}{d\mathbf{A}}\mathrm{Tr}(\mathbf{A}^{-1}\mathbf{B}) = -(\mathbf{A}^{-1}\mathbf{B}\mathbf{A}^{-1})^{\mathrm{T}}$.

- スカラーを行列で微分：公式 **5**

B5) $\dfrac{\partial}{\partial\mathbf{A}}\,\mathrm{Tr}(\mathbf{A}\mathbf{B}\mathbf{A}^{\mathrm{T}}) = \mathbf{A}(\mathbf{B}+\mathbf{B}^{\mathrm{T}})$.

B5') $\dfrac{d}{d\mathbf{A}}\,\mathrm{Tr}(\mathbf{A}\mathbf{B}\mathbf{A}^{\mathrm{T}}) = \mathbf{A}(\mathbf{B}+\mathbf{B}^{\mathrm{T}})$.

- スカラーを行列で微分：公式 **6**

B6a) $\dfrac{\partial}{\partial\mathbf{A}}\,\mathrm{Tr}(\mathbf{A}\mathbf{B}\mathbf{A}^{\mathrm{T}}\mathbf{C}) = \mathbf{C}^{\mathrm{T}}\mathbf{A}\mathbf{B}^{\mathrm{T}} + \mathbf{C}\mathbf{A}\mathbf{B}$.

B6a') $\dfrac{d}{d\mathbf{A}}\,\mathrm{Tr}(\mathbf{A}\mathbf{B}\mathbf{A}^{\mathrm{T}}\mathbf{C}) = \mathbf{C}^{\mathrm{T}}\mathbf{A}\mathbf{B}^{\mathrm{T}} + \mathbf{C}\mathbf{A}\mathbf{B}$.

B6b) $\dfrac{\partial}{\partial\mathbf{X}}\,\mathrm{Tr}(\mathbf{A}\mathbf{X}^{\mathrm{T}}\mathbf{B}\mathbf{X}) = \dfrac{\partial}{\partial\mathbf{X}}\,\mathrm{Tr}(\mathbf{X}\mathbf{A}\mathbf{X}^{\mathrm{T}}\mathbf{B}) = \mathbf{B}^{\mathrm{T}}\mathbf{X}\mathbf{A}^{\mathrm{T}} + \mathbf{B}\mathbf{X}\mathbf{A}$.

B6b') $\dfrac{d}{d\mathbf{X}}\,\mathrm{Tr}(\mathbf{A}\mathbf{X}^{\mathrm{T}}\mathbf{B}\mathbf{X}) = \dfrac{d}{d\mathbf{X}}\,\mathrm{Tr}(\mathbf{X}\mathbf{A}\mathbf{X}^{\mathrm{T}}\mathbf{B}) = \mathbf{B}^{\mathrm{T}}\mathbf{X}\mathbf{A}^{\mathrm{T}} + \mathbf{B}\mathbf{X}\mathbf{A}$.

- スカラーを行列で微分：公式 **7**

B7) $\dfrac{\partial}{\partial\mathbf{X}}\,\mathbf{a}^{\mathrm{T}}\mathbf{X}\mathbf{b} = \mathbf{a}\mathbf{b}^{\mathrm{T}}$.　　　B7') $\dfrac{d}{d\mathbf{X}}\,\mathbf{a}^{\mathrm{T}}\mathbf{X}\mathbf{b} = \mathbf{a}\mathbf{b}^{\mathrm{T}}$.

- スカラーを行列で微分：公式 **8**

B8) $\dfrac{\partial}{\partial\mathbf{X}}\,\mathbf{a}^{\mathrm{T}}\mathbf{X}^{-1}\mathbf{b} = -(\mathbf{X}^{-1})^{\mathrm{T}}\mathbf{a}\mathbf{b}^{\mathrm{T}}(\mathbf{X}^{-1})^{\mathrm{T}}$.

B8') $\dfrac{d}{d\mathbf{X}}\,\mathbf{a}^{\mathrm{T}}\mathbf{X}^{-1}\mathbf{b} = -(\mathbf{X}^{-1})^{\mathrm{T}}\mathbf{a}\mathbf{b}^{\mathrm{T}}(\mathbf{X}^{-1})^{\mathrm{T}}$.

● スカラーを行列で微分：公式 9

B9) $\dfrac{d}{d\mathbf{A}} \ln |\mathbf{A}| = (\mathbf{A}^{-1})^{\mathrm{T}}.$

行列の微分適用例

ガウス分布 $p(\mathbf{x} \mid \boldsymbol{\mu}, \boldsymbol{\Sigma}) = \dfrac{1}{(2\pi)^{D/2}|\boldsymbol{\Sigma}|^{1/2}} e^{-\frac{1}{2}(\mathbf{x}-\boldsymbol{\mu})^{\mathrm{T}}\boldsymbol{\Sigma}^{-1}(\mathbf{x}-\boldsymbol{\mu})}$ を例とする．簡単のためデータは 1 つの $\mathbf{x}$ だけとすると，対数尤度は，

$$\ln p(\mathbf{x} \mid \boldsymbol{\mu}, \boldsymbol{\Sigma}) = -\frac{1}{2}(\mathbf{x} - \boldsymbol{\mu})^{\mathrm{T}}\boldsymbol{\Sigma}^{-1}(\mathbf{x} - \boldsymbol{\mu}) - \frac{1}{2} \ln |\boldsymbol{\Sigma}| + \mathrm{const.}$$

である．ここでは，$\boldsymbol{\mu}$ はあたえられているとして，この対数尤度関数を最大にする $\boldsymbol{\Sigma}$ を求めよう．対称行列にはこれまで紹介した公式は成立しないが，前掲の公式

B8') $\dfrac{d}{d\mathbf{X}} \mathbf{a}^{\mathrm{T}}\mathbf{X}^{-1}\mathbf{b} = -(\mathbf{X}^{-1})^{\mathrm{T}}\mathbf{a}\mathbf{b}^{\mathrm{T}}(\mathbf{X}^{-1})^{\mathrm{T}}$ と，

B9) $\dfrac{d}{d\mathbf{A}} \ln |\mathbf{A}| = (\mathbf{A}^{-1})^{\mathrm{T}}$

を，$\boldsymbol{\Sigma}$ が対称であることを無視して適用すると，

$$\frac{d \ln p}{d\boldsymbol{\Sigma}} = \frac{1}{2}(\boldsymbol{\Sigma}^{-1})^{\mathrm{T}}(\mathbf{x} - \boldsymbol{\mu})(\mathbf{x} - \boldsymbol{\mu})^{\mathrm{T}}(\boldsymbol{\Sigma}^{-1})^{\mathrm{T}} - \frac{1}{2}(\boldsymbol{\Sigma}^{-1})^{\mathrm{T}}$$

となる．$\dfrac{d \ln p}{d\boldsymbol{\Sigma}} = \mathbf{0}$ とおいて，両辺の転置をとってから $\boldsymbol{\Sigma}$ についてとけば $\boldsymbol{\Sigma} = (\mathbf{x} - \boldsymbol{\mu})(\mathbf{x} - \boldsymbol{\mu})^{\mathrm{T}}$ となる．これは対称行列なので，結果としてこれが尤度関数を最大にする行列である．対称性を無視して，すべてのありうる行列の中で尤度関数を最大にする行列を求めたからである．

C) ベクトルをベクトルで微分

ベクトル $\mathbf{a}$ の各成分 a_i は，ベクトル $\mathbf{b}$ の各成分 b_j の関数としたとき，$\mathbf{a}$ を $\mathbf{b}$ で微分することは以下で定義される．すなわち，$\mathbf{a} = (a_1 \cdots a_m)^{\mathrm{T}}$，$\mathbf{b} = (b_1 \cdots b_n)^{\mathrm{T}}$ として，

$$\frac{d\mathbf{a}}{d\mathbf{b}} \equiv \begin{pmatrix} \dfrac{\partial a_1}{\partial b_1} & \dfrac{\partial a_1}{\partial b_2} & \cdots & & \cdots & \dfrac{\partial a_1}{\partial b_n} \\ \vdots & \ddots & & & & \vdots \\ \dfrac{\partial a_i}{\partial b_1} & \dfrac{\partial a_i}{\partial b_2} & \cdots & \dfrac{\partial a_i}{\partial b_j} & \cdots & \dfrac{\partial a_i}{\partial b_n} \\ \vdots & & & & & \vdots \\ & & & & \ddots & \\ \dfrac{\partial a_m}{\partial b_1} & \dfrac{\partial a_m}{\partial b_2} & & \cdots & \cdots & \dfrac{\partial a_m}{\partial b_n} \end{pmatrix}$$

である．

● ベクトルをベクトルで微分：線形関数の微分

C1) $\dfrac{d}{d\mathbf{x}}\mathbf{A}\mathbf{x} = \mathbf{A}$.

C2) $\dfrac{d\mathbf{x}}{d\mathbf{x}} = \mathbf{I}$.

これは，C1 で $\mathbf{A} = \mathbf{I}$ とおいたものである．

● ベクトルをベクトルで微分：スカラー関数の 2 階微分

$f(\mathbf{x}) : \boldsymbol{R}^m \to \boldsymbol{R}, \quad \mathbf{x} = \begin{pmatrix} x_1 \\ \vdots \\ x_m \end{pmatrix}, \quad \dfrac{df}{d\mathbf{x}} = \nabla f(\mathbf{x}) = \begin{pmatrix} \dfrac{\partial f}{\partial x_1} \\ \vdots \\ \dfrac{\partial f}{\partial x_m} \end{pmatrix}$ とする．この

とき，ベクトル $\nabla f(\mathbf{x})$ をベクトル $\mathbf{x}$ で微分すると，定義により

$$\frac{d^2 f}{d\mathbf{x}^2} = \nabla\nabla f(\mathbf{x}) = \begin{pmatrix} \dfrac{\partial^2 f}{\partial x_1^2} & \dfrac{\partial^2 f}{\partial x_1 \partial x_2} & \cdots & & \cdots & \dfrac{\partial^2 f}{\partial x_1 \partial x_m} \\ \vdots & \ddots & & & & \vdots \\ \dfrac{\partial^2 f}{\partial x_i \partial x_1} & \dfrac{\partial^2 f}{\partial x_i \partial x_2} & \cdots & \dfrac{\partial^2 f}{\partial x_i \partial x_j} & \cdots & \dfrac{\partial^2 f}{\partial x_i \partial x_m} \\ \vdots & & & & & \vdots \\ & & & & \ddots & \\ \dfrac{\partial^2 f}{\partial x_m \partial x_1} & \dfrac{\partial^2 f}{\partial x_m \partial x_2} & & \cdots & \cdots & \dfrac{\partial^2 f}{\partial x_m^2} \end{pmatrix}$$

となる. この行列は, 関数 $f(\mathbf{x})$ のヘッセ行列といわれる.

B.3 計画行列をもちいた表現

特徴写像を $\boldsymbol{\phi}(\mathbf{x}) = (\phi_0(\mathbf{x}) \cdots \phi_{M-1}(\mathbf{x}))^{\mathrm{T}}$ とし, データを $\mathbf{x}_i = (x_{i1} \, x_{i2} \cdots x_{iD})^{\mathrm{T}}$, $i = 1, \dots, N$, とする. このとき, (特徴空間で表現された) 計画行列を $\boldsymbol{\Phi}$ とすると

$$\boldsymbol{\Phi}^{\mathrm{T}} \boldsymbol{\Phi} = \sum_{i=1}^{N} \boldsymbol{\phi}(\mathbf{x}_i) \boldsymbol{\phi}(\mathbf{x}_i)^{\mathrm{T}}$$

が成りたつ. また, $\mathbf{a} = (a_1 \cdots a_N)^{\mathrm{T}}$ としたとき,

$$\boldsymbol{\Phi}^{\mathrm{T}} \mathbf{a} = \sum_{i=1}^{N} a_i \boldsymbol{\phi}(\mathbf{x}_i).$$

索 引

memo

memo

〈著者紹介〉

岡留　剛（おかどめ　たけし）
1988 年　東京大学大学院理学系研究科情報科学専攻博士後期課程修了
同　　年　日本電信電話株式会社入社 NTT 基礎研究所
2001 年　国際電気通信基礎技術研究所経営企画部
2003 年　日本電信電話株式会社 NTT コミュニケーション科学基礎研究所
2009 年　関西学院大学理工学部人間システム工学科 教授
現　在　関西学院大学工学部 教授（人工知能研究センター長）
　　　　博士（理学）
専　門　情報科学
主　著　『デジタル信号処理の基礎』（2018，共立出版）
　　　　『例解図説 オートマトンと形式言語入門』（2015，森北出版）

機械学習
1. 入門的基礎／
パラメトリックモデル

Machine Learning
1. Introduction and Parametric
Models

2022 年 8 月 30 日　初版 1 刷発行

著　者　岡留　剛 ⓒ 2022

発行者　南條光章

発行所　共立出版株式会社

〒112-0006
東京都文京区小日向 4-6-19
電話番号　03-3947-2511（代表）
振替口座　00110-2-57035
www.kyoritsu-pub.co.jp

印　刷　大日本法令印刷

製　本　加藤製本

一般社団法人
自然科学書協会
会員

検印廃止
NDC 007.13
ISBN 978-4-320-12488-2

Printed in Japan